新编职业技能鉴定电脑智能化考试应试宝典

汽车修理工
高级强化训练及模拟题集

（2018修订版）

主　编　刘孝恩　吕志超
副主编　王　军　王宇航
主　审　丁争鸣

SPM
南方出版传媒
广东科技出版社
·广州·

图书在版编目（CIP）数据

汽车修理工高级强化训练及模拟题集：2018 修订版／刘孝恩，吕志超主编． —广州：广东科技出版社，2017.12（2022.1 重印）

ISBN 978-7-5359-6834-0

Ⅰ.①汽…　Ⅱ.①刘…②吕…　Ⅲ.①汽车—车辆修理—职业技能—鉴定—习题集　Ⅳ.①U472.4-44

中国版本图书馆 CIP 数据核字（2017）第 307182 号

Qiche Xiuligong Gaoji Qianghua Xunlian Ji Moni Tiji
汽车修理工高级强化训练及模拟题集

责任编辑：黄　铸
封面设计：柳国雄
责任校对：吴丽霞
责任印制：彭海波
出版发行：广东科技出版社
　　　　　（广州市环市东路水荫路 11 号　邮政编码：510075）
销售热线：020-37607413
http://www.gdstp.com.cn
E-mail：gdkjbw@nfcb.com.cn
经　　销：广东新华发行集团股份有限公司
印　　刷：佛山市浩文彩色印刷有限公司
　　　　　（南海区狮山科技工业园 A 区　邮政编码：528225）
规　　格：787mm×1 092mm　1/16　印张 11　字数 350 千
版　　次：2017 年 12 月第 1 版
　　　　　2022 年 1 月第 2 次印刷
定　　价：22.00 元

如发现因印装质量问题影响阅读，请与承印厂联系调换。

序

　　本书对于有兴趣学习汽车修理知识，以及报考高级汽车修理工考试的学习者来说，都是一本很好的融理论知识于实践习题的复习教材。

　　中国的汽车制造业蓬勃发展。中国大地的汽车千千万万，并随着国力的增强、人民生活水平的提高而快速增长。

　　既然中国有那么多汽车，当然也需要有相当数量的汽车维修工，从而让千千万万的公用车、私家车能够正常运转，为国家经济发展做贡献，为家庭幸福生活做贡献。

　　会开车的人不一定会修车，但学点汽车基本知识甚至修车知识总是好的。有车的人是幸福的，但车有毛病修不好时肯定是不幸福的。

　　编写本书的刘孝恩、吕志超老师，充分利用自己在汽车行业多年的实践经验和在技工学校从事汽车教学、汽车培训和考核鉴定的丰富经验，并为应对当前汽车科技的飞速发展，职业技能鉴定考试智能化、无纸化等的变化，精心整理出《汽车修理工高级强化训练及模拟题集》（2018修订版）。该书对汽车高级维修工作所需的理论知识覆盖面广、题量充足、形式多样且实用性强，并经过教学实践对比检验，确实对学习者掌握汽车基本理论知识并能充分应对职业资格鉴定智能化考核很有帮助，很有指导意义。

　　就算是原来对汽车基本理论不大了解的人，只要尝试自学本书并逐步地练习做题，也能学到不少有用的汽车理论知识，更不用说为了明天的工作而努力学习，掌握汽车维修高级工技能的技术人才了。

　　希望阅读并使用过本书的学习者能够确实地感到：开卷有益，习而有趣。

2017年9月

前　言

感谢使用本套题集的读者，预祝读者顺利通过汽车修理工高级考试！

自《汽车修理工中级理论知识强化训练及模拟题集》于2012年6月出版后，使用了该题集的学校反馈信息显示，考试通过率较使用之前有30%～40%的提升。本校的中级生一次性通过率提升至87%，高级生通过率高达94%。

由于《汽车修理工中级理论知识强化训练及模拟题集》在业内得到认可和热销，我们顺势推出《汽车修理工高级强化训练及模拟题集》（2018修订版）。该书经历近两年时间多次修改完善，与《汽车修理工中级理论知识强化训练及模拟题集》相比，在智能化理论知识强化和模拟的基础上，增加了技能操作强化训练和模拟等内容，全书共分五部分内容。

第一部分理论知识强化训练，为了应对国家职业技能鉴定理论知识科目电脑智能化考试的新考法，精心整理而得。采用电脑智能化手段自动阅卷，这一改革在一定程度上降低了技能鉴定监考老师的工作强度和难度，凸显了职业技能鉴定智能化考试客观、公平和公正的优势。同时，因电脑随机出题，参加考试的任意两位考生的试卷都不会完全相同，同一场考试，试题的考点几乎覆盖整个题库，大大增加了考生复习和应试的难度。

理论知识强化训练题是根据考生的反馈，通过上网搜索及相关资料查询，参照《汽车修理工国家职业标准》整理得出，经2011年底以来多次试用，修理工高级理论考试通过率均在90%以上，最高为99.3%（2012年5月中旬142人参加考试，仅1人理论成绩低于60分）。这一部分题号后标有★和☆标记的，分别为出现频率为高频度考点和中频度考点，请多留意。

第二部分技能操作强化训练，是根据国家职业标准汽车修理工高级技能操作的要求，结合历次考试后考生反馈的信息，以及相关资料的收集整理而得，并进行了相应的解答。

第三部分理论知识模拟考试题，共4套题。这4套模拟题尽量避免了重复的考点，并按高频度内容向低频度内容排序，目的旨在让考生掌握理论知识和技能操作的考试形式，摸清自己掌握的程度。我们将模拟题的参考答案倒置的目的，是避免参考答案的干扰影响自我测验成绩的真实性。

第四部分操作技能模拟试题，我们只列举1套试题，目的是让考生了解操作技能部分的考试形式和评分规则。

附录部分汽车修理工（高级）考核要求，摘自《汽车修理工国家职业标准》2005版（高级）部分内容。

在本题集的第一、第三及附录部分由刘孝恩负责，第二部分的项目一和项目二、第四部分由吕志超负责，第二部分的项目三和项目四由王军负责，第二部分的项目五和项目六由王宇航负责。在编辑过程中，感谢豆红波、郑志忠、黎亚洲等老师的支持和帮助，感谢陈哲鹏在资料收集、校对等方面付出的努力。

由于时间、专业水平及精神体力所限，本套题集在答案、文字方面还有不足之处。另一方面，由于系统的原因，请您务必留意并记住其中理论题当中有疑问的答案，主要是为取得好成绩以确保通过考试。

编者

2017年8月

目 录

第一部分 理论知识强化训练

项目一 基础知识 ·· 1
    练习一 职业常识 ·· 1
    练习二 机械基础知识 ··· 5
    练习三 电工基础知识 ··· 8
项目二 汽车发动机知识 ··· 10
    练习一 曲柄连杆机构检修 ·· 10
    练习二 配气机构检修 ··· 14
    练习三 燃油润滑冷却系统检修 ·· 17
    练习四 综合故障检修 ··· 20
项目三 汽车底盘知识 ··· 23
    练习一 传动系统检修 ··· 23
    练习二 行驶转向系统检修 ·· 29
    练习三 制动系统检修 ··· 33
项目四 汽车电器知识 ··· 38
    练习一 电源系统检修 ··· 38
    练习二 启动系统检修 ··· 41
    练习三 灯光系统检修 ··· 44
    练习四 空调系统检修 ··· 46
    练习五 电控系统检修 ··· 50

第二部分 技能操作强化训练

项目一 汽车发动机大修 ··· 54
    训练任务一 气缸体、气缸盖检修 ·· 54
    训练任务二 活塞连杆的检修 ·· 56
    训练任务三 曲轴的检修 ·· 58
    训练任务四 转子式润滑油泵的检修 ··· 59
    训练任务五 发动机排放系统的检测 ··· 61
    训练任务六 柴油机喷油器的检测 ·· 62
    训练任务七 水泵的检修 ·· 65
项目二 汽车发动机故障诊断与排除 ·· 67
    训练任务一 诊断与排除发动机不能启动故障 ································· 67
    训练任务二 诊断与排除发动机启动困难故障 ································· 68
    训练任务三 诊断与排除电控发动机怠速不良故障 ··························· 70
    训练任务四 诊断与排除发动机回火、"放炮"故障 ··························· 72

训练任务五　诊断与排除发动机动力不足故障……………………………… 74
项目三　汽车底盘大修……………………………………………………………… 76
　　训练任务一　膜片弹簧式离合器的检测………………………………………… 76
　　训练任务二　前轴的检测………………………………………………………… 78
　　训练任务三　齿条式动力转向器装配与调整…………………………………… 80
　　训练任务四　鼓式制动器的检测………………………………………………… 82
　　训练任务五　主减速器的检查与调整…………………………………………… 84
　　训练任务六　盘式制动器的检修………………………………………………… 86
　　训练任务七　驻车制动器的拆装与调整………………………………………… 88
项目四　汽车底盘故障诊断与排除………………………………………………… 91
　　训练任务一　诊断与排除制动防抱死失效故障………………………………… 91
　　训练任务二　诊断与排除前轮异常磨损故障…………………………………… 92
　　训练任务三　诊断与排除汽车制动拖滞故障…………………………………… 94
　　训练任务四　诊断与排除前轮摆振故障………………………………………… 95
　　训练任务五　诊断与排除变速器异响故障……………………………………… 97
　　训练任务六　诊断与排除万向传动装置异响故障……………………………… 100
　　训练任务七　诊断与排除自动变速器故障指示灯亮的故障…………………… 102
项目五　汽车电器设备检修………………………………………………………… 104
　　训练任务一　前照灯检测与调整………………………………………………… 104
　　训练任务二　空调系统的检修…………………………………………………… 105
　　训练任务三　启动系统的检修…………………………………………………… 107
项目六　汽车电器设备故障诊断与排除…………………………………………… 113
　　训练任务一　诊断与排除灯光系统故障………………………………………… 113
　　训练任务二　诊断与排除空调系统完全不制冷故障…………………………… 114
　　训练任务三　诊断与排除空调系统制冷不足故障……………………………… 116

第三部分　理论知识模拟试题

汽车修理工高级理论知识试题（一）………………………………………………… 119
汽车修理工高级理论知识试题（二）………………………………………………… 128
汽车修理工高级理论知识试题（三）………………………………………………… 137
汽车修理工高级理论知识试题（四）………………………………………………… 146

第四部分　操作技能模拟试题

卷一　汽车修理工（高级）操作技能考核准备通知单……………………………… 154
卷二　汽车修理工（高级）操作技能试卷…………………………………………… 156
卷三　汽车修理工（高级）操作技能考核评分记录表……………………………… 157

附录：汽车修理工（高级）考核要求………………………………………………… 160

第一部分 理论知识强化训练

项目一 基础知识

练习一 职业常识

（一）选择题

1. ★纪律也是一种行为规范，但它是介于法律和（　　）之间的一种特殊的规范。
   (A) 法规　　　　　　(B) 道德
   (C) 制度　　　　　　(D) 规范

2. ★全面质量管理概念最早是由（　　）质量管理专家提出的。
   (A) 美国　　　　　　(B) 英国
   (C) 法国　　　　　　(D) 加拿大

3. ★职业道德对企业起到（　　）的作用。
   (A) 增强员工独立意识
   (B) 增强企业凝聚力
   (C) 使员工能规矩做事情
   (D) 调和企业与员工关系

4. ★（　　）可以调节从业人员内部的关系。
   (A) 社会责任　　　　(B) 社会公德
   (C) 社会意识　　　　(D) 职业道德

5. ★（　　）是每一个员工的基本职业素质体现。
   (A) 放纵他人　　　　(B) 严于同事
   (C) 放纵自己　　　　(D) 严于律己

6. ★全心全意为人民服务是社会主义职业道德的（　　）。
   (A) 前提　　　　　　(B) 关键
   (C) 核心　　　　　　(D) 基础

7. ★下列不应属于汽车维修质量管理方法的是（　　）。
   (A) 制订计划
   (B) 建立质量分析制度
   (C) 制定提高维修质量措施
   (D) 预测汽车故障

8. ★（　　）的基本职能是调节职能。
   (A) 职业道德　　　　(B) 社会责任
   (C) 社会意识　　　　(D) 社会公德

9. ★（　　）标准多元化，代表了不同企业可能具有不同的价值观。
   (A) 职业守则　　　　(B) 人生观
   (C) 职业道德　　　　(D) 多样性

10. ★（　　）是社会主义道德建设的核心。
    (A) 为社会服务　　　(B) 为行业服务
    (C) 为企业服务　　　(D) 为人民服务

11. ★劳动权主要体现为平等就业权和选择（　　）。
    (A) 职业权　　　　　(B) 劳动权
    (C) 诚实守信　　　　(D) 实话实说

12. ★职业道德承载着企业（　　），影响深远。
    (A) 文化　　　　　　(B) 制度
    (C) 信念　　　　　　(D) 规划

13. ★职业道德调节职业交往中从业人员内部以及与（　　）服务对象间的关系。
    (A) 从业人员　　　　(B) 职业守则
    (C) 道德品质　　　　(D) 个人信誉

14. ★职业意识是指（　　）。
    (A) 人们对职业的认识
    (B) 人们对理想职业的认识
    (C) 人们对求职择业和职业劳动的各种认识的总和
    (D) 人们对各行业的评价

15. ★职业意识是指人们对职业岗位的评价、（　　）和态度等心理成分的总和，其核心是爱岗敬业精神，在本职岗位上能够踏踏实实地做好工作。
    (A) 接受　　　　　　(B) 态度
    (C) 情感　　　　　　(D) 许可

16. ★中国共产党领导的多党合作和政治协商制度是一项具有中国特色的（　　）。
    (A) 基本制度　　　　(B) 政治制度
    (C) 社会主义制度　　(D) 基本政治制度

17. ☆职业道德是同人们的职业活动紧密联系的符合（　　）所要求的道德准则、道德情操与道德品质的总和。
    (A) 职业守则　　　　(B) 职业特点
    (C) 人生观　　　　　(D) 多元化

18. ☆劳动权主要体现为平等（　　）和选择职业权。
    (A) 基本要求　　　　(B) 劳动权
    (C) 就业权　　　　　(D) 实话实说

19. ☆平等就业是指在劳动就业中实行男女平等、（　　）的原则。
    (A) 民族平等　　　　(B) 单位平等
    (C) 权利平等　　　　(D) 工作相同

20. ☆劳动纠纷是指劳动关系双方当事人在执行（　　）、法规或履行劳动合同的过程中持不同的主张和要求而产生的争议。

(A) 合同法　　　　(B) 劳动法律
(C) 个人权利　　　(D) 法规

21. ☆职业道德是同人们的职业活动紧密联系的符合职业特点所要求的道德准则、道德情操与（　　）的总和。
(A) 职业守则　　　(B) 多元化
(C) 人生观　　　　(D) 道德品质

22. ☆职业素质是（　　）对社会职业了解与适应能力的一种综合体现，其主要表现在职业兴趣、职业能力、职业个性及职业情况等方面。
(A) 消费者　　　　(B) 生产者
(C) 劳动者　　　　(D) 个人

23. ☆质量意识是以质量为核心内容，自觉保证（　　）的意识。
(A) 工作内容　　　(B) 工作质量
(C) 集体利益　　　(D) 技术核心

24. ☆劳动纠纷是指劳动关系双方当事人在执行劳动法律、法规或履行（　　）的过程中持不同的主张和要求而产生的争议。
(A) 合同法　　　　(B) 宪法
(C) 个人权利　　　(D) 劳动合同

25. ☆平等就业是指在劳动就业中实行（　　）、民族平等的原则。
(A) 个人平等　　　(B) 单位平等
(C) 权利平等　　　(D) 男女平等

26. ☆所谓职业道德评价，就是根据一定（　　）或阶级的道德原则或规范，对他人或自己的行为进行善恶判断，表明褒贬态度。
(A) 职业守则　　　(B) 社会
(C) 从业人员　　　(D) 道德品质

27. ☆团队意识含义包括（　　）和合作能力两个方面。
(A) 集体力量　　　(B) 行为规定
(C) 集体意识　　　(D) 规范意识

28. ☆由于各种职业的职业责任和义务不同，从而形成各自特定的（　　）的具体规范。
(A) 制度规范　　　(B) 法律法规
(C) 职业道德　　　(D) 行业标准

29. ☆职业道德标准（　　），代表了不同企业可能具有不同的价值观。
(A) 多元化　　　　(B) 人生观
(C) 职业道德　　　(D) 多样性

30. ☆职业道德是（　　）体系的重要组成部分。
(A) 社会责任　　　(B) 社会意识
(C) 社会道德　　　(D) 社会公德

31. ☆职业道德是一种（　　）规范，受社会普遍的认可。
(A) 行业　　　　　(B) 职业
(C) 社会　　　　　(D) 国家

32. ☆职业是指（　　）。
(A) 人们所做的工作
(B) 能谋生的工作
(C) 收入稳定的工作
(D) 人们从事的比较稳定的有合法收入的工作

33. ☆职业素质是劳动者对（　　）了解与适应能力的一种综合体现，其主要表现在职业兴趣、职业能力、职业个性及职业情况等方面。
(A) 消费者　　　　(B) 社会职业
(C) 生产者　　　　(D) 个人

34. ☆质量意识是以质量为（　　），自觉保证工作质量的意识。
(A) 核心内容　　　(B) 个人利益
(C) 集体利益　　　(D) 技术核心

35. （　　）负责全国产品监督管理工作。
(A) 地方政府
(B) 各省产品质量监督管理部门
(C) 地方技术监督局
(D) 国务院产品质量监督管理部门

36. （　　）是保证和提高维修质量的先决条件。
(A) 加强教育　　　(B) 抓技术管理
(C) 应用新技术　　(D) 推行管理新经验

37. （　　）是指调整劳动关系及与劳动关系密切联系的其他社会关系的法律范围的总称。
(A) 狭义的劳动法　(B) 广义的劳动法
(C) 职业道德　　　(D) 道德规范

38. （　　）是汽车维修企业的生命线。
(A) 维修计划　　　(B) 维修方法
(C) 维修质量　　　(D) 维修管理

39. 道德是（　　）。
(A) 人和市场都具有的行为规范
(B) 是规定人们的权利和义务的行为规范
(C) 是一定社会阶段向人们提出的处理人与人、人与社会、人与自然之间关系的行为规范
(D) 是随阶级、国家的消亡而消亡的特殊行为规范

40. 对全面质量管理方法的特点描述恰当的是（　　）。
(A) 单一性　　　　(B) 机械性
(C) 多样性　　　　(D) 专一性

41. 关于创新的正确论述是（　　）。
(A) 不墨守成规，但也不可标新立异
(B) 企业经不起折腾，大胆地闯早晚儿会出问题
(C) 创新是企业发展的动力
(D) 创新需要灵感，但不需要情感

42. 关于灭火器的使用正确的是（　）。
    (A) 应将灭火器放在离可能发生火灾最近的地方
    (B) 不要把灭火器放在靠近门口的地方
    (C) 拉开灭火器开关前应使自己尽可能远离火源
    (D) 灭火器要专物专用和定期保养

43. 坚持办事公道，要努力做到（　）。
    (A) 公私分明　　　　(B) 有求必应
    (C) 公正公平　　　　(D) 公开办事

44. 全面质量管理的基本方法中（　）阶段指的是计划阶段。
    (A) A　　　　　　　(B) C
    (C) D　　　　　　　(D) P

45. 全面质量管理的基本工作方法中（　）阶段指的是总结阶段。
    (A) A　　　　　　　(B) C
    (C) D　　　　　　　(D) P

46. 全面质量管理这一概念最早在（　）由美国质量管理专家提出。
    (A) 19世纪50年代　(B) 20世纪30年代
    (C) 20世纪40年代　(D) 20世纪50年代

47. 维修质量指标一般用（　）表示。
    (A) 生产率　　　　　(B) 合格率
    (C) 返修率　　　　　(D) 效率

48. 未成年工是指（　）的劳动者。
    (A) 小于16周岁
    (B) 已满16周岁未满18周岁
    (C) 小于18周岁
    (D) 等于18周岁

49. 下列选项对职业道德具体性理解正确的是（　）。
    (A) 反映了较强的专业特点
    (B) 不能用以规范约束其他行业人员的职业行为
    (C) 对其他行业人员有较强的约束性
    (D) 反映了职业道德观念代代相传的特点

50. 在火场的浓烟区被围困时，正确的做法是（　）。
    (A) 低姿势行走　　　(B) 短呼吸
    (C) 用湿毛巾捂住嘴　(D) 上述3项都正确

51. 在商业活动中，不符合待人热情要求的是（　）。
    (A) 严肃待客，不卑不亢
    (B) 主动服务，细致周到
    (C) 微笑大方，不厌其烦
    (D) 亲切友好，宾至如归

52. 职业道德对企业起到（　）的作用。
    (A) 决定经济效益　　(B) 促进决策科学化
    (C) 增强竞争力　　　(D) 树立员工守业意识

53. 职业纪律是企业的行为规范，职业纪律具有（　）的特点。
    (A) 明确的规定性　　(B) 高度的强制性
    (C) 普遍性　　　　　(D) 自愿性

(二) 判断题

(　) 1. ★全面质量管理概念最早是由法国质量管理专家提出的。

(　) 2. ★《合同法》规定，当事人订立合同，应当具有相应的民事权利能力和民事义务能力。

(　) 3. ★汽车维修质量是维修企业的生命线。

(　) 4. ★平等就业是指在劳动就业中实行权利平等、民族平等的原则。

(　) 5. ★团队意识含义包括规范意识和合作能力两个方面。

(　) 6. ★职业意识是指人们对职业岗位的认同、表扬、情感和态度等心理成分的总和，其核心是爱岗敬业本职工作，在本职岗位上能够踏踏实实地做好工作。

(　) 7. ★职业道德的基本职能是调节职能。

(　) 8. ★维修质量指标一般用合格率表示。

(　) 9. ★尽管公司的规章制度齐全，员工仍然需要严于律己。

(　) 10. ★劳动纠纷是指劳动关系双方当事人在执行劳动法律、法规或履行劳动合同的过程中持不同的主张和要求而产生的争议。

(　) 11. ★全面质量管理概念最早是由美国质量管理专家提出的。

(　) 12. ☆爱岗敬业是为人民服务和从业人员精神的具体体现，是社会主义职业道德一切基本规范的基础。

(　) 13. ☆劳动纠纷是指劳动关系双方当事人在执行劳动法律、个人权利、法规或履行劳动合同的过程中持不同的主张和要求而产生的争议。

(　) 14. ☆如果公司的规章制度齐全，员工不需要严于律己。

(　) 15. ☆职业道德评价具有维护职业道德原则和规范的作用，但不具有教育作用和调节作用。

(　) 16. ☆职业素质是劳动者对个人职业了解与适应能力的一种综合体现，其主要表现在职业兴趣、职业能力、职业个性及职业情况等方面。

（　）17. ☆职业素质是劳动者对社会职业了解与适应能力的一种综合体现，其主要表现在职业兴趣、职业个性及职业情况等方面。

（　）18. ☆合同也称契约，是指平等主体的自然人、法人、其他组织之间设立、变更、终止民事权利义务关系的协议。

（　）19. ☆职业道德标准多元化，代表了不同企业可能具有不同的价值观。

（　）20. ☆职业道德兼有强烈的纪律性。

（　）21. ☆职业道德具有发展的历史继承性。

（　）22. ☆职业道德是同人们的职业活动紧密联系的符合职业特点所要求的道德准则、道德情操与道德品质的总和。

（　）23. ☆质量意识是以质量为核心内容，自觉保证工作质量的意识。

（　）24. ☆企业活动中，师徒之间要平等和互相尊重。

（　）25. ☆职业道德是一种职业规范，受社会普遍的认可。

（　）26. ☆团队意识含义包括集体意识和合作能力两个方面。

练习一　职业意识（一）　选择题参考答案

1～5	6～10	11～15	16～20	21～25	26～30	31～35	36～40	41～45	46～50	51～53
BADDB	CDACD	AAACC	DBCAB	DBCBD	CCBCB	DDBAD	ABCCC	CDCDA	DBBAD	ACA

（二）判断题参考答案

1～5	6～10	11～15	16～20	21～25	26
××√×√	√√√×√	√×××	√×××	√√√×√	√

练习二 机械基础知识

（一）选择题

1. ★偶发（　），可以模拟故障征兆来判断故障部位。
   (A) 故障　　　　　　(B) 征兆
   (C) 模拟故障征兆　　(D) 上述3项均不正确

2. ★下列选项是液压系统的执行元件的是（　）。
   (A) 液压马达　　(B) 节流阀
   (C) 液压泵　　　(D) 换向阀

3. ★汽车上采用的液压传动装置以容积式为工作原理的常称（　）。
   (A) 液力传动　　(B) 液压传动
   (C) 气体传动　　(D) 液体传动

4. ★蜗杆轴承与壳体配合的最大间隙应该（　）原计划规定的0.02mm。
   (A) 小于　　(B) 大于
   (C) 等于　　(D) 取规定值

5. ★液压阀是液压系统中的（　）。
   (A) 动力元件　　(B) 执行元件
   (C) 辅助元件　　(D) 控制元件

6. ★在空气压缩机的装配中，组装好活塞连杆组，使活塞环开口相互错开（　）。
   (A) 30°　　(B) 60°
   (C) 90°　　(D) 180°

7. ★零件图的标题栏应包括零件的名称、材料、数量、图号和（　）等内容。
   (A) 比例　　　(B) 公差
   (C) 热处理　　(D) 表面粗糙度

8. ☆錾子一般用（　）制成。
   (A) 优质碳素结构钢　　(B) 优质合金工具钢
   (C) 优质合金结构钢　　(D) 优质碳素工具钢

9. ☆材料疲劳破坏是在（　）载荷作用下产生的。
   (A) 交变　　(B) 大
   (C) 轻　　　(D) 冲击

10. ☆常用的台虎钳有（　）和固定式两种。
    (A) 齿轮式　　(B) 回转式
    (C) 蜗杆式　　(D) 齿条式

11. ☆黄铜的主要用途用来制作导管、（　）、散热片及冷凝器、冷冲压、冷挤压零件等部件。
    (A) 活塞　　(B) 导电
    (C) 密封垫　(D) 空调管

12. ☆开关控制的普通方向控制阀包括（　）和换向阀两类。
    (A) 单向阀　　(B) 双向阀
    (C) 溢流阀　　(D) 减压阀

13. ☆润滑脂的使用性能主要有（　）低温性能、高温性能和抗水性等。
    (A) 油脂　　(B) 中温
    (C) 高温　　(D) 稠度

14. ☆（　）故障，可以模拟故障征兆来判断故障部位。
    (A) 偶发
    (B) 继发
    (C) 偶发、继发均对
    (D) 偶发、继发均不正确

15. ☆黄铜的主要用途用来制作（　）冷凝器、散热片及导电、冷冲压、冷挤压零件等部件。
    (A) 导管　　(B) 密封垫
    (C) 活塞　　(D) 空调管

16. ☆壳体上两蜗杆轴承孔公共轴线与两摇臂轴轴承公共轴线（　）公差符合规定。
    (A) 平行度　　(B) 圆度
    (C) 垂直度　　(D) 平面度

17. ☆开关控制的普通方向控制阀包括单向阀和（　）两类。
    (A) 双向阀　　(B) 换向阀
    (C) 溢流阀　　(D) 减压阀

18. ☆控制阀是用作控制或调节液压系统中液流的流动方向、压力和流量，从而控制执行元件的运动方向、推力、（　）、动作顺序以及限制和调节液压系统的工作压力等。
    (A) 动力　　(B) 运动速度
    (C) 速度　　(D) 阻力

19. ☆偶发故障，可以模拟故障征兆来判断（　）部位。
    (A) 工作
    (B) 故障
    (C) 工作与故障
    (D) 工作与故障以外的

20. ☆热交换器的冷却器根据冷却介质不同可分为（　）、水冷式和冷媒式。
    (A) 蛇形管式　　(B) 多管式
    (C) 油冷式　　　(D) 风冷式

21. ☆热交换器的冷却器根据冷却介质不同可分为风冷式、水冷式和（　）。
    (A) 冷媒式　　(B) 多管式
    (C) 油冷式　　(D) 蛇形管式

22. ☆润滑脂的使用性能主要有稠度、低温性能、高温性能和（　）等。
    (A) 抗水性　　(B) 中温
    (C) 高温　　　(D) 油脂

23. ☆液压泵分为（　）、齿轮泵、叶片泵、柱塞泵4种。

(A) 低压泵　　　　　(B) 高压泵
(C) 喷油泵　　　　　(D) 螺杆泵

24. ☆液压辅件是液压系统的一个重要组成部分，它包括蓄能器、过滤器、（　）、热交换器、压力表开关和管系元件等。
(A) 储能器　　　　　(B) 粗滤器
(C) 油泵　　　　　　(D) 油箱

25. ☆液压缸按结构组成可以分为缸体组件、活塞组件、密封装置、缓冲装置和（　）5个部分。
(A) 曲轴组件　　　　(B) 排气装置
(C) 凸轮轴组件　　　(D) 进气装置

26. ☆用游标卡尺测量工件，读数时先读出游标零刻线对（　）刻线左边格数为多少毫米，再加上游标上的读数。
(A) 尺身　　　　　　(B) 游标
(C) 活动套筒　　　　(D) 固定套筒

27. ☆游标卡尺测量工件某部位外径时，卡尺与工件应垂直，记下（　）。
(A) 最小尺寸　　　　(B) 平均尺寸
(C) 最大尺寸　　　　(D) 任意尺寸

28. （　）是指允许尺寸的变动量。
(A) 尺寸公差　　　　(B) 形状公差
(C) 位置公差　　　　(D) 偏差

29. A4图纸幅面的宽度和长度分别是（　）mm。
(A) 594、841　　　　(B) 420、594
(C) 210、297　　　　(D) 297、420

30. 纯铜又称为（　）。
(A) 白铜　　　　　　(B) 黄铜
(C) 青铜　　　　　　(D) 紫铜

31. 锉削狭长且加工余量较小的平面适宜采用的锉削方法是（　）。
(A) 顺锉法　　　　　(B) 交叉锉法
(C) 推锉法　　　　　(D) 平锉法

32. 当采用基孔制时，其基本偏差是（　）。
(A) 上偏差　　　　　(B) 下偏差
(C) 零偏差　　　　　(D) 不能确定

33. 当采用基轴制时其基本偏差是（　）。
(A) 上偏差　　　　　(B) 下偏差
(C) 零偏差　　　　　(D) 不能确定

34. 符号"//"代表（　）。
(A) 平行度　　　　　(B) 垂直度
(C) 倾斜度　　　　　(D) 位置度

35. 划线时放置工件的工具称为（　）。
(A) 划线工具　　　　(B) 基准工具
(C) 辅助工具　　　　(D) 测量工具

36. 绘图时，尺寸线与尺寸界线所用的线型是（　）。
(A) 细实线　　　　　(B) 粗实线
(C) 圆点线　　　　　(D) 虚线

37. 锯条锯齿的大小以（　）mm长度包含的锯齿数表示，此长度内包含的齿数越多锯齿越细。
(A) 15　　　　　　　(B) 15.4
(C) 25　　　　　　　(D) 25.4

38. 螺纹代号后加"LH"表示（　）。
(A) 粗牙螺纹　　　　(B) 细牙螺纹
(C) 左旋螺纹　　　　(D) 右旋螺纹

39. 偶然误差的消除方法是（　）。
(A) 舍弃
(B) 校准仪器
(C) 改进测量方法
(D) 多次重复测量取其平均值

40. 偏差是（　）。
(A) 代数值　　　　　(B) 绝对值
(C) 最大值　　　　　(D) 最小值

41. 通常所说的三视图不包括（　）。
(A) 主视图　　　　　(B) 俯视图
(C) 右视图　　　　　(D) 左视图

42. 刮刀中属于平面刮刀的是（　）。
(A) 三角刮刀　　　　(B) 钩头刮刀
(C) 蛇头刮刀　　　　(D) 匙形刮刀

43. 线型中用作可见轮廓线的是（　）。
(A) 细实线　　　　　(B) 粗实线
(C) 双点画的线　　　(D) 虚线

44. 属有色金属的是（　）。
(A) 碳素钢和轴承合金
(B) 碳素钢和铸铁
(C) 轴承钢和铸铁
(D) 铝合金

45. 不属于金属材料工艺性能的是（　）。
(A) 可锻性　　　　　(B) 可焊性
(C) 耐磨性　　　　　(D) 韧性

46. 属于不能磁化的反磁物质的是（　）。
(A) 钴　　　　　　　(B) 镍
(C) 铁　　　　　　　(D) 铜

47. 属于位置公差的是（　）。
(A) 直线度　　　　　(B) 平面度
(C) 圆度　　　　　　(D) 平行度

48. 用锯条锯削扁钢时，为了得到整齐的削口，应从扁钢（　）的面下锯。
(A) 较平　　　　　　(B) 较宽
(C) 较窄　　　　　　(D) 任意

49. 用于制作铸件的铝合金称为（　）。
(A) 锻铝合金　　　　(B) 硬铝合金
(C) 形变铝合金　　　(D) 铸造铝合金

50. 由固定套筒和微分套筒组成千分尺的称为

( )。
(A) 测力装置　　(B) 锁紧装置
(C) 读数机构　　(D) 微动机构

51. 游标卡尺是一种能直接测量工件（　）的中等精度量具。
(A) 长度、宽度、角度和直径
(B) 长度、宽度、粗糙度和直径
(C) 长度、宽度、深度和直径
(D) 宽度、深度、角度和直径

52. 有关錾削叙述正确的是（　）。
(A) 操作时不需戴眼镜
(B) 不得錾削淬火的工件
(C) 錾子头部需要淬火
(D) 一般情况使用高速钢材做錾子

53. 錾削时錾子的切削刃应与錾削方向倾斜的角度为（　）。
(A) 10°～25°　　(B) 15°～30°
(C) 25°～40°　　(D) 30°～45°

54. 錾子一般用（　）制成。
(A) 优质碳素结构钢　　(B) 优质碳素工具钢
(C) 优质合金结构钢　　(D) 优质合金工具钢

（二）判断题

( ) 1. ★划线平板上允许锤敲各种物体，但要保持平板的清洁。
( ) 2. ★开关控制的普通方向控制阀包括单向阀和换向阀两类。
( ) 3. ★工件旋转时，可以用千分尺测量尺寸大小。
( ) 4. ★黄铜的主要用途是制作导管、空调管、散热片及导电、冷冲压和冷挤压零件等部件。
( ) 5. ★润滑脂的使用性能主要有稠度、低温性能、高温性能和耐磨油脂等。
( ) 6. ★举升机按控制方式只分为电动式和气动式两种。
( ) 7. ★举升机按控制方式可分为电动式、气动式、液压式、电动液压式和移动式。
( ) 8. ★汽车常用轴承分为滑动轴承和滚动轴承两类。
( ) 9. ★液压泵分为叶片泵、齿轮泵、柱塞泵、高压泵4种。
( ) 10. ☆开关控制的普通方向控制阀包括方向阀和换向阀两类。
( ) 11. ☆空气压缩机缸体出现裂纹，可以利用焊修进行修复使用。
( ) 12. ☆控制阀是用作控制或调节液压系统中液流的流动方向、压力和流量，从而控制执行元件的运动方向、阻力、运动速度、动作顺序以及限制和调节液压系统的工作压力。
( ) 13. ☆游标卡尺内量爪测量外表面，外量爪测量内表面。
( ) 14. ☆零件图由一组图形、完整的尺寸、技术要求和标题栏4部分组成。
( ) 15. ☆液压传动易获得很大的输出力或力矩，易于实现大幅度减速，但不能实现大范围的无级变速。

练习二 机械基础知识（一）选择题参考答案

1～5	6～10	11～15	16～20	21～25	26～30
ADBBD	DADAD	BADAA	CBBBD	AADDB	ACACD
31～35	36～40	41～45	46～50	51～54	
CBAAB	ADCDA	CCBDD	DDBDD	CBDB	

（二）判断题参考答案

1～5	6～10	11～15
×√××	×××√×	×√×××

练习三　电工基础知识

(一) 选择题

1. ★单相直流稳压电源由滤波、(　)、整流和稳压电路组成。
   - (A) 整流
   - (B) 电网
   - (C) 电源
   - (D) 电源变压器

2. ★正弦交流电的三要素是(　)、角频率和初相位。
   - (A) 最小值
   - (B) 平均值
   - (C) 最大值
   - (D) 代数值

3. ☆单相直流稳压电源由电源变压器、整流、滤波(　)组成。
   - (A) 电源
   - (B) 稳压电路
   - (C) 电网
   - (D) 硅整流元件

4. ☆当加在硅二极管两端的正向电压从 0 开始逐渐增大时,硅二极管(　)。
   - (A) 立即导通
   - (B) 到 0.3 V 时才开始导通
   - (C) 超过死区电压时才开始导通
   - (D) 不导通

5. ☆三桥式整流电路由(　)、6 个二极管和负载组成。
   - (A) 三极管
   - (B) 电阻
   - (C) 电容
   - (D) 三相绕组

6. ☆正弦交流电的三要素是最大值、(　)和初相位。
   - (A) 角速度
   - (B) 角周期
   - (C) 角相位
   - (D) 角频率

7. ☆三极管的(　)作用是三极管基本的和最重要的特性。
   - (A) 电流放大
   - (B) 电压放大
   - (C) 功率放大
   - (D) 单向导电

8. ☆(　)是用电磁控制金属膜片振动而发生的装置。
   - (A) 电磁阀
   - (B) 刮水器
   - (C) 风挡玻璃
   - (D) 电喇叭

9. ☆三桥式整流电路由三相绕组、6 个二极管和(　)组成。
   - (A) 三极管
   - (B) 电阻
   - (C) 电容
   - (D) 负载

10. ☆正弦交流电是指电流的大小和方向按(　)规律变化的交流电。
    - (A) 正弦
    - (B) 余弦
    - (C) 直线
    - (D) 正切

11. ECU 主要包括(　)两部分。
    - (A) 输入回路和输出回路
    - (B) 转换器和执行器
    - (C) 输入回路和微型计算机
    - (D) 硬件和软件

12. 不含电源的部分电路欧姆定律的表达式是(　)。
    - (A) $I = U/R$
    - (B) $I = Ey(R+r)$
    - (C) $I = U^2/R$
    - (D) $I = E^2/(R+r)$

13. 当电磁继电器的线圈电流被切断时,衔铁在弹簧的作用下迅速回位,从而使活动触点与固定(　)触点断开。
    - (A) 常开触点
    - (B) 常闭触点
    - (C) 铁芯
    - (D) 上述 3 项都不对

14. 发光二极管的英文缩写是(　)。
    - (A) LBD
    - (B) LCD
    - (C) LDD
    - (D) LED

15. 放大电路中放大器有(　)个端子。
    - (A) 2
    - (B) 3
    - (C) 4
    - (D) 5

16. 交流电的有效值是根据(　)来确定的。
    - (A) 电流
    - (B) 电压
    - (C) 最大值
    - (D) 热效应

17. 目前我国低压配电系统中,相电压的有效值是(　) V。
    - (A) 55
    - (B) 110
    - (C) 220
    - (D) 330

18. 任何两个彼此绝缘而又相互靠近的导体,可以看成是(　)。
    - (A) 电阻器
    - (B) 电容器
    - (C) 继电器
    - (D) 开关

19. 稳压二极管 PNP 结的个数是(　)个。
    - (A) 1
    - (B) 2
    - (C) 3
    - (D) 4

20. 不能用来计算电功的是(　)。
    - (A) $W = UIt$
    - (B) $W = I^2Rt$
    - (C) $W = U^2t/R$
    - (D) $W = UI$

21. 不属于正弦交流电三要素的是(　)。
    - (A) 周期
    - (B) 最大值
    - (C) 角频率
    - (D) 初相位

22. 液晶显示器件的英文缩写是(　)。
    - (A) LBD
    - (B) LCD
    - (C) LDD
    - (D) LED

23. 在实际工作中,常采用模拟信号发生器的(　)来断定模拟信号发生器的好坏。
    - (A) 电流
    - (B) 电压
    - (C) 电阻
    - (D) 动作

24. 锗管 PN 结的导通电压约为（　）V。
　　（A）0.1　　　　　　　（B）0.2
　　（C）0.3　　　　　　　（D）0.4
25. 真空荧光管的英文缩写是（　）。
　　（A）VFD　　　　　　　（B）VDD
　　（C）VED　　　　　　　（D）VCD

(二) 判断题
（　）1. ★三桥式整流电路由三相绕组、6 个二极管和负载组成。
（　）2. ☆容抗反映了电容对交流电的阻碍能力。

练习三　电工基础知识（一）选择题参考答案					
1～5 DCBCD	6～10 DADDA	11～15 DAADB	16～20 DCBAD	21～25 ABCBA	
(二) 判断题参考答案					
1～2 √√					

项目二 汽车发动机知识

练习一 曲柄连杆机构检修

(一) 选择题

1. ★下列属于发动机曲轴主轴承响的原因是（　）。
   - (A) 连杆轴承盖的连接螺栓松动
   - (B) 曲轴弯曲
   - (C) 气缸压力低
   - (D) 气缸压力高

2. ★若发动机活塞销响，响声会随发动机负荷增加而（　）。
   - (A) 减小
   - (B) 增大
   - (C) 先增大后减小
   - (D) 先减小后增大

3. ★安装 AJR 型发动机活塞环时，其开口应错开（　）。
   - (A) 90°
   - (B) 100°
   - (C) 120°
   - (D) 180°

4. ★发动机活塞敲缸异响发出的声音是（　）声。
   - (A) "铛铛"
   - (B) "啪啪"
   - (C) "嗒嗒"
   - (D) "噗噗"

5. ★发动机曲轴冷压校正后，一般还要进行（　）。
   - (A) 正火处理
   - (B) 表面热处理
   - (C) 时效处理
   - (D) 淬火处理

6. ★发动机全浮式活塞销与活塞销座孔的配合，汽油机要求在常温下有（　）mm 的过盈。
   - (A) 0.025～0.075
   - (B) 0.0025～0.0075
   - (C) 0.05～0.08
   - (D) 0.005～0.008

7. ★利用量缸表可以测量发动机气缸、曲轴轴承的圆度和圆柱度，其测量精度为（　）mm。
   - (A) 0.05
   - (B) 0.02
   - (C) 0.01
   - (D) 0.005

8. ★若发动机曲轴主轴承响，则其响声随发动机转速的提高而（　）。
   - (A) 减小
   - (B) 增大
   - (C) 先增大后减小
   - (D) 先减小后增大

9. ★下列不是发动机活塞敲缸异响的原因（　）。
   - (A) 活塞与气缸壁间隙过大
   - (B) 活塞裙部磨损过大或气缸严重失圆
   - (C) 轴承和轴颈磨损严重
   - (D) 连杆弯曲、扭曲变形

10. ★校正发动机曲轴弯曲常采用冷压校正法，校正后还应进行（　）。
    - (A) 时效处理
    - (B) 淬火处理
    - (C) 正火处理
    - (D) 表面热处理

11. ★奥迪 A6 轿车发动机曲轴径向间隙可用（　）进行检测。
    - (A) 百分表
    - (B) 千分尺
    - (C) 游标卡尺
    - (D) 塑料塞尺

12. ★发动机的缸体曲轴箱组包括气缸体、下曲轴箱、（　）、气缸盖和气缸垫等。
    - (A) 上曲轴箱
    - (B) 活塞
    - (C) 连杆
    - (D) 曲轴

13. ★发动机气缸体轴承座孔同轴度检验仪主要由定心轴套、定心轴、球形触头、百分表及（　）组成。
    - (A) 等臂杠杆
    - (B) 千分表
    - (C) 游标卡尺
    - (D) 定心器

14. ★检验发动机气缸盖和气缸体裂纹，可用压缩空气。空气压力为（　）kPa，保持 5min，并且无泄漏。
    - (A) 294～392
    - (B) 192～294
    - (C) 392～490
    - (D) 353～441

15. ★气缸体翘曲变形多用（　）进行检测。
    - (A) 百分表和塞尺
    - (B) 塞尺和直尺
    - (C) 游标卡尺和直尺
    - (D) 千分尺和塞尺

16. ☆安装活塞销时，先将活塞置于水中加热到（　）℃取出。
    - (A) 50～60
    - (B) 60～80
    - (C) 50～80
    - (D) 80～90

17. ☆当发动机曲轴中心线弯曲大于（　）mm 时，曲轴须加以校正。
    - (A) 0.10
    - (B) 0.05
    - (C) 0.025
    - (D) 0.015

18. ☆发动机缸套镗削后，还必须进行（　）。
    - (A) 光磨
    - (B) 桁磨
    - (C) 研磨
    - (D) 铰磨

19. ☆发动机活塞环侧隙检查可用（　）。
    - (A) 百分表
    - (B) 卡尺
    - (C) 塞尺
    - (D) 千分尺

20. ☆发动机活塞销异响的原因是（　）。
    - (A) 活塞销与活塞上的销座孔配合松旷
    - (B) 连杆弯曲、扭曲变形
    - (C) 连杆轴承盖的连接螺栓松动
    - (D) 活塞销质量差

21. ☆发动机连杆的修理技术标准为连杆在 100mm 长度上弯曲值应不大于（　）mm。
    - (A) 0.01
    - (B) 0.03
    - (C) 0.5
    - (D) 0.8

22. ☆发动机连杆轴承轴向间隙使用极限为（　）mm。
    - (A) 0.40
    - (B) 0.50
    - (C) 0.30
    - (D) 0.60

23. ☆发动机曲轴冷压校正后,再进行时效热处理,加热后保温时间是( )h。
   (A) 0.5～1   (B) 1～2
   (C) 2～3   (D) 2～4
24. ☆若发动机活塞敲缸异响,低温响声大,高温响声小,则为( )。
   (A) 活塞与气缸壁间隙过大
   (B) 活塞质量差
   (C) 连杆弯曲变形
   (D) 润滑油压力低
25. ☆若发动机连杆轴承响,响声会随发动机负荷增加而( )。
   (A) 减小   (B) 增大
   (C) 先增大后减小   (D) 先减小后增大
26. ☆用连杆检验仪检验连杆变形时,若三点规的3个测点都与检验平板接触,则连杆( )。
   (A) 无变形   (B) 弯曲变形
   (C) 扭曲变形   (D) 弯扭变形
27. ☆安装发动机扭曲环时内圆切口应( )。
   (A) 向上   (B) 向下
   (C) 向内   (D) 向外
28. ☆对于二行程发动机,气缸完成一个工作循环活塞往复运动为( )个行程。
   (A) 1   (B) 2
   (C) 3   (D) 4
29. ☆对于活塞往复式四行程发动机,完成一个工作循环曲轴转动( )圈。
   (A) 1/2   (B) 1
   (C) 2   (D) 4
30. ☆对于铸铁或铝合金气缸体所出现的裂纹、砂眼最好用( )修复。
   (A) 粘接法   (B) 磨削法
   (C) 焊修法   (D) 堵漏法
31. ☆发动机活塞销异响是一种( )的响声。
   (A) 无节奏   (B) 浑浊的有节奏
   (C) 钝哑无节奏   (D) 有节奏的"嗒嗒"
32. ☆发动机气缸的修复方法可用( )。
   (A) 电镀   (B) 喷涂
   (C) 修理尺寸法   (D) 铰削法
33. ☆活塞环拆装钳是一种专门用于拆装( )的工具。
   (A) 活塞环   (B) 活塞销
   (C) 顶置式气门弹簧 (D) 轮胎螺母
34. ☆活塞环磨损严重,应该( )。
   (A) 更换新件   (B) 修复
   (C) 继续使用   (D) 上述3项均正确
35. ☆汽油发动机两缸或多缸不工作,可用( )找出不工作的气缸。
   (A) 多缸断油法   (B) 单缸断油法
   (C) 多缸断火法   (D) 单缸断火法
36. ☆用( )测量气缸的磨损情况。
   (A) 量缸表   (B) 螺旋测微器
   (C) 游标卡尺   (D) 上述3项均正确
37. ☆用连杆检验仪检验连杆变形时,如果一个下测点与平板接触,但上测点与平板的间隙不等于另一个下测点与平板间隙的1/2,表明连杆发生( )。
   (A) 无变形   (B) 弯曲变形
   (C) 扭曲变形   (D) 弯扭变形
38. ( )是活塞销松旷造成异响特征。
   (A) 单缸断(油)时,声音减弱或消失,恢复工作时,声音明显或连续两声响声
   (B) 温度升高,声音减弱或消失
   (C) 较沉闷连续的"铛铛"金属敲击声
   (D) 随发动机转速增加,声音加大
39. ( )用于诊断发动机气缸及进排气门的密封状况。
   (A) 真空表
   (B) 气缸漏气量检测仪
   (C) 发动机分析仪
   (D) 尾气分析仪
40. ( )不是正时齿轮异响的原因。
   (A) 正时齿轮断
   (B) 正时齿轮间隙过大
   (C) 正时齿轮磨损
   (D) 正时齿轮间隙过小齿
41. ( )燃烧室结构紧凑,热损失少,热效率较高。
   (A) 统一式   (B) 分开式
   (C) 涡流室式   (D) 预热室式
42. 1988年颁布的国家标准汽车型号由( )部分构成。
   (A) 2   (B) 3
   (C) 4   (D) 5
43. 齿长磨损不得超过原齿长的( )%。
   (A) 20   (B) 25
   (C) 30   (D) 35
44. 待修件是指具有较好( )的零件。
   (A) 修理工艺   (B) 修理价值
   (C) 使用价值   (D) 几何形状
45. 当排量一定时,短行程发动机具有( )的结构特点。
   (A) 缸径较大   (B) 缸径较小
   (C) 活塞较小   (D) 上述3项均不对

46. 当气缸拉缸后，确定了某级修理尺寸，以下相应的零件可不报废的是（ ）。
    (A) 活塞　　　　　　(B) 连杆
    (C) 活塞销　　　　　(D) 活塞环

47. 对于曲轴前端装止推垫片的发动机，曲轴轴向间隙因磨损而增大时，应在保证前止推片为标准厚度的情况下，加厚（ ）止推垫片的厚度，以满足车辆曲轴轴向间隙的要求。
    (A) 前　　　　　　　(B) 后
    (C) 第1道　　　　　(D) 第2道

48. 发动机气缸径向的磨损量最大的位置一般在进气门（ ）略偏向排气门一侧。
    (A) 侧面　　　　　　(B) 后面
    (C) 对面　　　　　　(D) 下面

49. 发动机气缸体裂纹和破损检测，最常用的方法是（ ）法。
    (A) 磁力探伤　　　　(B) 荧光探伤
    (C) 敲击　　　　　　(D) 水压试验

50. 发动机气缸体上平面翘曲，应采用（ ）修理。
    (A) 刨削　　　　　　(B) 磨削
    (C) 冷压校正　　　　(D) 加热校正

51. 发动机气缸沿径向的磨损呈不规则的（ ）。
    (A) 圆形　　　　　　(B) 圆柱形
    (C) 圆锥形　　　　　(D) 椭圆形

52. 发动机气缸沿轴线方向磨损呈（ ）的特点。
    (A) 上大下小　　　　(B) 上小下大
    (C) 上下相同　　　　(D) 中间大

53. 发动机曲轴各轴颈的圆度和圆柱度误差一般用（ ）来测量。
    (A) 游标卡尺　　　　(B) 百分表
    (C) 外径分厘卡　　　(D) 内径分厘卡

54. 发动机曲轴裂纹易发生在轴颈与曲柄的连接处及（ ）周围。
    (A) 曲拐　　　　　　(B) 配重
    (C) 润滑油眼　　　　(D) 主油道

55. 发动机镗缸后的气缸圆度和圆柱度误差应小于（ ）mm。
    (A) 0.000 5　　　　 (B) 0.005
    (C) 0.05　　　　　　(D) 0.5

56. 发动机在启动前不应（ ）。
    (A) 检查油底壳
    (B) 检查冷却液
    (C) 检查换挡开关在空挡位置
    (D) 放开驻车制动器

57. 活塞环漏光处的缝隙应不大于（ ）mm。
    (A) 0.01　　　　　　(B) 0.03
    (C) 0.05　　　　　　(D) 0.07

58. 检查连杆轴承间隙时，在轴承表面上涂以清洁的润滑油，将轴承装在连杆轴颈上，按规定拧紧螺母。将连杆放平，以杆身的重量徐徐下垂，用手握住连杆小端，沿（ ）向扳动时应无松旷感。
    (A) 轴　　　　　　　(B) 径
    (C) 前后　　　　　　(D) 水平

59. 轿车类别代号是（ ）。
    (A) 4　　　　　　　 (B) 5
    (C) 6　　　　　　　 (D) 7

60. 进行桑塔纳轿车发动机曲轴轴向间隙检查时，应先将曲轴用撬棒撬至一端，再用塞尺测量第（ ）道曲柄与止推轴承之间的间隙。
    (A) 1　　　　　　　 (B) 2
    (C) 3　　　　　　　 (D) 4

61. 客车类别代号是（ ）。
    (A) 4　　　　　　　 (B) 5
    (C) 6　　　　　　　 (D) 7

62. 连杆轴承应与轴承座及轴承盖密合，凸点完好，轴瓦两端的挤压高度值不小于（ ）mm。
    (A) 0.01　　　　　　(B) 0.03
    (C) 0.05　　　　　　(D) 0.07

63. 确定发动机曲轴修理尺寸时，除根据测量的圆柱度、圆度进行计算外，还应考虑（ ）对修理尺寸的影响。
    (A) 裂纹　　　　　　(B) 弯曲
    (C) 连杆　　　　　　(D) 轴瓦

64. 发动机曲轴若弯曲度超过0.03mm，摆差超过（ ）mm，应予冷压校直。
    (A) 0.02　　　　　　(B) 0.05
    (C) 0.06　　　　　　(D) 0.08

65. 四行程发动机凸轮轴正时齿轮齿数是曲轴正时齿轮的（ ）倍。
    (A) 1　　　　　　　 (B) 2
    (C) 3　　　　　　　 (D) 4

66. 同一活塞环上漏光弧长所对应的圆心角总和不超过（ ）。
    (A) 15°　　　　　　 (B) 25°
    (C) 45°　　　　　　 (D) 60°

67. 小型客车的座位数不超过（ ）座。
    (A) 9　　　　　　　 (B) 5
    (C) 16　　　　　　　(D) 20

68. 不属于曲轴产生裂纹的主要原因是（ ）。
    (A) 材料缺陷
    (B) 应力集中
    (C) 制造缺陷
    (D) 螺栓拧紧力矩过大

69. 属于气缸体腐蚀的主要原因是（ ）。

(A) 冷却液加注过多
(B) 使用了不符合要求的冷却液
(C) 汽车工作条件恶劣
(D) 汽车长时间超时间超负荷工作

70. 属于气缸体螺纹损伤的原因是（　）。
(A) 装配时螺栓没有拧正
(B) 异物碰撞
(C) 工具使用不当
(D) 气缸盖过小

71. 属于曲轴轴承螺纹损伤的原因是（　）。
(A) 装配时螺栓没有拧正
(B) 异物碰撞
(C) 工具使用不当
(D) 螺栓重复使用

72. 用质量为0.25kg的锤子沿曲轴轴向轻轻敲击连杆，连杆能沿轴向移动，且连杆大头两端与曲柄的间隙为（　）mm。
(A) 0.17～0.35   (B) 0.35～0.52
(C) 0.52～0.69   (D) 0.69～0.86

73. 在测量发动机气缸磨损程度时，为准确起见，应在不同的位置和方向共测出至少（　）个值。
(A) 2   (B) 4
(C) 6   (D) 8

74. 在发动机的4个工作行程中，只有（　）行程是有效行程。
(A) 进气   (B) 压缩
(C) 做功   (D) 排气

（二）判断题

（　）1. ★活塞环拆装钳是一种专门用于拆装气门弹簧的工具。
（　）2. ★用连杆检验仪检验连杆变形时，若三点规的3个测点都与检验平板接触，则连杆发生了弯曲变形。
（　）3. ★气缸体的裂纹凡涉及漏水时，一般应更换新件。
（　）4. ★使用量缸表测量时，必须使量杆与气缸的轴线保持垂直。
（　）5. ★安装气缸垫时，应使有"OPEN TOP"标记的一面朝向气缸盖。
（　）6. ★当发动机曲轴圆度和圆柱度误差超过0.25mm时，应按规定的修理尺寸进行修磨。
（　）7. ★活塞环拆装钳是一种专门用于拆装活塞环的工具。
（　）8. ★可用外径千分尺测量发动机活塞裙部。
（　）9. ★曲柄连杆机构由气缸体曲轴箱组、活塞连杆组和曲轴飞轮组组成。
（　）10. ★曲轴轴颈表面不允许有横向裂纹。
（　）11. ★用百分表检测曲轴弯曲变形时，百分表的触头应抵在中间主轴颈表面。
（　）12. ☆多缸发动机各气缸的总容积之和，称为发动机的排量。
（　）13. ☆发动机气缸体所有结合平面可以有明显的轻微的凸出、凹陷、划痕。
（　）14. ☆发动机曲轴冷压校正后，再进行时效处理，目的是防止裂纹产生。
（　）15. ☆发动机总成大修送修标志以气缸磨损程度为依据。
（　）16. ☆若发动机曲轴主轴承响，则其响声随发动机转速的提高而减小。
（　）17. ☆安装活塞销时，先将活塞置于水中加热到60～80℃取出。
（　）18. ☆发动机活塞敲缸异响发出的声音是清晰而明显的"嗒嗒"声。
（　）19. ☆发动机气缸套承孔内径修理尺寸的级差为0.5mm，共3个级别。
（　）20. ☆发动机曲轴冷压校正后，再进行时效处理，其目的是消除内应力。
（　）21. ☆如果用气缸压力表测得气缸压力过低，可向该缸火花塞或喷油器孔内注入适量润滑油再进行测量。
（　）22. ☆若发动机磨损或调整不当引起的异响属于机械异响。
（　）23. ☆在进行发动机曲轴弯曲变形检验时，应将百分表触头垂直地触及其中间一道主轴颈上。
（　）24. ☆止推垫片应该涂润滑油。

练习— 曲柄连杆机构习题参考答案

（一）选择题参考答案

1～5	BBCCC	6～10	CBBBB	11～15	BCBCA	16～20	DCAAD	21～25	BBAAB	26～30	AABCD
31～35	DCAAD	36～40	ADADB	41～45	ABCBA	46～50	BBCDB	51～55	DACCB	56～60	DBADB
61～65	CBBBB	66～70	CADBA	71～74	AACC						

（二）判断题参考答案

1～5	×√×××	6～10	×√√√√	11～15	√××××	16～20	××××√	21～24	√√√×

练习二 配气机构检修

（一）选择题

1. ★检测凸轮轴轴颈磨损的工具是（　）。
   (A) 百分表　　　　　　(B) 外径千分尺
   (C) 游标卡尺　　　　　(D) 塑料塞尺

2. ★根据《汽车发动机气缸体与气缸盖修理技术条件》（GB3801—83）的技术要求，气门导管与承孔的配合过盈量一般为（　）mm。
   (A) 0.01～0.04　　　　(B) 0.01～0.06
   (C) 0.02～0.04　　　　(D) 0.06～0.2

3. ★发动机凸轮轴的修理级别一般分4等级，极差为（　）mm。
   (A) 0.010　　　　　　　(B) 0.20
   (C) 0.30　　　　　　　(D) 0.40

4. ★奔驰轿车采用下列（　）调整气门间隙。
   (A) 两次调整法　　　　(B) 逐缸调整法
   (C) 垫片调整法　　　　(D) 不用调整

5. ★检测发动机配气相位的仪器有（　）。
   (A) CQ-1A型曲轴箱窜气量测量仪
   (B) 气门正时检验仪
   (C) 千分表
   (D) 汽车电器万能试验台

6. ★拧紧AJR型发动机气缸盖螺栓时，第二次拧紧力矩为（　）N·m。
   (A) 40　　　　　　　　(B) 50
   (C) 60　　　　　　　　(D) 75

7. ★发动机气门间隙过大，使气门脚发出异响，可用（　）进行辅助判断。
   (A) 塞尺　　　　　　　(B) 撬棍
   (C) 扳手　　　　　　　(D) 卡尺

8. ★检验气门密封性，常用且简单可行的方法是用（　）。
   (A) 水压　　　　　　　(B) 煤油或汽油渗透
   (C) 口吸　　　　　　　(D) 仪器

9. ★日本丰田轿车采用（　）调整气门间隙。
   (A) 两次调整法　　　　(B) 逐缸调整法
   (C) 垫片调整法　　　　(D) 不用调整

10. ★发动机气缸盖上的气门座裂纹最好的修理方法是（　）。
    (A) 粘接法　　　　　　(B) 磨削法
    (C) 焊修法　　　　　　(D) 堵漏法

11. ★凸轮轴是用来控制各气缸进、排气门（　）时间的。
    (A) 开闭时刻和开启持续
    (B) 压缩
    (C) 点火
    (D) 做功

12. ★若发动机气门响，响声会随发动机转速增高而增高，温度变化和单缸断火时响声（　）。
    (A) 减弱　　　　　　　(B) 不减弱
    (C) 消失　　　　　　　(D) 变化不明显

13. ★铝合金发动机气缸盖下平面的平面度误差每任意50mm×50mm范围内均应小于（　）mm。
    (A) 0.015　　　　　　　(B) 0.025
    (C) 0.035　　　　　　　(D) 0.030

14. ☆发动机正时齿轮异响的原因是（　）。
    (A) 凸轮轴和曲轴两中心线不平行
    (B) 发动机进气不足
    (C) 点火正时失准
    (D) 点火线圈温度过高

15. ☆气门弹簧的作用是使气门同气门座保持（　）。
    (A) 间隙　　　　　　　(B) 一定距离
    (C) 紧密闭合　　　　　(D) 一定的接触强度

16. ☆对于受力不大、工作温度低于100℃的部位的气缸盖裂纹大部可以采用（　）修复。
    (A) 粘接法　　　　　　(B) 磨削法
    (C) 焊修法　　　　　　(D) 堵漏法

17. ☆拧紧AJR型发动机气缸盖螺栓时，应分（　）次拧紧。
    (A) 3　　　　　　　　　(B) 4
    (C) 5　　　　　　　　　(D) 2

18. ☆气缸盖火花塞孔螺纹损坏多于（　）牙需修复。
    (A) 1　　　　　　　　　(B) 2
    (C) 3　　　　　　　　　(D) 4

19. ☆气缸盖螺纹孔（不包括火花塞孔）螺纹损坏多于（　）牙需修复。
    (A) 1　　　　　　　　　(B) 2
    (C) 3　　　　　　　　　(D) 4

20. ☆如果气缸盖裂纹发生在受力较大或温度较高的部位，则采用（　）修理方法。
    (A) 粘接法　　　　　　(B) 磨削法
    (C) 焊修法　　　　　　(D) 堵漏法

21. ☆发动机气门座圈异响比气门异响稍大并呈（　）的"嚓嚓"声。
    (A) 没有规律的忽大忽小
    (B) 有规律、大小一样
    (C) 无规律、大小一样

(D) 有规律
22. ☆对于配气相位的检查，以下说法正确的是（ ）。
   (A) 应该在气门间隙调整前检查
   (B) 应该在气门间隙调整后检查
   (C) 应该在气门间隙调整过程中检查
   (D) 无具体要求
23. ☆安装好 AJR 型发动机凸轮轴后，发动机约（ ）min 之内不得启动。
   (A) 20   (B) 30
   (C) 40   (D) 50
24. ☆凸轮轴轴颈磨损的圆柱度误差大于（ ）mm 时，应更换凸轮轴。
   (A) 0.10   (B) 0.05
   (C) 0.025   (D) 0.015
25. ☆凸轮轴轴向间隙的允许极限值为（ ）mm。
   (A) 0.10   (B) 0.15
   (C) 0.025   (D) 0.015
26. 发动机凸轮轴轴颈磨损后，主要产生（ ）误差。
   (A) 圆度   (B) 圆柱度
   (C) 圆跳动   (D) 圆度和圆柱度
27. 发动机凸轮轴变形的主要形式是（ ）。
   (A) 弯曲   (B) 扭曲
   (C) 弯曲和扭曲 (D) 圆度误差
28. 发动机气门座圈与座圈孔应为（ ）。
   (A) 过渡配合   (B) 过盈配合
   (C) 间隙配合   (D) 上述 3 项均可
29. 属于气缸盖腐蚀的主要原因是（ ）。
   (A) 冷却液加注过多
   (B) 使用了不符合要求的冷却液
   (C) 汽车工作条件恶劣
   (D) 汽车长时间超时间超负荷工作
30. 属于气缸盖螺纹损伤的原因是（ ）。
   (A) 装配时螺栓没有拧正
   (B) 异物碰撞
   (C) 工具使用不当
   (D) 气缸盖过小
31. 不属于凸轮轴变形的主要原因是（ ）。
   (A) 曲轴受到冲击
   (B) 按规定力矩拧紧螺栓
   (C) 未按规定力矩拧紧螺栓
   (D) 材料缺陷
32. 属于凸轮轴轴承螺纹损伤的原因是（ ）。
   (A) 装配时螺栓没有拧正
   (B) 异物碰撞
   (C) 工具使用不当
   (D) 螺栓重复使用
33. （ ）不是正时齿轮异响的原因。
   (A) 正时齿轮间隙过小
   (B) 正时齿轮间隙过大
   (C) 正时齿轮磨损
   (D) 正时齿轮断齿
34. 气门杆磨损用（ ）测量。
   (A) 外径千分尺 (B) 内径千分尺
   (C) 直尺   (D) 刀尺
35. 气门高度用（ ）测量。
   (A) 外径千分尺 (B) 内径千分尺
   (C) 直尺   (D) 刀尺
36. 气门座圈承孔的圆度误差应小于（ ）mm。
   (A) 0.02   (B) 0.04
   (C) 0.06   (D) 0.08
37. 气门座圈承孔的圆柱度误差应小于（ ）mm。
   (A) 0.05   (B) 0.10
   (C) 0.15   (D) 0.20
38. 气门座圈承孔的表面粗糙度应小于（ ）μm。
   (A) 1.25   (B) 1.50
   (C) 1.75   (D) 2.00
39. 四行程发动机凸轮轴正时齿轮齿数是曲轴正时齿轮的（ ）倍。
   (A) 1   (B) 2
   (C) 3   (D) 4
40. 通常排气门的气门间隙是（ ）mm。
   (A) 0.10～0.20 (B) 0.25～0.30
   (C) 0.30～0.35 (D) 0.35～0.40
41. 调整发动机气门间隙时应在（ ）、气门挺杆落至最终位置进行。
   (A) 进气门完全关闭
   (B) 排气门完全关闭
   (C) 进、排气门完全关闭
   (D) 进、排气门不需关闭

(二) 判断题
（ ）1. ★按点火方式不同发动机可分为点燃式和压燃式两种。
（ ）2. ★气缸盖与气缸体可以同时用水压法检测裂纹。
（ ）3. ★对于受力不大、工作温度低于 100℃ 的部位的气缸盖裂纹大部分可以采用粘接法修复。
（ ）4. ★气门脚间隙太大会引起气门座圈异响。

( ) 5. ☆如果气缸盖裂纹发生在受力较大或温度较高的部位，则采用粘接法修理。

( ) 6. ☆凸轮轴轴颈磨损的圆柱度误差大于 0.025mm 时，应更换凸轮轴。

( ) 7. ☆用百分表检测凸轮轴的弯曲度，检查前应校表。

练习二 泵与机构构造（一）选择题参考答案

1~5	6~10	11~15	16~20	21~25	26~30	31~35	36~40	41
BDBCB	CABCA	CABBC	ABABC	ABBDB	DABBA	BVAAC	AAABC	C

练习（二）判断题参考答案

1~5	6~9	✗✓
✓✓✓✓✗	✗✓✓✗	

练习三　燃油润滑冷却系统检修

(一) 选择题

1. ★在启动柴油机时排气管不排烟,这时将喷油泵放气螺钉松开,扳动手油泵,观察泵放气螺钉是否流油,若不流油或有气泡冒出,表明( )。
   - (A) 低压油路有故障
   - (B) 高压油路有故障
   - (C) 回油油路有故障
   - (D) 高、低压油路都有故障

2. ★柴油机动力不足,可在发动机运转中运用( ),观察发动机转速变化,找出故障缸。
   - (A) 多缸断油法
   - (B) 单缸断油法
   - (C) 多缸断火法
   - (D) 单缸断火法

3. ★若发动机润滑油油耗超标,则检查( )。
   - (A) 润滑油黏度是否符合要求
   - (B) 润滑油道是否堵塞
   - (C) 气门与气门导管的间隙
   - (D) 油底壳油量是否不足

4. ★若汽油机燃料消耗量过大,则检查( )。
   - (A) 进气管漏气
   - (B) 空气滤清器是否堵塞
   - (C) 燃油泵故障
   - (D) 油压是否过大

5. ★柴油发动机燃油油耗超标的原因是( )。
   - (A) 配气相位失准
   - (B) 气缸压力低
   - (C) 喷油器调整不当
   - (D) 润滑油变质

6. ★柴油机启动时排气管冒白烟,其故障原因是( )。
   - (A) 燃油箱无油或存油不足
   - (B) 柴油滤清器堵塞
   - (C) 高压油管有空气
   - (D) 燃油中有水

7. ★桑塔纳 2000GLI 型轿车 AFE 型发动机的润滑油泵主动轴弯曲度超过( ) mm,则应对其进行校正或更换。
   - (A) 0.10
   - (B) 0.20
   - (C) 0.05
   - (D) 0.30

8. ★新 195 和 190 型柴油机是通过增减喷油泵与机体之间的铜垫片来调整供油提前角的,减少垫片供油时间变( )。
   - (A) 晚
   - (B) 早
   - (C) 先早后晚
   - (D) 先晚后早

9. ★主要是在发动机进气口、排气口和运转中的风扇处的响声属于( )异响。
   - (A) 机械
   - (B) 燃烧
   - (C) 空气动力
   - (D) 电磁

10. ★( )属于压燃式发动机。
    - (A) 汽油机
    - (B) 煤气机
    - (C) 柴油机
    - (D) 上述 3 项均不对

11. ★柴油机启动困难,应从喷油时刻、( )、压缩行程终了时的气缸压力温度等方面找原因。
    - (A) 燃油雾化
    - (B) 手油泵
    - (C) 燃油输送
    - (D) 喷油泵驱动联轴器

12. ★如果是发动机完全不能启动,并且毫无着火迹象,一般是由于燃油没有喷射引起的,需要检查( )。
    - (A) 转速信号系统
    - (B) 火花塞
    - (C) 起动机
    - (D) 点火线圈

13. ★柴油发动机喷油器未调试前,应做好( )使用准备工作。
    - (A) 喷油泵试验台
    - (B) 喷油器试验台
    - (C) 喷油器清洗器
    - (D) 压力表

14. ★柴油发动机启动困难现象表现为利用起动机启动时( ),排气管没有烟排出。
    - (A) 听不到爆发声
    - (B) 可听到不连续的爆发声
    - (C) 发动机运转不均匀
    - (D) 发动机运转无力

15. ★柴油机排放的主要有害物质有( )。
    - (A) 碳烟
    - (B) CO_2
    - (C) CO
    - (D) N_2

16. ★发动机转速升高,供油提前角应( )。
    - (A) 变小
    - (B) 变大
    - (C) 不变
    - (D) 随机变化

17. ★若发动机润滑油油耗超标,则检查( )。
    - (A) 油底壳油量是否不足
    - (B) 润滑油油道是否堵塞
    - (C) 润滑油黏度是否符合要求
    - (D) 活塞、活塞环与气缸壁磨损

18. ★一般情况下,润滑油消耗与燃油消耗比值为 0.5%～1% 为正常,如果该比值大于( ),则为润滑油消耗过多。
    - (A) 1%
    - (B) 0.5%
    - (C) 0.25%
    - (D) 2%

19. ☆发动机热磨合时,水温最好控制在( )℃左右。
    - (A) 50
    - (B) 70
    - (C) 90
    - (D) 100

20. ☆汽油机的爆震响声,柴油机的工作粗暴声属于( )异响。
    - (A) 机械
    - (B) 燃烧
    - (C) 空气动力
    - (D) 电磁

21. ☆若汽油机燃料消耗量过大,则检查( )。

(A) 油箱或管路是否漏油
(B) 空气滤清器是否堵塞
(C) 燃油泵故障
(D) 进气管是否漏气

22. ☆桑塔纳 2000GLI 型轿车 AFE 型发动机的润滑油泵齿轮啮合间隙磨损极限为（　）mm。
(A) 0.10　　　　(B) 0.20
(C) 0.50　　　　(D) 0.30

23. ☆桑塔纳 2000GLI 型轿车 AFE 型发动机的润滑油泵主从动齿轮与机油泵盖接合面正常间隙为（　）mm。
(A) 0.10　　　　(B) 0.20
(C) 0.05　　　　(D) 0.30

24. ☆（　）磨合时须拆汽油机的火花塞或柴油机的喷油器。
(A) 冷　　　　　(B) 热
(C) 无负荷　　　(D) 有负荷

25. ☆在喷油器试验台对喷油器进行喷油压力检查时，各缸喷油压力应尽可能一致，一般相差不得超过（　）MPa。
(A) 0.15　　　　(B) 0.25
(C) 0.10　　　　(D) 0.05

26. ☆在水杯中加热节温器对其进行检查，其打开温度约为（　）℃。
(A) 70　　　　　(B) 50
(C) 78　　　　　(D) 87

27. ☆柴油发动机燃油油耗超标的原因是（　）。
(A) 发动机超速、超负荷工作
(B) 配气相位失准
(C) 气缸压力低
(D) 润滑油变质

28. ☆柴油发动机燃油油耗超标的原因是（　）。
(A) 配气相位失准　(B) 进气不畅
(C) 气缸压力低　　(D) 润滑油变质

29. ☆柴油机动力不足，这种故障往往伴随着（　）。
(A) 气缸敲击声　　(B) 气门敲击声
(C) 排气烟色不正常 (D) 排气烟色正常

30. ☆柴油机启动困难，应从（　）、燃油雾化、压缩行程终了时的气缸压力温度等方面找原因。
(A) 喷油时刻
(B) 手油泵
(C) 燃油输送
(D) 喷油泵驱动联轴器

31. ☆一般情况下，润滑油消耗与燃油消耗比值为（　）为正常。
(A) 0.1%～0.5%　(B) 0.5%～1%

(C) 0.25%～0.5%　(D) 0.5%～2%

32. （　）的开启与关闭形成了发动机冷却系统大小循环。
(A) 节温器　　　(B) 水箱盖
(C) 放水塞　　　(D) 水温开关

33. （　）的作用是密封冷却液以免泄漏，同时将冷却液与水泵轴承隔离，以保护轴承。
(A) 水封　　　　(B) 叶轮
(C) 泵轴　　　　(D) 轴承

34. （　）轻柴油适合于高寒地区严冬使用。
(A) －50 号　　 (B) －10 号
(C) 0 号　　　　(D) 10 号

35. （　）用于发动机润滑油快速检测。
(A) 润滑油质量分析仪 (B) 油压表
(C) 发动机分析仪　　 (D) 尾气分析仪

36. （　）的功用是使转动中的发动机保持在最适宜的工作温度范围。
(A) 润滑系　　　(B) 冷却系
(C) 燃料供给系　(D) 传动系

37. （　）用于调节燃油压力。
(A) 油泵　　　　(B) 喷油器
(C) 油压调节器　(D) 油压缓冲器

38. 安装汽油泵时，泵壳体与缸体间衬垫厚度要（　）。
(A) 加厚　　　　(B) 减小
(C) 适当　　　　(D) 上述 3 项均可

39. 柴油机喷油器（　）实验，以每秒 3 次的速度均匀地掀动手油泵柄，直到开始喷油。
(A) 倾斜性　　　(B) 压力
(C) 密封性　　　(D) 防漏

40. 柴油机通过（　）将柴油喷入燃烧室。
(A) 喷油器　　　(B) 输油管
(C) 输油泵　　　(D) 喷油泵

41. 柴油机以（　）作为燃料。
(A) 汽油　　　　(B) 柴油
(C) 煤油　　　　(D) 空气

42. 对于四缸发动机而言，有一个喷油器堵塞会导致发动机（　）。
(A) 不能启动　　(B) 不易启动
(C) 急速不稳　　(D) 减速不良

43. 发动机水温过高报警灯开关安装在（　）上。
(A) 水箱　　　　(B) 发动机曲轴箱
(C) 气门室罩盖　(D) 节气门体

44. 风冷却系统为了更有效地利用空气流，加强冷却，一般都装有（　）。
(A) 导流罩　　　(B) 散热片
(C) 分流板　　　(D) 鼓风机

45. 改善喷油器喷雾质量可降低柴油机排放污染物中（ ）的含量。
   (A) 碳烟　　　　　　(B) 水
   (C) 二氧化硫　　　　(D) 氮
46. 蜡式节温器中使用阀门开闭的部件是（ ）。
   (A) 弹簧　　　　　　(B) 石蜡感应体
   (C) 支架　　　　　　(D) 壳体
47. 冷却水温升高到95℃以上时，水温过高报警灯报警开关的双金属片变形，触点（ ），报警灯（ ）。
   (A) 分开　不亮　　　(B) 分开　亮
   (C) 闭合　不亮　　　(D) 闭合　亮
48. 铝合金发动机气缸盖的水道容易被腐蚀，轻者可（ ）修复。
   (A) 堆焊　　　　　　(B) 镶补
   (C) 环氧树脂粘补　　(D) 上述3项均可
49. 喷油器滴漏会导致发动机（ ）。
   (A) 不能启动　　　　(B) 不易启动
   (C) 急速不稳　　　　(D) 加速不良
50. 喷油器试验台用油应为沉淀后的（ ）。
   (A) 0号轻柴油　　　　(B) 煤油
   (C) 液压油　　　　　(D) 机械油
51. 汽油泵盖和泵体接合面不平度应小于（ ）mm。
   (A) 0.10　　　　　　(B) 0.15
   (C) 0.12　　　　　　(D) 0.20
52. 燃油泵供油量在有汽油滤清器的情况下应为（ ）mL。
   (A) 400～700　　　　(B) 700～1 000
   (C) 1 000～1 300　　(D) 1 300～1 600
53. 热状态检查。启动发动机，使发动机温度接近（ ）℃时。用手拨动风扇叶片，感觉较费力为正常。
   (A) 60～65　　　　　(B) 70～75
   (C) 80～85　　　　　(D) 90～95
54. 水泵在泵轴处设有（ ），其作用是确定水封是否漏水和排出水泵漏出的水。
   (A) 溢水孔　　　　　(B) 传感器
   (C) 加油孔　　　　　(D) 检测孔

55. 四行程汽油机和柴油机具有相同的（ ）。
   (A) 混合气形成方式　(B) 压缩比
   (C) 着火方式　　　　(D) 工作行程

（二）判断题
（ ）1. ★柴油机启动困难，应从手油泵、燃油输送和压缩终了时的气缸压力温度等方面找原因。
（ ）2. ★喷油器调整不当既会引起怠速冒烟，也会引起发动机燃油消耗过大。
（ ）3. ★发动机过热有可能是水套内水垢过多。
（ ）4. ★柴油机启动困难的根本原因是柴油没有进入气缸，维修时应从燃料输送方向查找故障原因。
（ ）5. ★新195和190型柴油机是通过增减喷油泵与机体之间的铜垫片来调整供油提前角，减少垫片供油时间则变晚。
（ ）6. ★柴油机动力不足，可在发动机运转中运用单缸断火法，观察发动机转速变化，找出故障缸。
（ ）7. ☆桑塔纳2000GLI型轿车AFE型发动机的润滑油泵主从动齿轮与油泵盖接合面正常间隙为0.20mm。
（ ）8. ☆一般情况下，润滑油消耗与燃油消耗比值为0.5%～1%为正常，如果该比值大于2%，则为润滑油消耗过多。
（ ）9. ☆弹簧管式润滑油压力表安装时必须保证管口的密封，以防漏油。
（ ）10. ☆柴油机不能启动首先应从空气供给方面查找原因。
（ ）11. ☆QFC-4型微电脑发动机综合分析仪可判断柴油机喷油提前角。
（ ）12. ☆柴油机启动困难，应从喷油时刻、燃油雾化、压缩行程终了时的气缸压力温度等方面找原因。
（ ）13. ☆检查油盘螺栓孔上表面是否平整，若不平整应用锤轻击至平整，以确保密封。
（ ）14. ☆柴油机运转均匀，无高速且排烟过少，其故障原因是油路中有空气。

项目三　发动机冷却和润滑系统（一）习题参考答案

1～5	ABCDC	6～10	DDBCC	11～15	AABAA	16～20	BDABB	21～25	ABCAB	26～30	AABCA
31～35	BAAAA	36～40	BCCCA	41～45	ABDCA	46～50	BCACA	51～55	ABDAD		

（二）判断题参考答案

1～5	×√×√×	6～10	×××√×	11～14	√√××		

练习四 综合故障检修

（一）选择题
1. ★发动机产生爆震的原因是（ ）。
   (A) 压缩比过小   (B) 辛烷值过低
   (C) 点火过早   (D) 发动机温度过低
2. ★汽油机点火过早异响的现象是（ ）。
   (A) 发动机温度变化时响声不变化
   (B) 单缸断火响声不减弱
   (C) 发动机温度越高、负荷越大，响声越强烈
   (D) 变化不明显
3. ★用非分散型红外线气体分析仪检测汽油车废气时，应在发动机（ ）工况检测。
   (A) 启动   (B) 中等负荷
   (C) 急速   (D) 加速
4. ★若发动机排放超标应检查（ ）。
   (A) 排气歧管   (B) 排气管
   (C) 三元催化转化器 (D) EGR 阀
5. ★发动机（ ）运转时，转速忽高忽低，认为是发动机工作不稳。
   (A) 正常   (B) 急速
   (C) 高速   (D) 以上 3 项均正确
6. ★发动机排放超标产生的原因有（ ）。
   (A) 真空管漏气   (B) 点火系有故障
   (C) 各缸缸压升高 (D) 润滑系
7. ★发动机无外载测功仪测得的发动机功率为（ ）。
   (A) 额定功率   (B) 总功率
   (C) 净功率   (D) 机械损失功率
8. ★（ ）是汽车发动机不能启动的主要原因。
   (A) 油路不过油   (B) 混合气过稀或过浓
   (C) 点火过迟   (D) 点火过早
9. ★QFC-4 型测功仪是检测发动机（ ）的测功仪器。
   (A) 无负荷   (B) 有负荷
   (C) 大负荷   (D) 加速负荷
10. ★不分光红外线气体分析仪，对（ ）气体浓度进行连续测量。
    (A) HC   (B) CO_2
    (C) NO_X (D) NO_2
11. ★发动机润滑油油耗超标的原因是（ ）。
    (A) 润滑油黏度过大
    (B) 润滑油道堵塞
    (C) 润滑油漏损
    (D) 润滑油压力表或传感器有故障
12. ★（ ）运转时产生加速敲缸，视为爆燃。
    (A) 底盘   (B) 发动机
    (C) 电器   (D) 上述 3 项均正确
13. ★发动机急速运转不好，可能（ ）运转不良。
    (A) 中速   (B) 高速
    (C) 低速   (D) 上述 3 项均正确
14. ★发动机加速发闷，转速不易提高的原因是（ ）。
    (A) 火花塞间隙不符合标准
    (B) 少数缸不工作
    (C) 空气滤清器堵塞
    (D) 排气系统阻塞
15. ★启动汽油发动机时无着火征兆，检查油路，故障是（ ）。
    (A) 混合气过浓 (B) 混合气过稀
    (C) 不来油   (D) 来油不畅
16. ★用气缸压力表测试气缸压力时，用起动机转动曲轴大约（ ）s。
    (A) 1～2   (B) 2～3
    (C) 1～3   (D) 3～5
17. ★（ ）是汽油发动机热车启动困难的主要原因。
    (A) 混合气过稀 (B) 混合气过浓
    (C) 油路不畅   (D) 点火错乱
18. ★发动机过热的原因是（ ）。
    (A) 百叶窗卡死在全开位置
    (B) 节温器未装或失效
    (C) 水温表或传感器有故障
    (D) 喷油或点火时间过迟
19. ★发动机单缸不工作，可用（ ）找出不工作的气缸。
    (A) 多缸断油法 (B) 单缸断油法
    (C) 多缸断火法 (D) 单缸断火法
20. ★发动机过热，且上水管与下水管温差甚大，可判断（ ）不工作。
    (A) 水泵   (B) 节温器
    (C) 风扇   (D) 散热器
21. ★使用发动机废气分析仪之前，应先接通电源，预热（ ）min 以上。
    (A) 20   (B) 30
    (C) 40   (D) 60
22. ★使用国产 EA-2000 型发动机综合分析仪时，当系统对各适配器逐个自检，若连接正确显示为（ ）色。
    (A) 红   (B) 绿
    (C) 黄   (D) 蓝
23. ★用气缸压力表测试气缸压力前，应使发动机运转至（ ）。
    (A) 急速状态   (B) 正常工作温度

(C) 正常工作状况　　(D) 大负荷工况状态

24. ☆发动机怠速运转不好,可能( )。
(A) 怠速过高
(B) 怠速过低
(C) 怠速过高、怠速过低均对
(D) 怠速过高、怠速过低均不对

25. ☆QFC-4型测功仪是检测发动机( )的测功仪器。
(A) 无负荷　　　　(B) 有负荷
(C) 大负荷　　　　(D) 加速负荷

26. ☆发动机过热的原因是( )。
(A) 冷却液不足
(B) 节温器未装或失效
(C) 水温表或传感器有故障
(D) 百叶窗卡死在全开位置

27. ☆发动机运转时产生加速敲缸,视为( )。
(A) 回火　　　　(B) 爆燃
(C) 失速　　　　(D) 上述3项均正确

28. ☆发动机正常运转时转速( ),认为是发动机工作不稳。
(A) 忽高　　　　(B) 忽低
(C) 忽高忽低　　(D) 上述3项均正确

29. ☆非分散型红外线气体分析仪使用前,先接通电源预热( )min以上。
(A) 20　　　　　(B) 30
(C) 40　　　　　(D) 60

30. ☆发动机磨损或调整不当引起的异响属于( )异响。
(A) 机械　　　　(B) 燃烧
(C) 空气动力　　(D) 电磁

31. ☆使用国产EA-2000型发动机综合分析仪时,在开启仪器电源应预热( )min。
(A) 10　　　　　(B) 20
(C) 30　　　　　(D) 40

32. ☆通过尾气分析仪测量,如果是碳氢化合物超标,首先应该检查( )是否工作正常,若不正常应予修理或更换新件。
(A) 排气管　　　(B) 氧传感器
(C) 三元催化转化器　(D) EGR阀

33. ☆用气缸压力表测试气缸压力时,发动机应达到正常工作温度,其中水冷发动机水温应达到( )℃。
(A) 50~60　　　(B) 65~70
(C) 75~85　　　(D) 60~85

34. ☆诊断发动机排放超标的仪器为( )。
(A) 废气分析仪　　(B) 汽车无负荷测功表
(C) 氧传感器　　　(D) 三元催化转化器

35. ( )用于诊断发动机气缸及进排气门的密封状况。
(A) 气缸漏气量检测仪
(B) 真空表
(C) 发动机分析仪
(D) 尾气分析仪

36. 1995年7月10日后定型的柴油汽车,烟度值排放应小于( )FSN。
(A) 5.0　　　　　(B) 4.5
(C) 4.0　　　　　(D) 3.5

37. 柴油车废气检测时发动机首先应( ),以保证检测的准确性。
(A) 调整怠速　　(B) 调整点火正时
(C) 预热　　　　(D) 加热

38. 柴油车废气排放检测的是( )。
(A) CO　　　　　(B) HC
(C) CO和HC　　(D) 烟度值

39. 改善喷油器喷雾质量可降低柴油机排放污染物中( )的含量。
(A) 碳烟　　　　(B) 水
(C) 二氧化硫　　(D) 氮

40. 检测排放时,取样探头插入排气管的深度不小于( )mm,否则排气管应加接。
(A) 200　　　　(B) 250
(C) 300　　　　(D) 350

41. 启动发动机时无着火征兆,油路故障是( )。
(A) 混合气过浓　(B) 混合气过稀
(C) 不来油　　　(D) 来油不畅

42. 汽车排放物中( )不仅使人的骨髓功能减弱、血小板减少,而且也是形成光化学烟雾的因素。
(A) CO　　　　(B) HC
(C) NO_x　　　(D) 微粒

43. 汽油车检测排放时发动机应处于( )状态。
(A) 中速　　　　(B) 低速
(C) 怠速　　　　(D) 加速

44. 热车启动困难主要的原因是( )。
(A) 供油不足　　(B) 火花塞有故障
(C) 点火过早　　(D) 混合气过浓

45. 排放物中危害人们眼、呼吸道和肺的是( )。
(A) CO　　　　(B) HC
(C) NO　　　　(D) NO_2

46. 汽油发动机启动困难的现象之一是( )。
(A) 有着火征兆　(B) 无着火征兆
(C) 不能启动　　(D) 顺利启动

47. 属于混合气过浓引发的故障是( )。
(A) 发动机油耗高　(B) 发动机怠速不稳
(C) 发动机加速不良　(D) 发动机减速不良

48. 在检测排放前，应调整好汽油发动机的（ ）。
   (A) 急速　　　　(B) 点火正时
   (C) 供油量　　　(D) 急速和点火正时

49. （　）用于发动机润滑油快速检测。
   (A) 润滑油质量分析仪　(B) 油压表
   (C) 发动机分析仪　　　(D) 尾气分析仪

50. （　）用于检测柴油车废气中有害气体的含量。
   (A) 烟度计　　(B) 废气分析仪
   (C) 示波器　　(D) 万用电表

(二) 判断题

(　) 1. ★对于任何发动机不能启动这类故障的诊断，首先应检测的是电动燃油泵。

(　) 2. ★如果发动机每次启动都超过 30s 或连续踏启动杆在 10 次以上才能启动，均属启动困难。

(　) 3. ★若发动机单缸不工作，可用单缸断火找出不工作的气缸。

(　) 4. ☆不分光红外线气体分析仪既能检测汽油机废气，也能检测柴油机废气。

(　) 5. ☆燃油质量不好，不会造成发动机急速运转不好。

(　) 6. ☆辛烷值过高易使发动机产生爆震。

(　) 7. ☆柴油车烟度计先接通电源，预热 30min 以上。

(　) 8. ☆发动机急速过高的原因是喷油器渗漏。

(　) 9. ☆汽油机排放的三大有害气体是 CO、HC、NO_X。

(　) 10. ☆燃油系统压力不稳定，可能造成发动机工作不稳。

(　) 11. ☆热车汽油机启动困难主要是混合气过浓造成的。

(　) 12. ☆如果冷车时尾气不合格，而热车时合格了，说明三元催化转化器没故障。

(　) 13. ☆有熄火征兆或着火后又逐渐熄灭，一般是汽油机电路出现故障。

(　) 14. ☆用底盘测功机检测汽车等速百公里燃料消耗量时，环境温度应为 0～40℃。

(　) 15. ☆在对喷油器调试之前，应首先对试验台的密封性进行检查。

项目三 汽车底盘知识

练习一 传动系统检修

（一）选择题

1. ★变速器工作时发出的不均匀的碰击声，原因可能是（ ）。
   (A) 分离轴承缺少润滑油或损坏
   (B) 从动盘铆钉松动、钢片破裂或减震弹簧折断
   (C) 离合器盖与压盘连接松旷
   (D) 齿轮齿面金属剥落或个别牙齿折断

2. ★传动系统由（ ）等组成。
   (A) 离合器、变速器、冷却装置、主减速器、差速器、半轴
   (B) 离合器、变速器、启动装置、主减速器、差速器、半轴
   (C) 离合器、变速器、万向传动装置、主减速器、差速器、半轴
   (D) 离合器、变速器、电子控制装置、主减速器、差速器、半轴

3. ★汽车起步时，车身发抖并能听到"咔啦、咔啦"的撞击声，且在车速变化时响声更加明显。车辆在高速挡用小油门行驶时响声增强，抖动更严重。原因可能是（ ）。
   (A) 常啮合齿轮磨损成梯形或轮齿损坏
   (B) 分离轴承缺少润滑油或损坏
   (C) 不常啮合齿轮磨损成梯形或轮齿损坏
   (D) 传动轴万向节叉等速排列损坏

4. ★诊断与排除底盘异响需要的操作准确的是（ ）
   (A) 汽车故障排除工具及设备
   (B) 故障诊断仪
   (C) 一辆无故障的汽车
   (D) 解码仪

5. ★半轴套管中间两轴颈径向跳动小于（ ）mm。
   (A) 0.03   (B) 0.05
   (C) 0.08   (D) 0.50

6. ★变速器壳体前后端面对第1、2轴轴承孔公共轴线的圆跳动误差，可用（ ）进行检测。
   (A) 内径千分尺   (B) 百分表
   (C) 高度游标卡尺 (D) 塞尺

7. ★离合器盖与压盘连接松旷会导致（ ）。
   (A) 万向传动装置异响 (B) 离合器异响
   (C) 手动变速器异响   (D) 驱动桥异响

8. ★驱动桥油封轴颈的径向磨损不大于（ ）mm，油封轴颈端面磨损后，轴颈位的长度应大于油封的厚度。
   (A) 0.15   (B) 0.20
   (C) 0.25   (D) 0.30

9. ★输出轴变形的修复应采用（ ）。
   (A) 热压校正   (B) 冷法校正
   (C) 高压校正   (D) 高温后校正

10. ★连续踏动离合器踏板，在即将分离或结合的瞬间有异响，则为（ ）。
    (A) 压盘与离合器盖连接松旷
    (B) 轴承磨损严重
    (C) 摩擦片铆钉松动或外露
    (D) 中间传动轴后端螺母松动

11. ★汽车车身一般包括车前、车底、侧围、顶盖和（ ）等部件。
    (A) 车后   (B) 后围
    (C) 车顶   (D) 前围

12. ★下列关于自动变速器驱动桥中各总成的装合与调整中说法错误的是（ ）。
    (A) 把百分表支架装在驱动桥壳体上，使百分表触头对着输出轴中心孔上粘着的钢球，用专用工具推、拉并同时转动输出轴，将输出轴、轴承装合到位
    (B) 输出轴和齿轮总成保持不动（可用2个螺钉将一扳杆固定在输出轴齿轮上），装上输出轴垫圈和螺母，按照规定力矩拧紧
    (C) 用扭力扳手转动输出轴，检查输出轴的转动扭矩，此时所测力矩是开始转动所需的力矩
    (D) 将输出轴、轴承及调整垫片装入驱动桥壳体内，以专用螺母作为压装工具将输出轴齿轮及轴承压装到位

13. ★变速器壳体第1、2轴轴承孔与中间轴轴承孔轴线的平行度误差一般应不大于（ ）mm。
    (A) 0.10   (B) 0.15
    (C) 0.20   (D) 0.25

14. ★变速器直接挡工作无异响，其他挡位均有异响，说明（ ）。
    (A) 齿轮啮合不良或损坏
    (B) 第2轴后轴承松旷或损坏
    (C) 齿轮间隙过小引起的
    (D) 第2轴前轴承损坏

15. ★分动器里程表软轴的弯曲半径不得小于（ ）mm。
    (A) 50   (B) 150
    (C) 100   (D) 200

16. ★后离合器（ ）压缩空气时，后离合器应该立刻接合并出"砰"的响声，放出压缩空气，离合器应该（ ）。

(A) 吹入，分离　　　(B) 放出，接合
(C) A、B 项均不对　(D) A、B 项均正确
(E) 无要求

17. ★壳体后端面对第 1、2 轴轴承孔的公共轴线的端面圆跳动公差为（　）mm。
(A) 0.15　　　　　　(B) 0.20
(C) 0.25　　　　　　(D) 0.30

18. ★手动变速器总成竣工验收时，进行无负荷试验时间各挡运行应大于（　）min。
(A) 5　　　　　　　(B) 10
(C) 15　　　　　　　(D) 20

19. ★万向节出现转动卡滞现象，应（　）。
(A) 更换万向节　　　(B) 更换万向节总成
(C) 更换钢球　　　　(D) 更换球笼壳

20. ★行驶中声响杂乱无规则，时而出现金属撞击声，说明（　）。
(A) 中间支承轴承内圈过盈配合松旷
(B) 中间轴承支承架固定螺栓松动
(C) 万向节轴承壳压紧过甚，使之转动不灵活
(D) 传动轴万向节叉等速排列损坏

21. ★用百分表检查从动盘的摆差，最大极限值为（　）mm。
(A) 0.2　　　　　　(B) 0.3
(C) 0.4　　　　　　(D) 0.6

22. ★用百分表检查从动盘的摆差，最大极限值为 0.4mm，从外缘测量径向跳动量最大为（　）mm，超过极限值，应更换从动盘总成。
(A) 2.5　　　　　　(B) 3.5
(C) 4.0　　　　　　(D) 4.5

23. ★用内径表及外径千分尺进行测量，轮毂外轴承与轴颈的配合间隙应不大于（　）mm。
(A) 0.02　　　　　　(B) 0.04
(C) 0.06　　　　　　(D) 0.08

24. ★安装 3、4 挡拨叉轴的小止动块，拧紧输出轴螺母，再将换挡叉置于（　）位置。
(A) 1 挡　　　　　　(B) 2 挡
(C) 空挡　　　　　　(D) 倒挡

25. ★编制差速器壳的技术检验工艺卡，技术检验工艺卡首先应该（　）。
(A) 裂纹的检验，差速器壳应无裂损
(B) 差速器轴承与壳体及轴颈的配合的检验
(C) 差速器壳承孔与半轴齿轮轴颈的配合间隙的检验
(D) 差速器壳连接螺栓拧紧力矩的检验

26. ★差速器壳承孔与半轴齿轮轴颈的配合间隙为（　）mm。
(A) 0.05～0.15　　　(B) 0.05～0.25

(C) 0.15～0.25　　　(D) 0.25～0.35

27. ★差速器壳体修复工艺程序的第二步应该（　）。
(A) 彻底清理差速器壳体内外表面（包括水垢）
(B) 根据全面检验的结论，确定修理内容及修复工艺
(C) 差速器轴承与壳体及轴颈的配合应符合原设计规
(D) 差速器壳连接螺栓拧紧力矩应符合原设计规定

28. ★汽车车身一般包括车前、（　）、侧围、顶盖和后围等部件。
(A) 车顶　　　　　　(B) 车后
(C) 车底　　　　　　(D) 前围

29. ★属于驱动桥装配验收的项目有（　）。
(A) 检查转向盘的自由行程
(B) 调整前轮前束
(C) 调整最大转向角
(D) 装复车轮制动器

30. ★装配变速驱动桥时，回旋低挡和倒挡制动带调节螺钉，使制动带达到（　）张开程度。
(A) 最小　　　　　　(B) 最大
(C) 中等　　　　　　(D) 不

31. ★自动变速器中间轴端隙用（　）测量，用（　）调整。
(A) 游标卡尺　增垫　(B) 螺旋测微器　减垫
(C) 百分表　增减垫　(D) 上述 3 项均正确
(E) 无要求

32. ☆编制差速器壳的修理工艺卡中，属于技术检验工艺卡项目的是（　）。
(A) 左右差速器壳内外圆柱面的轴线及对接面的检验
(B) 圆锥主动齿轮花键与凸缘键槽的侧隙的检验
(C) 圆柱主动齿轮轴承与轴颈的配合间隙的检验
(D) 裂纹的检验，差速器壳应无裂损

33. ☆变速器壳体上平面长度不大于（　）mm。
(A) 100　　　　　　(B) 150
(C) 250　　　　　　(D) 300

34. ☆变速器输出轴（　）拧紧力矩为 100 N·m。
(A) 螺钉　　　　　　(B) 螺母
(C) 螺栓　　　　　　(D) 任意轴

35. ☆变速器输入轴、输出轴不得有裂纹，各轴颈磨损不得超过（ ）mm。
    (A) 0.01　　　　　(B) 0.02
    (C) 0.03　　　　　(D) 0.06

36. ☆变速器输入轴前端花键齿磨损应不大于（ ）mm。
    (A) 0.10　　　　　(B) 0.20
    (C) 0.30　　　　　(D) 0.60

37. ☆变速器在空挡位置，发动机怠速运转，若听到"咯噔"声，踏下离合器踏板后响声消失，说明（ ）。
    (A) 第1轴前轴承损坏
    (B) 常啮齿轮啮合不良
    (C) 第2轴后轴承松旷或损坏
    (D) 第1轴后轴承响

38. ☆发动机运转，出现"嚓、嚓"的摩擦声时应先检查（ ）。
    (A) 飞轮　　　　　(B) 离合器从动盘
    (C) 踏板自由行程　(D) 离合器压盘

39. ☆驱动桥的通气塞一般位于桥壳的（ ）。
    (A) 上部　　　　　(B) 下部
    (C) 与桥壳平行　　(D) 后部

40. ☆自动变速器控制系统工作正常，电脑内没有故障代码，则故障警告灯以每秒（ ）次的频率连续闪亮。
    (A) 1　　　　　　(B) 2
    (C) 3　　　　　　(D) 4

41. ☆手动变速器总成竣工验收时，进行无负荷和有负荷试验，第1轴转速为（ ）r/min。
    (A) 500～800　　 (B) 800～1000
    (C) 1000～1400　 (D) 1400～1800

42. ☆万向节球毂花键磨损松旷时应（ ）。
    (A) 更换球笼壳　　(B) 更换内万向节球毂
    (C) 更换万向节总成　(D) 更换外万向节球毂

43. ☆由计算机控制的变矩器，应将其电线接头插接到（ ）上。
    (A) 变速驱动桥　　(B) 发动机
    (C) 蓄电池负极　　(D) 车速表小齿轮表

44. ☆在空挡位置异响并不明显，但在汽车起步或换挡的瞬间发出强烈的金属摩擦声，而在离合器完全接合后声响消失，说明（ ）。
    (A) 第1轴前轴承损坏
    (B) 常啮齿轮啮合不良
    (C) 第2轴后轴承松旷或损坏
    (D) 第1轴后轴承响

45. ☆在起步时，出现"咣当"一声响或响声较杂乱，在缓坡上向后倒车时，出现"嘎巴、嘎巴"的断续声，一般是（ ）原因。
    (A) 滚针折断、碎裂或丢失
    (B) 轴承磨损松旷或缺油
    (C) 说明传动轴万向节叉等速排列损坏
    (D) 中间支承轴承内圈过盈配合松旷

46. ☆装好输出轴齿轮、垫圈和螺母，应该（ ）。
    (A) 按规定力矩拧紧　(B) 任意力矩拧紧
    (C) A、B项均不对　 (D) A、B项均正确
    (E) 无要求

47. ☆自动变速器中间轴端隙（ ），会出现轴向窜动，有噪声。
    (A) 过大　　　　　(B) 过小
    (C) 合适　　　　　(D) 上述3项均正确

48. ☆变速器倒挡轴与中间轴轴承孔轴线的平行度误差一般应不大于（ ）mm。
    (A) 0.02　　　　　(B) 0.04
    (C) 0.06　　　　　(D) 0.10

49. ☆变速器第1轴的轴向间隙应不大于（ ）mm。
    (A) 0.05　　　　　(B) 0.10
    (C) 0.12　　　　　(D) 0.15

50. ☆变速器壳体平面的平面度误差应不大于（ ）mm。
    (A) 0.10　　　　　(B) 0.15
    (C) 0.20　　　　　(D) 0.25

51. ☆变速器输出轴修复工艺程序的第一步应该（ ）。
    (A) 彻底清理输出轴内外表面
    (B) 根据全面检验的结论，确定修理内容及修复工艺
    (C) 输出轴轴承的修复和选配
    (D) 输出轴变形的修复

52. ☆变速驱动桥阀体上固定螺栓有（ ）个。
    (A) 5　　　　　　(B) 7
    (C) 9　　　　　　(D) 10

53. ☆变速驱动桥装车的第一步应该（ ）。
    (A) 在车下将变速驱动桥移至与发动机对齐
    (B) 将变速驱动桥置于专用拆装千斤顶上，插好安全链条
    (C) 将变速驱动桥移向发动机，并使变矩器的导向柱插入曲轴导向孔中，以多用途润滑脂润滑变矩器导向柱
    (D) 插入1～2个变矩器壳体固定螺栓，以固定变速驱动桥位置

54. ☆从动盘铆钉埋入深度不小于（ ）mm，超过极限值，应更换从动盘总成。
    (A) 0.2 (B) 0.3
    (C) 0.4 (D) 0.6

55. ☆低速挡、倒挡制动带（ ）调节螺钉。
    (A) 共用 (B) 单独
    (C) A、B项均不对 (D) A、B项均正确

56. ☆发动机怠速运转，离合器在分离、接合或汽车起步等不同时刻出现异响，原因可能是（ ）。
    (A) 传动轴万向节叉等速排列损坏
    (B) 万向节轴承壳压得过紧
    (C) 分离轴承缺少润滑油或损坏
    (D) 中间轴、第2轴弯曲

57. ☆发动机怠速运转时，踏下油门踏板少许，若此时发响，则为（ ）。
    (A) 分离套筒缺油或损坏
    (B) 分离轴承缺油或损坏
    (C) 油门踏板自由行程过小
    (D) 油门踏板自由行程过大

58. ☆后离合器吹入压缩空气时，后离合器应该立刻接合并出"砰"的响声，放出压缩空气，离合器应该（ ）。
    (A) 立即分离 (B) 立即接合
    (C) 性能良好 (D) 上述3项均正确
    (E) 无要求

59. ☆某变速驱动桥内的变速器液的颜色为深褐色，有烧焦的气味。甲说可能是由于前行星齿轮机构的太阳轮磨损引起的；乙说可能是离合器摩擦片磨损引起的。（ ）
    (A) 甲说的对 (B) 乙说的对
    (C) 甲和乙说的都对 (D) 甲和乙说的都不对

60. ☆内、外万向节球毂、球笼壳及钢球严重磨损，应（ ）。
    (A) 更换内、外万向节球毂
    (B) 更换球笼壳
    (C) 更换钢球
    (D) 更换万向节总成

61. ☆汽车车身一般包括（ ）、车底、侧围、顶盖和后围等部件。
    (A) 车前 (B) 车后
    (C) 车顶 (D) 前围

62. ☆汽车的左右半轴应装入（ ）内。
    (A) 轮毂 (B) 车桥
    (C) 驱动桥 (D) 半轴套管

63. ☆汽车基本上由（ ）4大部分组成。
    (A) 发动机、变速器、底盘、车身
    (B) 离合器、底盘、车身、电气设备
    (C) 发动机、离合器、变速器、车身
    (D) 发动机、底盘、车身、电气设备

64. ☆伺服油缸作用孔（ ）压缩空气，制动带应该制动。
    (A) 吹入 (B) 放出
    (C) 不变 (D) 上述3项均正确

65. ☆手动变速器总成竣工验收首先应该（ ）。
    (A) 进行无负荷和有负荷试验
    (B) 加注清洁变速器油
    (C) 用普通声级计测定噪声
    (D) 检视密封状况

66. ☆行驶中对油门和车速变换，如出现"咔啦、咔啦"的撞击声，一般是（ ）原因。
    (A) 一般是滚针折断、碎裂或丢失
    (B) 多半是轴承磨损松旷或缺油
    (C) 说明传动轴万向节叉等速排列损坏
    (D) 多为中间支承轴承内圈过盈配合松旷

67. ☆用百分表检查主减速器壳上安装差速器轴承的承孔的同轴度，误差应不大于（ ）mm。
    (A) 0.01 (B) 0.02
    (C) 0.03 (D) 0.04

68. ☆用压缩空气吹入前离合器作用孔时，离合器发出"砰"的响声，则其工作性能（ ）。
    (A) 不佳 (B) 损坏
    (C) 良好 (D) 上述3项均正确

69. （ ）的作用是将两个不同步的齿轮连接起来使之同步。
    (A) 同步器 (B) 减速器
    (C) 离合器 (D) 制动器

70. （ ）的作用用于检测自动变速器油温度。
    (A) 自动变速器油温传感器
    (B) 空挡开关
    (C) 车速传感器
    (D) 输入轴转速传感器

71. 变速器常啮合齿轮齿厚磨损不得超过（ ）mm。
    (A) 0.20 (B) 0.25
    (C) 0.30 (D) 0.35

72. 变速器挂入传动比大于1的挡位时，变速器实现（ ）。
    (A) 减速增扭 (B) 增扭升速
    (C) 增速增扭 (D) 减速减扭

73. 变速器上的（ ）是用于防止自动脱挡。
    (A) 变速杆 (B) 拨叉
    (C) 自锁装置 (D) 拨叉轴

74. 变速器验收时各密封部位不得漏油，润滑油温度不得超过室温（ ）℃。

(A) 40　　　　　　　(B) 50
(C) 80　　　　　　　(D) 90

75. 变速器在换挡过程中，必须使即将啮合的一对齿轮的（　）达到相同，才能顺利地挂上挡。
(A) 角速度　　　　　(B) 线速度
(C) 转速　　　　　　(D) 圆周速度

76. 变速器自锁装置的主要作用是防止（　）。
(A) 变速器乱挡　　　(B) 变速器跳挡
(C) 变速器误挂倒挡　(D) 挂挡困难

77. 差速器壳上安装着行星齿轮、半轴齿轮、从动圆锥齿轮和行星齿轮轴，不属差速器的是（　）。
(A) 行星齿轮　　　　(B) 半轴齿轮
(C) 从动圆锥齿轮　　(D) 行星齿轮轴

78. 拆装油底壳变速器等的放油螺栓通常选用（　）。
(A) 内六角扳手　　　(B) 方扳手
(C) 钩型扳手　　　　(D) 圆螺母扳手

79. 齿长磨损不得超过原齿长的（　）%。
(A) 20　　　　　　　(B) 25
(C) 30　　　　　　　(D) 35

80. 单级主减速器有（　）齿轮组成。
(A) 一对圆锥　　　　(B) 二对圆锥
(C) 一对圆柱　　　　(D) 一组行星

81. 当发动机与离合器处于完全接合状态时，变速器的输入轴（　）。
(A) 不转动　　　　　(B) 高于发动机转速
(C) 低于发动机转速　(D) 与发动机转速相同

82. 当汽车左转向时，由于差速器的作用，左右两侧驱动轮转速不同，那么转矩的分配是（　）。
(A) 左轮大于右轮　　(B) 右轮大于左轮
(C) 左、右轮相等　　(D) 右轮为零

83. 离合器从动盘钢片破裂造成（　）异响。
(A) 离合器　　　　　(B) 变速器
(C) 驱动桥　　　　　(D) 万向传动轴

84. 膜片弹簧式离合器的分离杠杆的平面度误差应小于（　）mm。
(A) 0.1　　　　　　(B) 0.3
(C) 0.5　　　　　　(D) 0.7

85. 汽车半轴套管折断的原因之一是（　）。
(A) 高速行驶　　　　(B) 传动系统过载
(C) 严重超载　　　　(D) 轮毂轴承润滑不良

86. 汽车离合器压盘及飞轮表面烧蚀的主要原因是离合器（　）。
(A) 打滑　　　　　　(B) 分离不彻底
(C) 动平衡破坏　　　(D) 踏板自由行程过大

87. 汽车离合器液压操纵系统漏油或有空气，会引起（　）。
(A) 离合器打滑　　　(B) 离合器分离不彻底
(C) 离合器异响　　　(D) 离合器接合不柔和

88. 汽车万向传动装置一般由万向节、（　）和中间支撑组成。
(A) 变矩器　　　　　(B) 半轴
(C) 传动轴　　　　　(D) 拉杆

89. 如离合器间隙太大，离合器将出现（　）的故障。
(A) 打滑　　　　　　(B) 不能分离
(C) 发抖　　　　　　(D) 异响

90. 十字轴式万向节允许相邻两轴的最大交角为（　）。
(A) 10°～15°　　　(B) 15°～20°
(C) 20°～25°　　　(D) 25°～30°

91. 不属于单级主减速器的零件是（　）。
(A) 调整垫片　　　　(B) 主动圆锥齿轮
(C) 半轴齿轮　　　　(D) 调整螺母

92. 液压传动可实现（　）。
(A) 精确的定比传动　(B) 无级调速
(C) 远距离传送　　　(D) 高效率传动

93. 用百分表测量变速器倒挡轴的径向跳动，要求不大于（　）mm，使用极限值为0.06mm。
(A) 0.020　　　　　(B) 0.025
(C) 0.030　　　　　(D) 0.035

94. 正确的主减速器主、从动锥齿轮啮合印痕应位于齿长方向偏向（　）端，齿高方向偏向顶端。
(A) 小　　　　　　　(B) 大
(C) 中　　　　　　　(D) 上述3项都不正确

95. 主要对汽车进行局部举升的装置是（　）。
(A) 举升机　　　　　(B) 千斤顶
(C) 木块　　　　　　(D) 金属块

96. 装传动轴时，十字轴轴颈如有压痕，压痕不严重且不在传力面时，可将十字轴由原装配位置旋转（　）装复。
(A) 30°　　　　　　(B) 60°
(C) 80°　　　　　　(D) 90°

97. 自动变速器内离合器的作用是（　）。
(A) 连接　　　　　　(B) 固定
(C) 锁止　　　　　　(D) 制动

98. 自动变速器使用时，应让发动机怠速运转（　）s左右，以使自动变速器油温正常。
(A) 10　　　　　　　(B) 20
(C) 30　　　　　　　(D) 60

99. 最大爬坡度是车辆（　）时的最大爬坡能力。
(A) 满载　　　　　　(B) 空载
(C) <5t　　　　　　(D) >5t

(二) 判断题

( ) 1. ★驱动桥的齿轮油可以随意加注。
( ) 2. ★变速器壳体出现裂纹、各接合平面发生明显的翘曲变形或各轴承座孔磨损严重与轴承配合松旷时，应换用新件。
( ) 3. 变速器壳体螺纹孔的损伤不超过2牙。
( ) 4. ★分动器的清洗和换油方法与变速器相同。
( ) 5. ★半轴套管中间两轴颈径向跳动不得大于0.05mm。其变形超过规定时可采用高温高压校正的方法。
( ) 6. ★变速器输出轴弯曲变形应采用冷法校正。
( ) 7. ★在任何挡位、任何车速下均有"呦、呦"声，且伴有过热现象，说明齿轮啮合间歇过小。
( ) 8. ★汽车行驶时，声响随车速增大而增大，若声响混浊、沉闷而连续，说明传动轴万向节叉等速排列损坏。
( ) 9. ★变速器盖的变速叉端面对变速叉轴孔轴线的垂直度公差为0.40mm。
( ) 10. ★万向节球毂花键磨损松旷时，应更换万向节球毂。
( ) 11. ★分动器里程表软轴的弯曲半径不得小于200mm。
( ) 12. ★若变矩器为原车所配的，则柔性板与变矩器的装配不用标记对齐。
( ) 13. ★变速器前、后壳体及后盖、侧盖间各密封衬垫，拆卸后必须换用新件。
( ) 14. ★差速器壳连接螺栓拧紧力矩应符合原设计规定。
( ) 15. ★差速器壳体修复工艺程序的第一步应该彻底清理差速器壳体内外表面。
( ) 16. ★汽车起步时，车身发抖并能听到"咔啦、咔啦"的撞击声，且在车速变化时响声更加明显；车辆在高速挡用小油门行驶时，响声增强，抖动更严重。这些原因可能是万向传动装置故障。
( ) 17. ★手动变速器总成竣工验收时，进行无负荷和有负荷试验，第1轴转速为1 000～1 400r/min。
( ) 18. ★在车底下工作时，不要直接躺在地上，应尽量使用卧板。
( ) 19. ☆传动轴万向节叉等速排列损坏，会导致发动机怠速运转，离合器在分离、接合或汽车起步等不同时刻出现异响。
( ) 20. ☆从动盘铆钉松动、钢片破裂或减震弹簧折断会导致变速器工作时发出的不均匀的碰击声。
( ) 21. ☆汽车加速无力的原因是离合器打滑。
( ) 22. ☆手动变速器总成竣工验收时，进行无负荷试验时间各挡运行应大于1min。
( ) 23. ☆踏下离合器踏板，响声在离合器前面，则是变速器内有故障。
( ) 24. ☆变速器盖的变速叉端面磨损量应不大于0.40mm。
( ) 25. ☆传动系统各部件松动会导致前轮摆振故障。
( ) 26. ☆分离轴承缺少润滑油或损坏，会导致发动机怠速运转，离合器在分离、结合或汽车起步等不同时刻出现异响。
( ) 27. ☆万向节总成损坏时不得拼凑使用及单件更换。
( ) 28. ☆液压传动系统由动力装置、执行装置、控制装置和辅助装置等组成。
( ) 29. ☆诊断与排除底盘异响一般用故障诊断仪进行诊断。
( ) 30. ☆轿车车身的修复一般采用的是整形法，通过收缩整形、撑拉、垫撬复位、焊、铆、挖补、黏结、涂装等方法，从而达到恢复原有形状、尺寸和结构强度及外观质量的目的。
( ) 31. ☆诊断与排除底盘异响所用的汽车一般是有故障的汽车。
( ) 32. ☆轴承的钢球（柱）和滚道上不得有伤痕、剥落、破裂、严重黑斑或烧损变色等缺陷。
( ) 33. ☆用卡尺测量膜片弹簧的深度和宽度。磨损深度大于0.6mm，宽度大于5mm，应更换新件。

练习二 行驶转向系统检修

（一）选择题

1. ★属于前轮摆振现象的是（　　）。
   (A) 轮胎胎面磨损不均匀，胎冠两肩磨损，胎壁擦伤
   (B) 汽车行驶时，有时出现两前轮各自围绕主销进行角振动的现象
   (C) 胎冠由外侧向里侧呈锯齿状磨损，胎冠呈波浪状磨损，胎冠呈碟边状磨损
   (D) 胎冠中部磨损，胎冠外侧或内侧单边磨损

2. ★轮胎的胎面，如发现胎面中部磨损严重，则为（　　）所致。
   (A) 轮胎气压过高
   (B) 各部松旷、变形、使用不当或轮胎质量不佳
   (C) 前轮外倾过小
   (D) 轮胎气压过低

3. ★转向传动机构的横、直拉杆的球头销按顺序装好后，要对其进行（　　）的调整。
   (A) 紧固　　　　　　(B) 间隙
   (C) 预紧度　　　　　(D) 测隙

4. ★利用双板侧滑试验台检测时，侧滑量值应不大于（　　）m/km。
   (A) 3　　　　　　　(B) 5
   (C) 7　　　　　　　(D) 10

5. ★为保持轮胎缓和路面冲击的能力，给轮胎的充气标准可（　　）最高气压。
   (A) 略低于　　　　　(B) 略高于
   (C) 等于　　　　　　(D) 高于

6. ★不属于前轮摆振故障产生的原因是（　　）。
   (A) 前钢板弹簧U形螺栓松动或钢板销与衬套配合松动
   (B) 后轮动不平衡
   (C) 前轮轴承间隙过大，轮毂轴承磨损松旷
   (D) 直拉杆臂与转向节臂的连接松旷

7. ★诊断前轮摆振的程序首先应该检查（　　）。
   (A) 前桥与转向系统各连接部位是否松旷
   (B) 前轮的径向跳动量和端面跳动量
   (C) 前轮是否装用翻新轮胎
   (D) 前钢板弹簧U形螺栓

8. ★（　　）会导致胎冠由内侧向外侧呈锯齿状磨损。
   (A) 前轮前束过小
   (B) 横、直拉杆或转向机构松旷
   (C) 轮毂轴承松旷或转向节与主销松旷
   (D) 前轮前束过大

9. ★（　　）会使前轮外倾发生变化，造成轮胎单边磨损。
   (A) 纵、横拉杆或转向机构松旷
   (B) 钢板弹簧U形螺栓松旷
   (C) 轮毂轴承松旷或转向节与主销松旷
   (D) 前钢板吊耳销和衬套磨损

10. ★排除前轮摆振故障的第一步应该（　　）。
    (A) 查看前轮是否装用翻新轮胎
    (B) 前桥与转向系统各连接部位是否松旷
    (C) 轻轻地左右转动方向盘
    (D) 查转向器在车架上的固定情况

11. ★在做车轮动平衡检测时，主轴的振幅的大小，在一定转速下只与（　　）。
    (A) 车轮不平衡质量大小成正比
    (B) 车轮不平衡质量大小成反比
    (C) 车轮质量成正比
    (D) 与车轮质量成反比

12. ★轮胎螺母拆装机是一种专门用于拆装（　　）的工具。
    (A) 活塞环　　　　　(B) 活塞销
    (C) 顶置式气门弹簧　(D) 轮胎螺母

13. ★不属于轮胎异常磨损的是（　　）。
    (A) 胎冠中部磨损
    (B) 胎冠外侧或内侧单边磨损
    (C) 胎冠由外侧向里侧呈锯齿状磨损
    (D) 轮胎爆胎

14. ★转向器中蜗杆轴承与蜗杆轴配合的最大间隙不得大于原计划规定的（　　）mm。
    (A) 0.002　　　　　(B) 0.006
    (C) 0.02　　　　　　(D) 0.20

15. ★钢板弹簧座定位孔磨损应不大于（　　）mm。
    (A) 1.50　　　　　　(B) 2.50
    (C) 3.00　　　　　　(D) 3.50

16. ★手左右抓住方向盘，沿转向轴轴线方向做上下拉压动作，如果感到有明显的松旷量，则故障在（　　）。
    (A) 转向器内主从动部分啮合部位松旷或垂臂轴承松旷
    (B) 方向盘与转向轴之间松旷
    (C) 转向器主动部分轴承松旷
    (D) 转向器在车架上的固定不好

17. ★转弯半径是指由转向中心到（　　）。
    (A) 内转向轮与地面接触点间的距离
    (B) 外转向轮与地面接触点间的距离
    (C) 内转向轮之间的距离
    (D) 外转向轮之间的距离

18. ★转向系统大修技术检验规范包括（　　）。
    (A) 螺杆有损坏　　　(B) 螺杆无损坏
    (C) 螺母有损坏　　　(D) 上述3项均正确

19. ☆车轮动平衡检测时,当平衡机主轴带动车轮旋转时,若车轮质量不平衡,将引起( )震动。
 (A) 被安装车轮主轴的一端
 (B) 被安装车轮主轴的另一端
 (C) 主轴
 (D) 前轴

20. ☆钢板弹簧卡子内侧与钢板弹簧侧的间隙应该为( )mm。
 (A) 0.7～1.0   (B) 0.8～10
 (C) 0.9～1.0   (D) 以上3项均正确

21. ☆钢板弹簧座上U形螺栓孔及定位孔的磨损量应不大于( )mm,否则要进行堆焊修理。
 (A) 0.2   (B) 0.6
 (C) 1   (D) 1.4

22. ☆给轮胎按标准充气,为保持轮胎缓和路面冲击的能力,充气标准可( )最高气压。
 (A) 等于   (B) 略低于
 (C) 略高于 (D) 高于

23. ☆减振器装合后,各密封件应该( )。
 (A) 良好   (B) 不漏
 (C) A、B项均不对   (D) A、B项均正确

24. ☆汽车转向轮侧滑量的检测方法是,将车辆对正侧滑试验台,并使转向盘处于( )位置。
 (A) 左极限   (B) 右极限
 (C) 正中间   (D) 自由

25. ☆诊断前轮摆振的程序第二步应该检查( )。
 (A) 前桥与转向系统各连接部位是否松旷
 (B) 前轮是否装用翻新轮胎
 (C) 前钢板弹簧U形螺栓
 (D) 前轮的径向跳动量和端面跳动量

26. ☆( )是造成在用车轮胎早期磨损的主要原因。
 (A) 前轮定位不正确
 (B) 前梁或车架弯扭变形
 (C) 轮毂轴承松旷或转向节主销松旷
 (D) 气压不足

27. ☆钢板弹簧应该视需要进行( )恢复弹性。
 (A) 冷处理   (B) 热处理
 (C) 不需要处理   (D) 以上3项均正确

28. ☆汽车转向轮侧滑量的检测应在( )上进行。
 (A) 制动试验台   (B) 滚筒试验台
 (C) 侧滑试验台   (D) 操作平台

29. ☆如果前轮轮胎呈现胎冠两肩磨损、中部磨损、单边磨损、锯齿状磨损和波浪状磨损等,若呈现无规律磨损,则为( )原因造成。
 (A) 轮胎气压过低

 (B) 各部松旷、变形、使用不当或轮胎质量不佳
 (C) 前轮外倾过小
 (D) 为前束过小或负前束

30. ☆胎冠由内侧向外侧呈锯齿状磨损是由( )原因造成的。
 (A) 前轮外倾过大   (B) 前轮外倾过小
 (C) 前轮前束过小   (D) 前轮前束过大

31. ☆不属于前轮摆振故障产生的原因的是( )。
 (A) 经常行驶在拱度较大的路面上
 (B) 方向机内主从动部分啮合间隙或轴承间隙过大
 (C) 方向机垂臂与垂轴配合松旷
 (D) 纵、横拉杆球关节配合松旷

32. ☆循环球式转向器中的转向螺母可以( )。
 (A) 转动   (B) 轴向移动
 (C) A、B项均可   (D) A、B项均不可

33. ☆转向器补偿器压盖和油压分配阀罩的螺栓拧紧力矩为( )N·m。
 (A) 10   (B) 15
 (C) 20   (D) 30

34. ( )不是车身倾斜的原因。
 (A) 车架轻微变形
 (B) 单侧悬挂弹簧弹力不足
 (C) 减振器损坏
 (D) 轮胎气压不平衡

35. ( )是汽车轮胎中央磨损的原因。
 (A) 轮胎气压过高   (B) 车轮转向角不正确
 (C) 轮胎气压过低   (D) 车轮前束不正确

36. ( )有利于转向结束后转向轮和方向盘自动回正,但也容易将坏路面对车轮的冲击力传到方向盘,出现"打手"现象。
 (A) 可逆式转向器
 (B) 不可逆式转向器
 (C) 极限可逆式转向器
 (D) 齿轮条式转向器

37. ( )不是导致汽车钢板弹簧损坏的主要原因。
 (A) 汽车长期超载
 (B) 材质不符合要求
 (C) 装配不符合要求
 (D) 未按要求对轮胎进行换位

38. ( )不是悬架系统损坏引起的常见故障。
 (A) 轮胎异常磨损   (B) 后桥异响
 (C) 车身倾斜   (D) 汽车行驶跑偏

39. ( )是导致转向沉重的主要原因。
 (A) 转向轮轮胎气压过高
 (B) 转向轮轮胎气压过低

(C) 汽车空气阻力过大
(D) 汽车坡道阻力过大

40. （　）不是引起高速打摆现象的主要原因。
    (A) 前轮胎修补、前轮辋变形、前轮毂螺栓短缺引启动不平衡
    (B) 减振器失效、前钢板弹力不一致
    (C) 车架变形或铆钉松动
    (D) 前束过大、车轮外倾角和主销后倾角变小

41. （　）是装备动力转向系统的汽车方向跑偏的原因。
    (A) 油泵磨损
    (B) 缺液压油或滤油器堵塞
    (C) 油路中有气泡
    (D) 分配阀反作用弹簧过软或损坏

42. 中型以上越野汽车和自卸车多用（　）转向器。
    (A) 可逆式　　　　(B) 不可逆式
    (C) 极限可逆式　　(D) 齿轮条式

43. 当汽车在行驶中后桥出现连续的"嗷嗷"声响，车速加快声响也加大，滑行时稍有减弱，说明（　）。
    (A) 圆锥主、从动齿啮合间隙过小
    (B) 圆锥主、从动齿啮合间隙过大
    (C) 圆锥主、从动齿啮合轮齿折断
    (D) 半轴花键损坏

44. 当汽车左转向时，由于差速器的作用，左右两侧驱动轮转速不同，转矩的分配是（　）。
    (A) 左轮大于右轮　(B) 右轮大于左轮
    (C) 左、右轮相等　(D) 右轮为零

45. 动力转向液压助力系统缺少液压油会导致（　）。
    (A) 行驶跑偏　　　(B) 转向沉重
    (C) 制动跑偏　　　(D) 不能转向

46. 动力转向液压助力系统转向助力泵损坏会导致（　）。
    (A) 不能转向　　　(B) 转向沉重
    (C) 制动跑偏　　　(D) 行驶跑偏

47. 对于独立悬架，弹簧的（　）是影响乘员舒适性的主要原因。
    (A) 强度　　　　　(B) 刚度
    (C) 自由长度　　　(D) 压缩长度

48. 对于非独立悬架，（　）是影响乘员舒适性的主要因素。
    (A) 钢板弹簧　　　(B) 轴
    (C) 车轮　　　　　(D) 轮胎

49. 机动车转向盘的最大自由转动量对于最大设计车速等于100km/h的机动车不得大于（　）。
    (A) 5°　　　　　　(B) 10°
    (C) 15°　　　　　 (D) 20°

50. 轿车的轮辋一般是（　）。
    (A) 深式　　　　　(B) 平式
    (C) 可拆式　　　　(D) 圆形式

51. 汽车车架变形会导致汽车（　）。
    (A) 制动跑偏　　　(B) 行驶跑偏
    (C) 制动甩尾　　　(D) 轮胎变形

52. 汽车的前束值一般都小于（　）mm。
    (A) 5　　　　　　　(B) 8
    (C) 10　　　　　　 (D) 12

53. 汽车动力转向系统转向器滑阀内有脏物阻滞会导致汽车（　）。
    (A) 不能转向　　　(B) 左右转向力不一致
    (C) 转向沉重　　　(D) 转向发飘

54. 汽车液压动力转向系统的原始动力来自（　）。
    (A) 蓄电池　　　　(B) 电动机
    (C) 发动机　　　　(D) 油泵

55. 汽车正常行驶时，总是偏向行驶方向的左侧或右侧，这种现象称为（　）。
    (A) 行驶跑偏　　　(B) 制动跑偏
    (C) 制动甩尾　　　(D) 车轮回正

56. 汽车转向时，其内轮转向角（　）外轮转向角。
    (A) 大于　　　　　(B) 小于
    (C) 等于　　　　　(D) 大于或等于

57. 汽车左右侧轮胎气压不一致不会导致（　）。
    (A) 转向沉重　　　(B) 车身倾斜
    (C) 轮胎磨损　　　(D) 制动跑偏

58. 前轴与转向节装配应适度，转动转向节的力一般不大于（　）N。
    (A) 20　　　　　　(B) 15
    (C) 10　　　　　　(D) 5

59. 为避免汽车转向沉重，主销后倾角一般不超过（　）。
    (A) 2°　　　　　　(B) 4°
    (C) 5°　　　　　　(D) 3°

60. （　）不是行驶中有撞击声或异响的原因。
    (A) 弹簧折断
    (B) 单侧悬挂弹簧弹力不足
    (C) 连接销松动
    (D) 减振器损坏

61. （　）不是引起低速打摆现象的原因。

(A) 前束过大、车轮外倾角或主销后倾角变小
(B) 车架变形或铆钉松动
(C) 转向器啮合间隙过大
(D) 转向节主销与衬套间隙过大

62. （　）是行驶中有异响的原因。
    (A) 减振器性能减弱
    (B) 前悬挂移位
    (C) 单侧悬挂弹簧弹力不足
    (D) 弹簧折断

63. 转向节各部位螺纹的损伤不得超过（　）。
    (A) 1牙　　　　(B) 2牙
    (C) 3牙　　　　(D) 4牙

64. 转向盘（　）转动量是指将转向盘转动而车轮不随之摆动这一过程转向盘所转过的角度。
    (A) 最小　　　　(B) 自由
    (C) 最大　　　　(D) 极限

65. 转向桥和（　）属于从动桥。
    (A) 驱动桥　　　(B) 转向驱动桥
    (C) 支持桥　　　(D) 后桥

66. 最大爬坡度是车轮（　）时的最大爬坡能力。
    (A) 满载　　　　(B) 空载
    (C) <5t　　　　(D) >5t

67. （　）是行驶跑偏的原因。
    (A) 两前轮胎气压差过大
    (B) 车架变形或铆钉松动
    (C) 转向节主销与衬套间隙过大
    (D) 减振器失效，前钢板弹力不一致

（二）判断题

(　) 1. ★用内、外径量具测量，主销衬套内孔磨损超过0.70mm，或衬套与主销的配合间隙超过0.20mm时，应更换主销衬套。

(　) 2. ★调整轮毂轴承预紧度。将调整螺母旋到底，装上锁止垫并按规定力矩拧紧锁止螺母。

(　) 3. ★经常行驶在拱度较大的路面上跟轮胎异常磨损没有关系。

(　) 4. ★为保持轮胎缓和路面冲击的能力，充气标准可高于最高气压。

(　) 5. ★循环球式转向器中的螺杆/螺母传动副的螺纹是直接接触的。

(　) 6. ★转向节衬套与主销配合松旷或转向节与前梁拳形部位沿主销轴线方向配合松旷不会导致前轮摆振故障。

(　) 7. ★转向盘的自由行程越小越好。

(　) 8. ★转向桥或车架变形，左右轴距相差过大，正时齿轮故障与制动跑偏现象没有关系。

(　) 9. ☆轮胎胎面磨损不均匀、胎冠两肩磨损、胎壁擦伤、胎冠中部磨损、胎冠外侧或内侧单边磨损都属于轮胎正常磨损。

(　) 10. ☆提高转向系统刚度不可能提高抵抗前轮摆头的能力。

(　) 11. ☆在做车轮动平衡检测时，其主轴的振幅的大小，在一定转速下，只与车轮不平衡质量大小成反比。

(　) 12. ☆转向开关损坏后，转向灯必然全都不会亮。

(　) 13. ☆高速摆振指汽车在高速行驶时或在某一较高车速时，出现行驶不稳摆头。

(　) 14. ☆汽车进行滑行性能检测时，使车辆以3～5km/h的车速沿台板上的指示线平稳前行，在行进过程中不得转动转向盘。

(　) 15. ☆汽车在不平的道路上行驶时发生前轮摆头，这是不平道路对前梁产生冲击进而使前轮绕主销角振动造成的。

(　) 16. ☆如果胎面呈现羽片状磨损，则为前束过大所致。

(　) 17. ☆严格遵守充气标准是防止轮胎早期磨损、达到最高使用寿命的基本条件。

(　) 18. ☆安装完毕的转向桥的转向节一般用弹簧拉动检查，看其是否转动灵活。

(　) 19. ☆转向器装合后，应该进行检查。

(　) 20. ☆用检视法检查，转向节轴端螺纹损伤超过2牙时，应堆焊修复，并重新车削螺纹。

练习二　行驶转向系统检修参考答案

（一）选择题参考答案

1～5	6～10	11～15	16～20	21～25	26～30
BACBA	BCACA	ADDBA	CBBAD	CBBCA	DBCBC

31～35	36～40	41～45	46～50	51～55	56～60	61～65	66～67
AACAA	ABBBD	DCACB	BADA	BCBBA	DCBCA	BDDBC	AA

（二）判断题参考答案

1～5	6～10	11～15	16～20
××××	×××××	×√×√×	√√√√√

32

练习三　制动系统检修

（一）选择题

1. ★在诊断与排除汽车制动故障的操作前应准备一辆（　　）汽车。
   (A) 待排除的有传动系统故障的
   (B) 待排除的有制动系统故障的
   (C) 待排除的有转向系统故障的
   (D) 待排除的有行驶系统故障的

2. ★在诊断与排除制动防抱死故障灯报警故障时，连接"STAR"扫描仪和ABS自诊断连接器，接通"STAR"扫描仪上的电源开关，按下中间按钮，再将车上的点火开关转到"ON"位置，如果有故障码存储在电脑中，那么在（　　）s内将从扫描仪的显示器显示出来。
   (A) 15　　　　　　　　(B) 30
   (C) 45　　　　　　　　(D) 60

3. ★出现制动跑偏故障，如果轮胎气压一致，用手触摸跑偏一边的制动鼓和轮毂轴承过热，应（　　）。
   (A) 检查钢板弹簧是否折断或弹力不足
   (B) 调整制动间隙或轮毂轴承
   (C) 检查前束是否符合要求
   (D) 检查左右轴距是否相等

4. ★就一般防抱死刹车系统而言，叙述正确的是（　　）。
   (A) 紧急刹车时，可避免车轮抱死而造成方向失控或不稳定现象
   (B) ABS故障时，刹车系统将会完全丧失制动力
   (C) ABS故障时，方向盘的转向力量将会加重
   (D) 可提高行车舒适性

5. ★排除制动防抱死装置失效故障后应该（　　）。
   (A) 检验驻车制动是否完全释放
   (B) 清除故障代码
   (C) 进行路试
   (D) 检查制动液液面是否在规定的范围内

6. ★不属于制动跑偏的现象是（　　）。
   (A) 制动突然跑偏
   (B) 向右转向时制动跑偏
   (C) 有规律的单向跑偏
   (D) 无规律的忽左忽右的跑偏

7. ★制动跑偏的原因中不包括（　　）。
   (A) 制动踏板损坏
   (B) 有一侧钢板弹簧错位或折断
   (C) 转向桥或车架变形，左右轴距相差过大
   (D) 两侧主销后倾角或车轮外倾角不等，前束不符合要求

8. ★属于制动防抱死装置失效现象的是（　　）。
   (A) 汽车行驶时，有时出现两前轮各自围绕主销进行角振动的现象，即前轮摆振
   (B) 防抱死控制系统的警告灯持续点亮，感觉防抱死控制系统工作不正常
   (C) 驾驶人必须紧握方向盘方能保证直线行驶，若稍微放松方向盘，汽车便自行跑偏
   (D) 踏下制动踏板感到高而硬，踏不下去；汽车起步困难，行驶无力；当松抬加速踏板踩下离合器时，尚有制动感觉

9. ★制动性能台试检验的技术要求中，机动车制动完全释放时间对单车不得大于（　　）s。
   (A) 0.2　　　　　　　(B) 0.5
   (C) 0.8　　　　　　　(D) 1.2

10. ★安装盘式制动器后，（　　）用力将制动器踏板踩到底数次，以便使制动摩擦片正确就位。
    (A) 停车状态　　　　(B) 启动状态
    (C) 怠速状态　　　　(D) 行驶状态

11. ★拆卸制动鼓必须用（　　）。
    (A) 梅花扳手　　　　(B) 专用扳手
    (C) 常用工具　　　　(D) 上述3项均正确

12. ★制动拖滞故障在制动主缸，应先检查（　　）。
    (A) 制动踏板自由行程是否过小
    (B) 制动踏板复位弹簧弹力是否不足
    (C) 制动踏板轴及连杆机构的润滑情况是否良好
    (D) 回油情况

13. ★属于制动拖滞现象的是（　　）。
    (A) 汽车行驶时，有时出现两前轮各自围绕主销进行角振动的现象，即前轮摆振
    (B) 轮胎胎面磨损不均匀，胎冠两肩磨损，胎壁擦伤，胎冠中部磨损
    (C) 驾驶人必须紧握方向盘方能保证直线行驶，若稍微放松方向盘，汽车便自行跑偏
    (D) 踏下制动踏板感到高而硬，踏不下去；汽车起步困难，行驶无力；当松抬加速踏板踏下离合器时，尚有制动感觉

14. ★用反力式滚筒试验台检验时，驾驶人将车辆驶向滚筒，位置摆正，变速器置于（　　），启动滚筒，使用制动。
    (A) 倒挡　　　　　　(B) 空挡
    (C) 前进低速挡　　　(D) 前进高速挡

15. ★诊断、排除自动防抱死系统失效故障第一步应该（　　）。
    (A) 通过警告灯读取故障代码
    (B) 对系统进行直观检查
    (C) 确认故障情况和故障症状

(D) 利用必要的工具和仪器对故障部位进行深入检查

16. ★制动气室外壳出现（　），可以用敲击法整形。
    (A) 凸出　　　　　(B) 凹陷
    (C) 裂纹　　　　　(D) 上述3项均正确

17. ★制动蹄与制动蹄轴锈蚀，使制动蹄转动复位困难会导致（　）。
    (A) 制动失效　　　(B) 制动跑偏
    (C) 制动抱死　　　(D) 制动拖滞

18. ★（　）踏板时，必须测量调整制动踏板的自由行程。
    (A) 修理　　　　　(B) 修复
    (C) 更换　　　　　(D) 上述3项均正确

19. ★汽车行驶一定里程后，用手触摸制动鼓均感觉发热，表明故障在（　）。
    (A) 制动踏板不能迅速复位
    (B) 制动主缸
    (C) 车轮制动器
    (D) 踏板轴及连杆机构的润滑情况不好

20. ★汽车行驶一定里程后，用手触摸制动鼓感觉发热，这种现象属于（　）。
    (A) 制动跑偏　　　(B) 制动抱死
    (C) 制动拖滞　　　(D) 制动失效

21. ★关于液压制动系统的检修说法错误的是（　）。
    (A) 齿条表面涂转向器润滑脂，用相应的专用套管将各密封件装入转向器壳体中
    (B) 拉出制动蹄的时候，要注意哪一面朝外
    (C) 若制动蹄变形、裂纹或不均匀磨损，则应更换新件
    (D) 制动盘的最小允许厚度为5.0mm

22. ☆感觉防抱死控制系统工作不正常，该现象是（　）。
    (A) 制动拖滞
    (B) 制动跑偏
    (C) 制动抱死
    (D) 制动防抱死装置失效

23. ☆缸体裂纹，应该（　）。
    (A) 更换新件　　　(B) 修复
    (C) 继续使用　　　(D) 上述3项均正确

24. ☆检查制动蹄摩擦衬片的厚度，标准值为（　）mm。
    (A) 3　　　　　　(B) 7
    (C) 11　　　　　 (D) 5

25. ☆汽车行驶一定里程后，用手触摸制动鼓，若感觉个别制动鼓发热，则故障在（　）。
    (A) 踏板轴及连杆机构的润滑情况不好
    (B) 制动主缸
    (C) 车轮制动器
    (D) 踏板轴或连杆机构的润滑情况不好

26. ☆若制动蹄变形、开裂或不均匀磨损，则应（　）。
    (A) 继续使用
    (B) 更换新件
    (C) 修复后使用
    (D) 换到其他车上继续使用

27. ☆不可能导致制动跑偏现象的原因是（　）
    (A) 转向节臂变形
    (B) 前左、右轮轮胎气压不一致
    (C) 转向性能良好
    (D) 一侧前轮制动器制动间隙过小或轮毂轴承过紧

28. ☆制动气室（　）出现凹陷，可以用敲击法整形。
    (A) 内壁　　　　　(B) 外壳
    (C) 弹簧　　　　　(D) 上述3项均正确

29. ☆制动时驾驶人必须紧握方向盘方能保证直线行驶，若稍微放松方向盘，汽车便自行跑偏。这种现象属于（　）。
    (A) 制动拖滞　　　(B) 制动抱死
    (C) 制动跑偏　　　(D) 制动失效

30. ☆制动主缸皮碗发胀，复位弹簧过软，致使皮碗堵住旁通孔不能回油会导致（　）。
    (A) 制动跑偏　　　(B) 制动抱死
    (C) 制动拖滞　　　(D) 制动失效

31. ☆（　）同时起轮毂作用。
    (A) 前制动鼓　　　(B) 前离合器
    (C) 后制动鼓　　　(D) 上述3项均正确

32. ☆更换制动踏板时，必须测量调整踏板的（　）。
    (A) 自由间隙　　　(B) 自由行程
    (C) 工作行程　　　(D) 上述3项均正确

33. ☆后制动鼓同时起（　）作用。
    (A) 车轮　　　　　(B) 轮胎
    (C) 轮毂　　　　　(D) 上述3项均正确

34. ☆踩下制动踏板感到高而硬，踩不下去；汽车起步困难，行驶无力；当松抬加速踏板踩下离合器时，尚有制动感觉。这些现象属于（　）。
    (A) 制动拖滞　　　(B) 制动抱死
    (C) 制动跑偏　　　(D) 制动失效

35. ☆一般ABS自诊断连接器在（　）。
    (A) 电脑旁边　　　(B) 方向盘左侧
    (C) 方向盘右侧　　(D) 方向盘下侧

36. ☆用平板制动试验台检验，驾驶人以速度为（　）km/h 将车辆对正平板台并驶向平板。
   (A) 5～10　　　　(B) 10～15
   (C) 15～20　　　(D) 20～25

37. ☆在故障诊断和排除自动防抱死（ABS）系统失效故障时应该（　）进行。
   (A) 按照一定的步骤　　(B) 先主后次的步骤
   (C) 怎么样都可以　　　(D) 没有先后顺序

38. ☆制动鼓内径标准值为（　）mm。
   (A) 200　　　　(B) 190
   (C) 180　　　　(D) 181

39. ☆制动鼓内径磨损量不超过（　）mm。
   (A) 1　　　　(B) 2
   (C) 3　　　　(D) 5

40. （　）不是气压制动跑偏的原因。
   (A) 制动阀调整不当
   (B) 两前轮车轮制动器间隙不一致
   (C) 车架变形、前轴位移
   (D) 两前轮直径、花纹不一致

41. （　）不是液压制动系统卡死的原因。
   (A) 总泵皮碗、密封胶圈老化、发胀或翻转
   (B) 制动蹄摩擦片与制动鼓间隙过小
   (C) 总泵旁通孔或回油孔堵塞
   (D) 制动管路凹瘪或老化、堵塞

42. （　）不是无气压或气压低引起气压制动系统制动失效的原因。
   (A) 空气压缩机损坏或供气量小
   (B) 制动器室膜片破裂
   (C) 空气压缩机传动带打滑
   (D) 单向阀卡滞或制动管路堵塞

43. （　）不是气压制动系统制动不良的原因。
   (A) 制动总泵、制动踏板行程调整不当
   (B) 空气压缩机传动带打滑
   (C) 制动阀调整不当
   (D) 制动蹄摩擦片沾有油污、水，表面结焦炭化或摩擦片碎裂，磨损过大

44. （　）不是真空助力式液压制动传动装置组成部分。
   (A) 加力气室　　　(B) 轮缸
   (C) 控制阀　　　　(D) 主缸

45. （　）不是制动拖滞的原因。
   (A) 制动踏板轴卡滞
   (B) 两轮制动间隙不一致
   (C) 制动阀排气阀间隙过小或排气阀门橡胶老化、变形而堵塞排气口
   (D) 制动蹄回位弹簧折断或弹力不够

46. （　）的助力源是压缩空气与大气的压力差。
   (A) 真空助力器　　(B) 真空增压器
   (C) 空气助力器　　(D) 空气增压器

47. （　）导致气压制动系统制动失效。
   (A) 空气压缩机润滑不良
   (B) 制动踏板系统制动失效
   (C) 制动踏板行程过小
   (D) 空气压缩机传动带打滑

48. 采用（　）制动间隙的制动器可不需调整。
   (A) 盘式　　　　(B) 鼓式
   (C) 带式　　　　(D) 弹簧作用式

49. 采用气压制动系统的机动车，发动机在 75% 的标定功率转速下，（　）min 内气压表的指示气压应从零开始升至起步气压。
   (A) 1　　　　(B) 2
   (C) 3　　　　(D) 4

50. 当汽车气压制动系统储气筒内的气压高于某一值时，气压不足报警灯报警开关触点（　），报警灯（　）。
   (A) 分开　不亮　　(B) 分开　亮
   (C) 闭合　不亮　　(D) 闭合　亮

51. 对液压制动的汽车连续踏几次制动踏板，始终到底且无力是因为（　）。
   (A) 制动主缸皮碗损坏、顶翻
   (B) 制动蹄片和制动鼓间隙过大
   (C) 制动系统渗入空气或制动液气化
   (D) 制动液牌号不对

52. 对于允许挂接挂车的汽车，其驻车制动装置必须能使汽车及挂车在满载状态下能停在坡度（　）% 的坡道上。
   (A) 2　　　　(B) 5
   (C) 8　　　　(D) 12

53. 对于真空增压制动传动装置，解除制动时控制油压下降，加力气室互相沟通，又具有一定的（　），膜片、推杆、辅助缸活塞都在回位弹簧作用下各自回位。
   (A) 大气压力　　(B) 压力
   (C) 真空度　　　(D) 推力

54. 检查制动器弹簧时，用（　）测量，其弹力不得小于规定值。
   (A) 弹簧秤　　　(B) 地磅
   (C) 角尺　　　　(D) 张紧计

55. 空气液压制动传动装置分为（　）两种。
   (A) 助压式和增压式　　(B) 增压式和助力式
   (C) 增压式和增力式　　(D) 助压式和助力式

56. 两前轮车轮制动器间隙不一致会导致汽车（　）。
   (A) 制动失效　　　(B) 制动跑偏

(C) 制动过热　　　　(D) 轮胎异常磨损

57. 汽车气压制动排气缓慢或不排气，应检查（　　）。
    (A) 制动凸轮轴的配合间隙
    (B) 制动操纵机构
    (C) 制动阀
    (D) 制动操纵机构和制动阀

58. 汽车拖带挂车，解除挂车制动时，要（　　）主车制动。
    (A) 同时或早于　　(B) 同时
    (C) 晚于　　　　　(D) 同时或晚于

59. 汽车液压制动个别车轮制动拖滞是由于（　　）。
    (A) 制动液太脏或黏度过大
    (B) 制动踏板自由行程过小
    (C) 制动蹄片与制动鼓间隙过小
    (D) 制动主缸旁通孔堵塞

60. 汽车制动蹄支承销孔与支承销配合间隙不超过（　　）mm。
    (A) 0.5　　　　　(B) 0.05
    (C) 0.15　　　　(D) 0.10

61. 双回路液压制动系统中任一回路失效，此时（　　）。
    (A) 主腔不能工作　(B) 踏板行程减小
    (C) 踏板行程不变　(D) 制动效能降低

62. （　　）不是液压制动系统制动失效的原因。
    (A) 液压管路中有空气
    (B) 总泵回油孔堵塞
    (C) 总泵皮碗老化
    (D) 制动鼓磨损过量

63. （　　）不是制动跑偏、甩尾的原因。
    (A) 车架变形
    (B) 前悬挂弹簧弹力不足
    (C) 单侧悬挂弹簧弹力不足
    (D) 一侧车轮制动器制动性能减弱

64. （　　）不是液压制动系统制动不良的原因。
    (A) 液压制动系统中有空气
    (B) 总泵旁通孔堵塞
    (C) 总泵密封胶圈老化
    (D) 制动蹄片磨损过量

65. （　　）是液压制动系统制动不良的原因。
    (A) 总泵旁通孔或回油孔堵塞
    (B) 制动蹄回位弹簧过软、折断
    (C) 液压制动系统中有空气
    (D) 制动管路凹瘪堵塞

66. （　　）是制动甩尾的原因。
    (A) 前悬挂弹簧弹力不足
    (B) 轮胎异常磨损
    (C) 减振器性能减弱

(D) 单侧悬挂弹簧弹力不足

67. 不是盘式制动器优点的是（　　）。
    (A) 散热能力强　(B) 抗水衰退能力强
    (C) 制动平顺性好　(D) 管路液压低

68. 行车制动在产生最大制动作用时的踏板力，对于座位数小于或等于9的载客汽车应不大于（　　）N。
    (A) 100　　　　(B) 200
    (C) 500　　　　(D) 800

69. 液压行车制动系统在达到规定的制动效能时，对于座位数大于9的载客汽车踏板行程应小于（　　）mm。
    (A) 80　　　　　(B) 100
    (C) 120　　　　(D) 150

70. 在空载状态下，驻车制动装置应能保证机动车在坡度为20%、轮胎与路面间的附着系数不小于0.7的坡道上正、反两个方向保持固定不动，时间不应少于（　　）min。
    (A) 2　　　　　(B) 3
    (C) 4　　　　　(D) 5

71. 在制动时，液压制动系统中制动主缸与制动轮缸的油压是（　　）。
    (A) 主缸高于轮缸　(B) 主缸低于轮缸
    (C) 轮缸主缸相同　(D) 不确定

72. 真空助力式液压制动传动装置，加力气室和控制阀组成一个整体，叫作（　　）。
    (A) 真空助力器　(B) 真空增压器
    (C) 空气增压器　(D) 空气助力器

73. 制动距离过长，应调整（　　）。
    (A) 制动踏板高度
    (B) 制动气室压力
    (C) 储气筒压力
    (D) 制动底板上的偏心支承

74. 制动钳体缸筒（　　）误差应不大于0.02mm。
    (A) 圆度　　　　(B) 圆柱度
    (C) 平面度　　　(D) 粗糙度

75. 制动踏板轴卡滞会导致汽车（　　）。
    (A) 制动拖滞　　(B) 制动甩尾
    (C) 制动失效　　(D) 制动过迟

76. 制动蹄与制动鼓之间的间隙过大，将导致（　　）。
    (A) 车辆行驶跑偏　(B) 制动不良
    (C) 制动时间变短　(D) 制动距离变短

77. 制动蹄与制动鼓之间的间隙过大，应调整（　　）。
    (A) 制动踏板高度
    (B) 制动气室压力
    (C) 储气筒压力

（D）制动底板上的偏心支承
78．重型汽车的制动传动装置多采用（　）。
　　（A）真空助力式液压装置
　　（B）空气增压装置
　　（C）真空增压式液压装置
　　（D）助力式液压装置
79．装备气压制动系统的汽车气压不足报警灯报警开关安装在（　）上。
　　（A）储气筒　　　　　（B）制动踏板
　　（C）制动气室　　　　（D）制动器
80．总质量不大于 3 500kg 的低速货车在 30km/h 的初速度下采用行车制动系统制动时，满载检验时制动距离要求≤（　）m。
　　（A）9　　　　　　　　（B）19
　　（C）29　　　　　　　（D）39

（二）判断题
（　）1．★防抱死控制系统的警告灯持续点亮或感觉防抱死控制系统工作不正常，说明制动拖滞故障。
（　）2．★制动蹄与制动蹄轴锈蚀，使制动蹄转动复位困难可导致制动拖滞。
（　）3．★制动跑偏是指只要驾驶人紧握方向盘就能保证直线行驶，制动就会跑偏。
（　）4．★制动踏板自由行程大于规定值，必须调整。
（　）5．☆安装防抱死制动装置（ABS）的车辆制动时，制动距离没有变化。
（　）6．☆排除自动防抱死系统失效故障后警告灯仍然持续点亮，说明系统故障代码未被清除。
（　）7．☆汽车行驶一定里程后，用手触摸制动鼓感觉发热，这种现象属于制动跑偏。
（　）8．☆汽车行驶一定里程后，用手触摸制动鼓均感觉发热，表明故障在车轮制动器。
（　）9．☆用手触摸制动鼓和轮毂轴承若发现过热，肯定是制动跑偏故障。
（　）10．☆制动鼓内径随着使用时间的增加逐渐减小。
（　）11．☆制动蹄摩擦片与制动鼓间隙过小，制动蹄复位弹簧过软、折断可导致制动跑偏。
（　）12．☆前左、右轮轮胎气压不一致，前钢板弹簧左、右弹力不一致可能导致制动跑偏。
（　）13．☆踩下制动踏板感到高而硬，踩不下去；汽车起步困难，行驶无力；当松抬加速踏板踏下离合器时，尚有制动感觉，这种现象属于制动拖滞。
（　）14．☆左右轴距不相等，转向桥或车架变形可能导致制动跑偏。
（　）15．☆有制动跑偏故障的汽车即使驾驶人紧握方向盘方能保证直线行驶，制动也可能会跑偏。
（　）16．☆在诊断与排除汽车制动故障的操作准确前应准备一辆待排除的有制动系统故障的汽车。
（　）17．☆安装防抱死制动装置（ABS）的车辆制动，可用力踏制动踏板。

项目三　制动系统检修（一）参考答案

1～5	6～10	11～15	16～20	21～25	26～30
BCBC	BABAB	BADBC	BDBC	DDADC	DDADC
31～35	36～40	41～45	46～50	51～55	56～60
CBCA	AAAAA	ABBBB	ADADA	ADADA	BDACB
61～65	66～70	71～75	76～80		
DBBBC	DDCDD	CADBA	BDBAA		

（二）判断题参考答案

1～5	6～10	11～15	16～17
×√×√×	×√√××	××√√√	√√

项目四 汽车电器知识

练习一 电源系统检修

（一）选择题

1. ★GST-3U型万能试验台，主轴转速为（ ）。
   (A) 800r/min　　　　(B) 1 000r/min
   (C) 3 000r/min　　　(D) 200～2 500r/min
2. ★JFT126型调节器"S"与"E"接柱之间电阻值为（ ）。
   (A) 4 600～5 000kΩ　(B) 7.5～8kΩ
   (C) 3.0kΩ　　　　　(D) 550kΩ
3. ★检查皮带松紧度，用30～50N的力按下传动带，挠度应为（ ）mm。
   (A) 5～10　　　　　(B) 10～15
   (C) 15～20　　　　(D) 20～25
4. ★对在使用过程中放电的电池进行充电称（ ）。
   (A) 初电池　　　　(B) 补充充电
   (C) 去硫化充电　　(D) 锻炼性充电
5. ★静态检测方法即用万用电表测量晶体管调节器各接柱之间的静态（ ）。
   (A) 电压　　　　　(B) 电流
   (C) 电阻　　　　　(D) 电容
6. ★接通电路，测量调节器大功率三极管的管压降过低（<0.6V），说明三极管（ ）。
   (A) 短路　　　　　(B) 断路
   (C) 搭铁　　　　　(D) 良好
7. ★发电机"N"与"E"或"B"间的反向阻值应为（ ）。
   (A) 40～50Ω　　　(B) 65～80Ω
   (C) 710kΩ　　　　(D) 10Ω
8. ★计算出电池容量与数量使之符合自己的使用要求，这是免维护电池的（ ）原则。
   (A) 安全选择　　　(B) 性价比选择
   (C) 按需选择　　　(D) 按适应性选择
9. ★密度计是用来检测蓄电池（ ）的器具。
   (A) 电解液密度　　(B) 电压
   (C) 容量　　　　　(D) 输出电流
10. ★相对密度是指温度为25℃时的值，环境温度每升高1℃则应（ ）0.000 7。
    (A) 加上　　　　　(B) 减去
    (C) 乘以　　　　　(D) 除以
11. ★充电系统电压调整过高，对照明灯的影响有（ ）。
    (A) 灯光暗淡　　　(B) 灯泡烧毁
    (C) 保险丝烧断　　(D) 闪光频率增加
12. ★调节器的检测方法可分为静态检测和（ ）。
    (A) 电阻检测　　　(B) 搭铁形式检测
    (C) 管压降检测　　(D) 动态检测
13. ★检测调节器的所用的电源应为（ ）。
    (A) 12V 直流电源　(B) 12V 交流电源
    (C) 可调直流电源　(D) 可调交流电源
14. ★若测得发电机"F"与"E"接柱间的阻值为无穷大，说明该绕组（ ）。
    (A) 断路　　　　　(B) 短路
    (C) 良好　　　　　(D) 不能确定
15. ★转子绕组好坏的判断，可以通过测量发电机（ ）接柱间的电阻来确定。
    (A) "F"与"E"　　(B) "B"与"E"
    (C) "B"与"F"　　(D) "N"与"F"
16. ★充足电的蓄电池，其开路端电压是（ ）。
    (A) 12.4V　　　　 (B) ≥12.6V
    (C) 12V　　　　　(D) ≤11.7V
17. ★检测蓄电池的相对密度，应使用（ ）检测。
    (A) 密度计　　　　(B) 电压表
    (C) 高率放电计　　(D) 玻璃管
18. ★将机械式万用电表的正测试棒（红色）接二极管引出极，负测试棒（黑色）接二极管的另一极。测其电阻大于10kΩ，则该二极管为（ ）。
    (A) 正极管　　　　(B) 负极管
    (C) 励磁二极管　　(D) 稳压二极管
19. ★使用的指针式万用电表型号不同，测得的发电机（ ）接柱之间的阻值不同。
    (A) "F"与"E"　　(B) "B"与"E"
    (C) "B"与"F"　　(D) "N"与"F"
20. ★选择免维护电池的原则，主要有按需选择、安全、（ ）三方面考虑。
    (A) 价格　　　　　(B) 性能
    (C) 寿命　　　　　(D) 性价比
21. ★动态检测方法可以检测出调节器的（ ）。
    (A) 调节电流　　　(B) 调节电压
    (C) 电阻　　　　　(D) 电容
22. ★发电机就车测试时，启动发动机，使发动机保持在（ ）运转。
    (A) 800r/min　　　(B) 1 000r/min
    (C) 1 500r/min　　(D) 2 000r/min
23. ☆用万用电表测量晶体管调节器各接柱之间电阻是判断调节器的（ ）。
    (A) 动态检测法　　(B) 静态检测法
    (C) 空载检测法　　(D) 负载检测法
24. ☆给蓄电池充电，选择充电电流为蓄电池的额定容量的（ ）。

(A) 1/5 (B) 1/10
(C) 1/15 (D) 1/25

25. ☆桑塔纳轿车 JF1913 型发电机,"F"与"E"接柱之间的阻值为( )。
(A) 5~7Ω (B) 3.5~3.8Ω
(C) 2.8~3.2Ω (D) 2.8~3.0Ω

26. ☆万能电器实验台上,用于调节发电机磁场电流的部件是( )。
(A) 可调电源 (B) 可调电阻
(C) 可调电容 (D) 可调电感

27. ☆蓄电池电解液面高度要求高出隔板上沿( ) mm。
(A) 5~10 (B) 10~15
(C) 15~20 (D) 20~25

28. ☆选用免维护蓄电池根据自己的需要,计算出需要的电池容量与( )。
(A) 体积 (B) 价格
(C) 数量 (D) 性能

29. 不是"自行放电"而蓄电池没电的原因是( )。
(A) 电解液不纯 (B) 蓄电池长期存放
(C) 正负极柱导通 (D) 电解液不足

30. 触点式调节器可分为( )。
(A) 内搭铁式
(B) 晶体管式和集成电式
(C) 单级式和双级式
(D) 电子式和多级式

31. 当蓄电池液面高度低于极限值时,传感器的铅棒( )正电位,报警灯( )。
(A) 无 亮 (B) 有 不亮
(C) 无 不亮 (D) 有 亮

32. 电压调节器触点控制的电流是发电机的( )。
(A) 励磁电流 (B) 电枢电流
(C) 充电电流 (D) 点火电压

33. 对储存期超过2年的干式铅蓄电池,使用前应充电,充电时间应在( ) h。
(A) 2~3 (B) 3~5
(C) 5~10 (D) 10

34. 对蓄电池安全操作正确的是( )。
(A) 配制电解液时应将硫酸倒入水中
(B) 配制电解液时应将水倒入硫酸中
(C) 观看检查电解液用的仪器时应远离电解液注口
(D) 蓄电池壳上可以放置较轻的物体

35. 发电机转子端隙应不大于( ) mm。
(A) 0.10 (B) 0.20
(C) 0.25 (D) 0.30

36. 交流发电机单相桥式硅整流器每个二极管,在一个周期内的导通时间为( )周期。
(A) 1/2 (B) 1/3
(C) 1/4 (D) 1/6

37. 交流发电机的( )是产生交流电动势。
(A) 定子 (B) 转子
(C) 铁芯 (D) 线圈

38. 汽车行驶时充电指示灯由亮转灭,说明( )。
(A) 发电机处于他励状态
(B) 发电机处于自励状态
(C) 充电系统有故障
(D) 发电机有故障

39. 蓄电池电解液密度应为( ) g/cm³。
(A) 1.84 (B) 1.90
(C) 2.00 (D) 2.80

40. 验收发电机时,检查其有无机械和电路故障,可采取( )试验。
(A) 负载 (B) 启动
(C) 空转 (D) 手动

41. 在充电完成2h后测量电解液相对密度,若不符合要求,可用蒸馏水(过高时)或相对密度为1.4的( )(过低时)调整。
(A) 稀硝酸 (B) 浓硝酸
(C) 稀硫酸 (D) 浓硫酸

42. 中心引线为负极,管壳为正极 的二极管是( )。
(A) 负极二极管 (B) 励磁二极管
(C) 正极二极管 (D) 稳压二极管

43. 装于汽车发电机内部的调节器是( )。
(A) FT61 型 (B) JFT106 型
(C) 集成电路调节器 (D) 晶体调节器

(二) 判断题

( ) 1. ★用万用表检测发电机各接线端子的电阻,若均符合规定,则说明该发电机不存在故障。

( ) 2. ★感抗反映了线圈对交流电的阻碍能力。

( ) 3. ☆环境温度越高蓄电池电解液密度越高。

( ) 4. ☆干荷蓄电池初次使用,需要初充电。

( ) 5. ☆给蓄电池充电时,应检查电解液高度,若不足应补加电解液。

( ) 6. ☆内搭铁型调节器与外搭铁型调节器试验电路接法相同。

( ) 7. ☆蓄电池全放电时电解液密度为0。

( ) 8. ☆用负荷试验法检测电池性能时,可用启动作负载。

( ) 9. ☆接地耦合是指确认示波器显示的0电压位置。

（ ）10. ☆试验电路接通后，当电源电压调至调节器电压值时，小灯泡熄灭说明调节器良好。

（ ）11. ☆所有发电机"B"与"E"间的电阻值都应大于10kΩ。

（ ）12. ☆选择免维护蓄电池，出于安全的原则，选择有一定品牌知名度的蓄电池厂家和有技术力量以及服务好的经销代理商。

练习一 电源系统结构（一）选择题参考答案

1～5	6～10	11～15	16～20	21～25	26～30
DCBBC	ACCAB	BDCAA	BAABD	BDBBD	BBCDC

31～35	36～40	41～43
AACAB	AABAC	CAC

练习一 电源系统结构（二）判断题参考答案

1～5	6～9	10	11～12
×√××√	√××	×	√√

练习二 启动系统检修

(一) 选择题

1. ★发动机启动后,应( )检查各仪表的工作情况是否正常。
   (A) 及时　　　　　(B) 滞后
   (C) 途中　　　　　(D) 熄火后

2. ★起动机做空载试验时,若起动机装配过紧,则( )。
   (A) 电流高转速低　(B) 转速高而电流低
   (C) 电流转速均高　(D) 电流转速均低

3. ★试验启动系统时,试验时间( )。
   (A) 不宜过长　　　(B) 不宜过短
   (C) 尽量长些　　　(D) 无要求

4. ★起动机的启动控制线主要负责给起动机上的( )供电。
   (A) 电枢绕组　　　(B) 磁场绕组
   (C) 电磁开关　　　(D) 继电器

5. ★用万用电表测量起动机接柱和绝缘电刷之间的电阻为无穷大,则说明( ),存在断路故障。
   (A) 电枢绕组　　　(B) 磁场绕组
   (C) 吸拉线圈　　　(D) 保持线圈

6. ★( )的功用就是将蓄电池的电能转变为机械能,产生转矩,启动发动机。
   (A) 润滑系统　　　(B) 启动系统
   (C) 传动系统　　　(D) 发电机

7. ★电刷磨损后的高度一般要不小于( ) mm。
   (A) 10　　　　　　(B) 15
   (C) 20　　　　　　(D) 25

8. ★检测起动机电枢轴轴颈外径与衬套内径的配合间隙,应使用( )。
   (A) 万用电表　　　(B) 游标卡尺
   (C) 百分表　　　　(D) 塞尺

9. ★启动系统线路检测程序可分为( ),依次选择各个节点进行。
   (A) 从后向前　　　(B) 从前向后
   (C) 从中间向前向后 (D) 以上都可以

10. ★汽车专用示波器的波形,显示的是( )的关系曲线。
    (A) 电流与时间　　(B) 电压与时间
    (C) 电阻与时间　　(D) 电压与电阻

11. ★桑塔纳轿车起动机"50"柱引出的导线接向( )。
    (A) 电池正极　　　(B) 电池负极
    (C) 点火开关　　　(D) 中央接线板

12. ★使用 FLUKE 98 型汽车示波器测试有分电器点火系统次级电压波形时,信号拾取器则夹在( )缸的火花塞引线上。
    (A) 1　　　　　　(B) 2
    (C) 3　　　　　　(D) 4

13. ★QD124 型起动机,空转试验电压 12V 时,起动机转速应大于( )。
    (A) 3 000r/min　　(B) 4 000r/min
    (C) 5 000r/min　　(D) 6 000r/min

14. ★电枢检测器是用作检测起动机电枢绕组的( )故障。
    (A) 断路　　　　　(B) 短路
    (C) 搭铁　　　　　(D) 击穿

15. ★检测起动机( ),主要检测线路的通断情况。
    (A) 控制线路　　　(B) 搭铁线路
    (C) 供电线路　　　(D) 检测线路

16. ★起动机供电线路,重点检测线路各接点的( )情况。
    (A) 电流　　　　　(B) 压降
    (C) 电动势　　　　(D) 电阻

17. ★启动系统线路( )应不大于 0.2V。
    (A) 电压　　　　　(B) 电压降
    (C) 电动势　　　　(D) 电阻

18. ★汽车电器万能试验台是用于汽车( ),主要由电器系统性能试验的综合性设备。
    (A) 车身　　　　　(B) 底盘
    (C) 发动机　　　　(D) 空调

19. ★桑塔纳轿车启动系统,蓄电池"+"接柱与起动机的( )接柱相连。
    (A) 150　　　　　 (B) 31
    (C) 30　　　　　　(D) 50

20. ☆用万用电表电阻最大挡检测定子绕组接线端与定子铁芯之间的电阻应为无穷大,否则说明有( )故障。
    (A) 断路　　　　　(B) 短路
    (C) 搭铁　　　　　(D) 击穿

21. ☆对于任何发动机不能启动这类故障的诊断,首先应检测的是( )。
    (A) 蓄电池电压　　(B) 电动燃油泵
    (C) 起动机　　　　(D) 点火线圈

22. ☆给起动机定子上每个磁场绕组通电,若某个磁极力较弱,说明该绕组( )。
    (A) 断路　　　　　(B) 短路
    (C) 搭铁　　　　　(D) 击穿

23. ☆起动机电刷与换向器的接触面就大于( )。
    (A) 50%　　　　　 (B) 60%
    (C) 70%　　　　　 (D) 80%

24. ☆起动机做空载试验时,若电流和转速都小,说明电路存在（　）。
(A) 短路故障　　　　(B) 断路故障
(C) 接触电阻大　　　(D) 接触电阻小

25. ☆启动系统线路电压降应不大于（　）。
(A) 2V　　　　　　(B) 1V
(C) 0.5V　　　　　(D) 0.2V

26. ☆闪光继电器的种类有（　）、电热式、电容式三类。
(A) 信号式　　　　(B) 电子式
(C) 过流式　　　　(D) 冲击式

27. ☆实验中将小功率灯泡接于电路中，可以判断调节器的（　）。
(A) 功率　　　　　(B) 管压降
(C) 搭铁形式　　　(D) 调步频率

28. ☆试验启动系统时，点火开关应（　）完成试验项目。
(A) 及时回位　　　(B) 不应回位
(C) 保持一段时间　(D) 无要求

29. ☆检验起动机的工作性能应使用（　）。
(A) 测功仪　　　　(B) 发动机综合分析仪
(C) 电器万能试验台　(D) 解码仪

30. ☆起动机的（　）种类有机械操纵式和电磁操纵式两类。
(A) 增速机构　　　(B) 控制机构
(C) 传动机构　　　(D) 减速机构

31. ☆启动线路电压降应（　）0.2V。
(A) 大于　　　　　(B) 小于
(C) 不大于　　　　(D) 不小于

32. ☆汽车（　）的分类有机械式、电子式类型。
(A) 触摸式　　　　(B) 按键式
(C) 电子钥匙式　　(D) 防盗装置

33. ☆如果是发动机完全不能启动，并且毫无着火迹象，一般是由于燃油没有喷射引起的，需要检查（　）。
(A) 转速信号系统　(B) 火花塞
(C) 起动机　　　　(D) 点火线圈

34. ☆用万用表测量起动机换向器和铁芯之间的电阻，应为（　），否则说明电枢绕组存在搭铁故障。
(A) 0　　　　　　 (B) 无穷大
(C) 100Ω　　　　 (D) 1 000Ω

35. （　）的作用是减小启动后点火线圈电流。
(A) 分火头　　　　(B) 断电器
(C) 点火线圈　　　(D) 附加电阻

36. 拆下火花塞，观察绝缘体裙部颜色，（　）且电极有被烧蚀痕迹，则选用的火花塞为热型。
(A) 浅褐色　　　　(B) 黑色

(C) 灰白色　　　　(D) 棕色

37. 传统点火系统中，分电器中电容器的容量一般为（　）。
(A) 0.15～0.25pF　　(B) 0.15～0.25μF
(C) 0.15～0.25F　　(D) 0.15～0.25mF

38. 发动机工作时，火花塞绝缘体裙部的温度应保持在（　）℃。
(A) 200～300　　　(B) 300～400
(C) 500～600　　　(D) 600～700

39. 高速发动机普遍采用（　）火花塞。
(A) 标准型　　　　(B) 突出型
(C) 细电极型　　　(D) 铜心宽热值型

40. 六缸发动机怠速运转不稳，拔下第2缸高压线后，运转状况无变化，故障在（　）。
(A) 第2缸　　　　(B) 相邻缸
(C) 中央高压线　　(D) 化油器

41. 启动发动机时，每次接通起动机的时间不应超过（　）s。
(A) 5　　　　　　(B) 10
(C) 15　　　　　 (D) 20

42. 起动机的驱动齿轮与止推垫之间的间隙应为（　）mm。
(A) 1～4　　　　　(B) 1～2
(C) 0.5～1　　　　(D) 0.5～0.9

43. 起动机电磁开关吸拉线圈的电阻值为（　）Ω。
(A) 1.5～2.6　　　(B) 1.6～2.6
(C) 2.6～2.7　　　(D) 2.7～2.9

44. 起动机在做全制动式试验时，除测试电流、电压外，还应测试（　）。
(A) 转速　　　　　(B) 转矩
(C) 功率　　　　　(D) 电阻值

45. 汽车发动机需要传递较大转矩且起动机尺寸较大时，应使用（　）单向离合器。
(A) 滚柱　　　　　(B) 摩擦片
(C) 弹簧　　　　　(D) 带式

46. 汽车起动机电磁开关将起动机主电路接通后，活动铁芯靠（　）线圈产生的电磁力保持在吸合位置上。
(A) 吸拉　　　　　(B) 保持
(C) A、B项都是　　(D) A、B项都不是

47. 汽车起动机电磁开关通电，活动铁芯完全吸入驱动齿轮时，驱动齿轮与止推环之间的间隙一般为（　）mm。
(A) 1.5～2.5　　　(B) 5
(C) 5～10　　　　 (D) 5～7

48. 汽油机（　）将高压电引入燃烧室，产生电火花，点燃混合气。

(A) 高压线 　　　　　(B) 火花塞
(C) 分电器 　　　　　(D) 电源

49. 汽油机分电器中的（ ）由分火头和分电器盖组成。
(A) 配电器 　　　　　(B) 断电器
(C) 点火提前装置 　　(D) 电容器

50. 热车启动困难主要的原因是（ ）。
(A) 供油不足 　　　　(B) 火花塞有故障
(C) 点火过早 　　　　(D) 混合气过浓

51. 为保证车辆顺利启动，启动电流稳定值应该为100～150A，蓄电池内阻不大于（ ）mΩ，稳定电压不小于9V。
(A) 5 　　　　　　　　(B) 10
(C) 20 　　　　　　　(D) 50

52. 为保证点火可靠，一般要求点火系统提供高压电为（ ）V。
(A) 12 　　　　　　　　(B) 5 000～8 000
(C) 8 000～10 000 　　(D) 15 000～20 000

53. 无触点电子点火系统采用点火信号传感器代替传统点火系统中的（ ）。
(A) 断电触点 　　　　(B) 配电器
(C) 分电器 　　　　　(D) 点火线圈

54. 汽油发动机启动困难的现象之一是（ ）。
(A) 有着火征兆 　　　(B) 无着火征兆
(C) 不能启动 　　　　(D) 顺利启动

55. 一般来说，高能点火系统采用的火花塞中心电极与侧电极之间的间隙为（ ）mm。
(A) 0.35～0.45 　　　　(B) 0.45～0.55
(C) 0.70～0.90 　　　　(D) 1.10～1.30

56. 汽车一般每行驶（ ）km或冬季行驶10～15天，夏季行驶5～6天，应检查电解液的液面高度。
(A) 200 　　　　　　　(B) 500
(C) 1 000 　　　　　　(D) 1 500

57. 用数字式万用电表的（ ）挡检查点火线圈的电阻。
(A) 欧姆 　　　　　　(B) 电压
(C) 千欧 　　　　　　(D) 兆欧

58. 在实际工作中，常采用模拟信号发生器的（ ）来断定模拟信号发生器的好坏。
(A) 电流 　　　　　　(B) 电压
(C) 电阻 　　　　　　(D) 动作

59. （ ）的作用是按发动机的工作顺序依次分配高压电至各缸火花塞上。
(A) 分火头 　　　　　(B) 断电器
(C) 点火线圈 　　　　(D) 点火器

(二) 判断题

( ) 1. ★车辆突然熄火时，尝试再次启动，若不成功，检查电路系统。

( ) 2. ★弹簧秤可量起动机的最大扭矩。

( ) 3. ★检测启动线路要求启动线路的连接应符合原车技术要求。

( ) 4. ☆QD124型起动机，全制动试验时，电压为8V，电流不大于90A。

( ) 5. ☆起动机的控制机构种类有机械操纵式和增速机构式两类。

( ) 6. ☆启动系统的功用就是将机械能转变为蓄电池的电能，产生转矩，启动发动机。

( ) 7. ☆试验启动系统线路时，应防止检测短路。

( ) 8. ☆起动机做全制动试验时，若驱动齿轮不转而电枢轴有缓慢的转动，说明单向滑轮打滑。

( ) 9. ☆车辆突然熄火时，尝试再次启动，若不成功，检查电路系统。

( ) 10. ☆桑塔纳轿车启动线路上，点火开关直接控制起动机无启动继电器。

( ) 11. ☆检查起动机换向器表面若有轻微烧蚀，应用"00"号砂纸打磨，严重时应车削。

练习二 启动系统检修（一）选择题参考答案

1～5	6～10	11～15	16～20	21～25	26～30	31～35	36～40	41～45	46～50	51～55	56～59
AAACB	BADBR	DACBA	DACCC	ABDCC	BCACB	DBVDC	CBDCA	AACBB	BBBAD	CDAAD	CADA

(二) 判断题参考答案

1～5	6～10	11
×√√××	×√√××	√

练习三　灯光系统检修

（一）选择题

1. ★若闪光器电源接柱上的电压为0，说明（　　）。
   (A) 供电线断路　　　　(B) 转向开关损坏
   (C) 闪光器损坏　　　　(D) 灯泡损坏

2. ★前照灯近光灯丝损坏，会造成前照灯（　　）。
   (A) 全不亮　　　　　　(B) 一侧不亮
   (C) 无近光　　　　　　(D) 无远光

3. ★用万用电表检测照明线路某点，无电压显示，说明此点前方的线路（　　）。
   (A) 断路　　　　　　　(B) 短路
   (C) 搭铁　　　　　　　(D) 接触电阻较大

4. ★左侧转向灯总功率大于右侧转向灯总功率，则（　　）。
   (A) 左侧闪光频率快
   (B) 右侧闪光频率快
   (C) 左右侧闪光频率相同
   (D) 会使闪光器损坏

5. ★左转向灯搭铁不良，当转向开关拨至左转向时的现象是（　　）。
   (A) 左、右转向灯都不亮
   (B) 只有右转向灯亮
   (C) 只有左转向灯亮
   (D) 左右转向灯微亮

6. ★用万用电表检测照明系统线路故障，应使用（　　）。
   (A) 电流挡　　　　　　(B) 电压挡
   (C) 电容挡　　　　　　(D) 二极管挡

7. ★前照灯搭铁不实，会造成前照灯（　　）。
   (A) 不亮　　　　　　　(B) 灯光暗淡
   (C) 远近光不良　　　　(D) 一侧灯不亮

8. ★造成前照灯光暗淡的主要原因是线路（　　）。
   (A) 断路　　　　　　　(B) 短路
   (C) 接触不良　　　　　(D) 电压过高

9. ★用试灯测试照明灯线路某点，灯不亮则说明故障点在（　　）。
   (A) 该点　　　　　　　(B) 该点前方
   (C) 该点后方　　　　　(D) 不能确定

10. ★打开灯控开关保险丝烧断，说明线路存在（　　）故障。
    (A) 断路　　　　　　　(B) 短路
    (C) 接触不良　　　　　(D) 击穿

11. ★打开右转向灯时，右转向灯闪光频率加快，原因是（　　）。
    (A) 左侧转向灯个别损坏
    (B) 右侧转向灯个别损坏
    (C) 右侧转向灯功率较大
    (D) 闪光器内部故障

12. ★用数字万用电表的（　　）可检查点火线圈是否有故障。
    (A) 欧姆挡　　　　　　(B) 电压挡
    (C) kΩ 挡　　　　　　(D) mΩ 挡

13. ☆当转向开关拨至左转向时，左右两边转向灯都发出微弱的光，则故障点是在（　　）。
    (A) 左转向灯搭铁处　　(B) 右转向灯搭铁处
    (C) 左转向灯供电处　　(D) 右转向灯供电处

14. ☆汽车灯光系统出现故障，除与本系统元件损坏外，还可能与（　　）有关。
    (A) 充电系统　　　　　(B) 启动系统
    (C) 仪表报警系统　　　(D) 空调系统

15. ☆若闪光器频率失常，则会导致（　　）。
    (A) 左转向灯闪光频率不正常
    (B) 右转向灯闪光频率不正常
    (C) 左右转向灯闪光频率均不正常
    (D) 左右转向灯不亮

16. ☆转向灯单边亮度失常的故障原因通常是（　　）。
    (A) 供电线短路　　　　(B) 转向灯搭铁不良
    (C) 转向灯开关损坏　　(D) 闪光器损坏

17. ☆用试灯测量照明灯线路某点，灯亮，说明此点前方的线路（　　）。
    (A) 断路　　　　　　　(B) 短路
    (C) 正常　　　　　　　(D) 击穿

18. ☆用万用电表检测照明灯某线路两端，电阻值为0，说明此线路（　　）。
    (A) 断路　　　　　　　(B) 搭铁
    (C) 良好　　　　　　　(D) 接触不良

19. ☆用万用电表检测照明灯某线路两端，电阻为无穷大，说明此线路（　　）。
    (A) 断路　　　　　　　(B) 搭铁
    (C) 良好　　　　　　　(D) 接触不良

20. ☆用万用电表检测照明灯线路某点，若显示正常电压，说明该点前方的线路（　　）。
    (A) 断路　　　　　　　(B) 短路
    (C) 搭铁　　　　　　　(D) 良好

21. ☆用万用电表直流电压挡测闪光器电源接线柱的电压应为（　　）。
    (A) 0　　　　　　　　 (B) 6V
    (C) 12V　　　　　　　 (D) 18V

22. ☆在发动机不启动的情况下，把点火开关旋转到"ON"，打开风挡雨刮器。如果雨刮器动得比平时慢很多，则说明（　　）。
    (A) 蓄电池缺电　　　　(B) 发电机损坏

(C) 点火正时失准 (D) 点火线圈温度过高
23. 当汽车气压制动系统储气筒内的气压高于（ ） MPa以上时，气压不足报警灯报警开关触点分开，报警灯不亮。
(A) 0.05 (B) 0.15
(C) 0.30 (D) 0.45
24. 当汽车油箱内燃油量少时，负温度系统的热敏电阻元件电阻值（ ），报警灯（ ）。
(A) 大 亮 (B) 小 亮
(C) 大 不亮 (D) 小 不亮
25. 发动机水温过高报警灯报警开关安装在（ ）上。
(A) 水道 (B) 发动机曲轴箱
(C) 气门室罩盖 (D) 节气门体
26. 电喇叭上的触点为（ ）式。
(A) 常开 (B) 常闭
(C) 半开半闭 (D) 处于任意状态
27. 冷却水温升高到（ ）℃以上时，水温过高报警灯报警开关的双金属片变形，触点闭合，报警灯亮。
(A) 25～35 (B) 45～55
(C) 65～75 (D) 95～105
28. 双速刮水器的控制开关在（ ）位置时电动机转速较低。
(A) "0"挡 (B) "Ⅰ"挡
(C) "Ⅱ"挡 (D) 任何挡位
29. 装备气压制动系统的汽车气压不足报警灯报警开关安装在（ ）上。

(A) 储气筒 (B) 制动踏板
(C) 制动气室 (D) 制动器

(二) 判断题
( ) 1. ★试灯法只能测试出照明灯的断路故障，不能测试短路故障。
( ) 2. ★打开灯控开关，保险丝立即烧断，说明该照明电路中出现了断路故障。
( ) 3. ★安全气囊传感器按结构可分为开关式、线性式和电子式3种类型。
( ) 4. ★在发动机不启动的情况下，把点火开关旋转到"ON"，打开风挡雨刮器，如果雨刮器动得比平时慢很多，则说明蓄电池缺电。
( ) 5. ☆汽车防盗装置的分类按键式、电子钥匙式类型。
( ) 6. ☆汽车防盗装置分为触摸式、电子式。
( ) 7. ☆若左转向灯搭铁不良，则右转向灯工作也不正常。
( ) 8. ☆导致汽车灯光系统出现故障的主要原因有：导线松动、接触不良、短路或断路等。
( ) 9. ☆刮水器用作清除挡风玻璃上的雨水、雪或尘土，确保驾驶人能有良好的视线。
( ) 10. ☆闪光继电器的种类有电热式、电容式、电子式3类。
( ) 11. ☆用试灯法检测照明灯搭铁点，拆解导线时灯灭，说明搭铁点发生在拆开接点之间的导线上。

练习三 灯光系统检修（一）选择题参考答案

1～5	6～10	11～15	16～20	21～25	26～29
ACADB	BBCBB	BAAAC	BCCAD	CADBA	BDBA

（二）判断题参考答案

1～5	6～10	11
×√××	×√××	√

练习四　空调系统检修

（一）选择题

1. ★不会造成除霜热风不足的是（　　）。
   (A) 除霜风门调整不当　(B) 出风口堵塞
   (C) 供暖不足　　　　　(D) 压缩机损坏
2. ★检修空调所使用的压力表歧管总成一共（　　）块压力表。
   (A) 1　　　　　　　　 (B) 2
   (C) 3　　　　　　　　 (D) 4
3. ★打开鼓风机开关，只能在高速挡位上运转，说明（　　）。
   (A) 鼓风机开关损坏　　(B) 调速电阻损坏
   (C) 鼓风机损坏　　　　(D) 供电断路
4. ★膨胀阀卡在开启最大位置，会导致（　　）。
   (A) 冷气不足　　　　　(B) 系统太冷
   (C) 无冷气产生　　　　(D) 间断制冷
5. ★制冷系统中有水汽，会引起（　　）发出噪声。
   (A) 压缩机　　　　　　(B) 蒸发器
   (C) 冷凝器　　　　　　(D) 膨胀阀
6. ★向车内提供新鲜空气和保持适宜气流的装置是（　　）。
   (A) 制冷装置　　　　　(B) 采暖装置
   (C) 送风装置　　　　　(D) 净化装置
7. ★恒温器调整的断开温度过低，会造成（　　）。
   (A) 冷气不足　　　　　(B) 无冷气产生
   (C) 间断制冷　　　　　(D) 系统太冷
8. ★开启灌装制冷剂，所使用的工具是（　　）。
   (A) 螺丝刀　　　　　　(B) 扳手
   (C) 开启阀　　　　　　(D) 棘轮扳手
9. ★空调压缩机油与氟利昂 R12（　　）。
   (A) 溶解度较大　　　　(B) 溶解度较小
   (C) 完全溶解　　　　　(D) 完全不溶
10. ★冷却水管堵塞，会造成（　　）。
    (A) 不供暖　　　　　　(B) 冷气不足
    (C) 不制冷　　　　　　(D) 系统太冷
11. ★不会造成空调系统漏水的是（　　）。
    (A) 加热器管损坏　　　(B) 热水开关关不死
    (C) 冷凝器损坏　　　　(D) 软管老化
12. ★压缩机排量减小会导致（　　）。
    (A) 不制冷　　　　　　(B) 间歇制冷
    (C) 供暖不足　　　　　(D) 制冷量不足
13. ★蒸发器被灰尘异物堵住，会造成空调系统（　　）。
    (A) 无冷气产生　　　　(B) 冷气量不足
    (C) 系统太冷　　　　　(D) 间断制冷
14. ★蒸发器控制阀损坏或调节不当，会造成（　　）。
    (A) 冷空气不足　　　　(B) 系统太冷
    (C) 系统噪声大　　　　(D) 操纵失灵
15. ★制冷装置在拆卸调换部件时，在充注制冷剂之前必须（　　）。
    (A) 清洗　　　　　　　(B) 加压
    (C) 抽空　　　　　　　(D) 加油
16. ★鼓风机不转会造成（　　）。
    (A) 不制冷　　　　　　(B) 冷气量不足
    (C) 系统太冷　　　　　(D) 噪声大
17. ★观察制冷系统玻璃处有气泡、雾状情形时，低压表读数过低，膨胀阀发出噪声，说明（　　）。
    (A) 制冷剂不足　　　　(B) 制冷剂过量
    (C) 压缩机损坏　　　　(D) 膨胀阀损坏
18. ★加压检漏法是先向制冷剂装置内充入（　　）的高压气体，然后再找出泄漏点。
    (A) 1～2kPa　　　　　 (B) 1～2MPa
    (C) 3～4kPa　　　　　 (D) 3～4MPa
19. ★离合器线圈短路或烧毁，会造成（　　）。
    (A) 冷气不足　　　　　(B) 间歇制冷
    (C) 过热　　　　　　　(D) 不制冷
20. ★气暖式加热系统属于（　　）。
    (A) 独立热源加热式　　(B) 冷却水加热式
    (C) 余热加热式　　　　(D) 火焰加热式
21. ★汽车暖风装置除能完成其主要功能外，还能起到（　　）。
    (A) 除湿　　　　　　　(B) 除霜
    (C) 去除灰尘　　　　　(D) 降低噪声
22. ★用厚薄规检查电磁离合器四周边的空气间隙，应在（　　）mm 范围内。
    (A) 0.1～0.5　　　　　(B) 0.2～0.8
    (C) 0.4～0.8　　　　　(D) 0.6～1
23. ★制冷系统高压侧压力过高，并且膨胀阀发出噪声，说明（　　）。
    (A) 系统中有空气　　　(B) 系统中有水汽
    (C) 制冷剂不足　　　　(D) 干燥灌堵塞
24. ★打开空调开关时，鼓风机（　　）。
    (A) 不运转　　　　　　(B) 低速运转
    (C) 高速运转　　　　　(D) 不定时运转
25. ★发动机节温器失效，会造成（　　）。
    (A) 冷气不足　　　　　(B) 暖气不足
    (C) 不制冷　　　　　　(D) 过热
26. ★废气水暖式加热系统属于（　　）。
    (A) 余热加热式　　　　(B) 独立热源加热式
    (C) 冷却水加热式　　　(D) 火焰加热式
27. ★空调系统吹风电动机松动或磨损会造成（　　）。
    (A) 系统噪声大　　　　(B) 系统太冷
    (C) 间断制冷　　　　　(D) 无冷气产生

28. ★空调系统外面空气管道打开,会造成( )。
    (A) 无冷气产生   (B) 系统太冷
    (C) 间断制冷   (D) 冷气不足

29. ★空调压缩机油面太低,则系统出现( )现象。
    (A) 冷气不足   (B) 间断制冷
    (C) 不制冷   (D) 噪声大

30. ★冷凝器周围空气不够会造成( )。
    (A) 无冷气产生   (B) 冷气不足
    (C) 系统太冷   (D) 间断制冷

31. ★汽车空调的诊断参数中没有( )。
    (A) 风量   (B) 温度
    (C) 湿度   (D) 压力

32. ★热水开关关不死会造成( )。
    (A) 制冷剂泄漏   (B) 冷却水泄漏
    (C) 冷却油泄漏   (D) 以上均有可能

33. ★用于连接制冷装置低压侧接口与低压表下的接口的软管颜色为( )。
    (A) 蓝色   (B) 红色
    (C) 黄色   (D) 绿色

34. ★制冷剂装置的检漏方法中,最简单易行的方法是( )。
    (A) 肥皂水检漏法
    (B) 卤素灯检漏法
    (C) 电子检漏仪检漏法
    (D) 加压检漏法

35. ★制冷系统中有水汽,引起部位间断结冰,会造成( )。
    (A) 无冷气产生   (B) 冷气不足
    (C) 间断制冷   (D) 系统太冷

36. ☆( )可能发生在 A/C 工作时。
    (A) 失速
    (B) 加速
    (C) 失速、加速均不对
    (D) 失速、加速均正确

37. ☆风量、温度、压力和清洁度是空调系统的( )参数。
    (A) 质量   (B) 寿命
    (C) 功能   (D) 诊断

38. ☆氟利昂 R12 是( )气体。
    (A) 有颜色、无气味 (B) 有颜色、有气味
    (C) 有气味、无颜色 (D) 无颜色、无气味

39. ☆连接空调管路时,应在接头和密封圈上涂上干净的( )。
    (A) 煤油   (B) 润滑油
    (C) 润滑脂   (D) 冷冻油

40. ☆汽车空调的主要功能是调节空气的( )。
    (A) 温度   (B) 湿度
    (C) 洁净度   (D) 流速

41. ☆天气寒冷时,向车内提供暖气,以提高车厢内温度的装置是( )。
    (A) 制冷装置   (B) 暖风装置
    (C) 送风装置   (D) 加湿装置

42. ☆用油尺检查压缩机冷冻油油量,油面应在( )之间。
    (A) 1～2 格   (B) 3～5 格
    (C) 4～6 格   (D) 5～7 格

43. ☆除霜热风出口位于( )。
    (A) 仪表台下方   (B) 仪表台上方
    (C) 仪表台后方   (D) 变速杆前方

44. ☆加热器芯内部堵塞,会导致( )。
    (A) 暖气不足   (B) 冷气不足
    (C) 不制冷   (D) 过热

45. ☆空调是在封闭的空间内,对温度、( )及洁净度进行调节的装置。
    (A) 湿度   (B) 暖风
    (C) 室内   (D) 气候

46. ☆汽车暖风装置的功能是向车内提供( )。
    (A) 冷气   (B) 暖气
    (C) 新鲜空气   (D) 适宜气流的空气

47. ☆水暖式加热系统属于( )。
    (A) 独立热源加热式 (B) 余热加热式
    (C) 废气加热式   (D) 火焰加热式

48. ☆不是由于压缩机工作不良造成的是( )。
    (A) 失去制冷作用 (B) 冷空气量不足
    (C) 系统太冷   (D) 系统噪声大

49. ☆导致空调系统漏水的原因是( )。
    (A) 冷凝器接头不牢 (B) 蒸发器接头不牢
    (C) 压缩机接头不牢 (D) 加热器接头不牢

50. ☆压缩机电磁离合器前锁紧螺母的拧紧力矩为( )。
    (A) 20～30N·m   (B) 34～41N·m
    (C) 50～60N·m   (D) 40～50N·m

51. ☆压缩机离合器线圈松脱或接触不良,会造成制冷系统( )。
    (A) 冷气不足   (B) 系统太冷
    (C) 无冷气产生   (D) 间断制冷

52. ☆压缩机驱动带断裂会造成( )。
    (A) 冷气不足   (B) 系统太冷
    (C) 间断制冷   (D) 不制冷

53. ☆制冷剂装置的检漏方法中,检测灵敏度最高的是( )。
    (A) 肥皂水检漏法
    (B) 卤素灯检漏法

(C) 电子检漏仪检漏法
(D) 加压检漏法

54. ☆制冷系统工作时发出噪声,高低压表读数过高,说明( )。
(A) 制冷剂不足 (B) 制冷剂过量
(C) 压缩机损坏 (D) 膨胀阀损坏

55. ( ) 类制冷剂包括 R11、R12、R13、R113、R114、R85 等。
(A) CFA (B) CFB
(C) CFC (D) CFD

56. ( ) 的最大的特点是不含氯原子,ODP 值为 0,GWP 也很低,为 0.25～0.26。
(A) HFC12 (B) HFC13
(C) HFC14 (D) HFC134a

57. ( ) 是向系统充注氟利昂蒸气,使系统压力高达 0.35MPa,然后用卤素灯检漏仪检漏。
(A) 抽真空 (B) 充氟试漏
(C) 加压 (D) 测试压力

58. CFC12 对大气臭氧层破坏作用很大,臭氧层破坏系数（ODP）值为( ),温室效应（GWP）值达 3 左右。
(A) 1 (B) 2
(C) 3 (D) 4

59. 充氟试漏是向系统充注氟利昂蒸气,使系统压力高达 0.35MPa,然后用( )检漏仪检漏。
(A) 二极管 (B) 卤素灯
(C) 白炽灯 (D) 荧光灯

60. 检查汽车空调压缩机性能时,应使发动机转速达到( )r/min。
(A) 1 000 (B) 1 500
(C) 1 600 (D) 2 000

61. 汽车空调操纵面板上的 A/C 开关是用作控制( )系统的。
(A) 采暖 (B) 通风
(C) 制冷 (D) 转换

62. 使用汽车空调时,( )影响制冷效果。
(A) 乘客过多 (B) 汽车快速行驶
(C) 大负荷 (D) 门窗关闭不严

63. 用汽车万用电表测量空调出风口湿度时,温度传感器应放在( )。
(A) 驾驶室内 (B) 驾驶室外
(C) 高压管路内 (D) 风道内

64. 在汽车制冷循环系统中,被吸入压缩机的制冷剂是( )状态。
(A) 低压液体 (B) 高压液体
(C) 低压气体 (D) 固体

65. 在汽车制冷循环系统中,经膨胀阀送往蒸发器管道中的制冷剂是( )状态。
(A) 高温高压液体 (B) 低温低压液体
(C) 低温高压气体 (D) 高温低压液体

66. ( ) 用来吸收汽车空调系统中制冷剂的水分。
(A) 储液干燥器 (B) 冷凝器
(C) 膨胀阀 (D) 蒸发器

67. ( ) 在汽车制冷系统中冷却吸热、冷凝放热起着极其重要的作用。
(A) 制冷剂 (B) 冷凝剂
(C) 化学试剂 (D) 冷却剂

(二) 判断题

( ) 1. ★衡量汽车空调质量的指标,主要有风量、温度、压力和清洁度。

( ) 2. ★不同地区、不同气候条件,可采用单一采暖或单一冷气功能的空调。

( ) 3. ★打开或松开制冷装置连接管头的方法,将制冷剂迅速排放。

( ) 4. ★氟利昂 R12 无色无味,容易使人中毒。

( ) 5. ★安装电磁离合器时,若空气间隙不合适时,应根据需要增减垫片。

( ) 6. ★移动式空调维修盒是一个可移动的组合体,具有较全面的维修功能。

( ) 7. ★手动空调系统的故障现象有:制冷异常、噪声大、鼓风机不转和操纵失灵等。

( ) 8. ☆空调是在封闭的空间内,对暖风、温度及洁净度进行调节的装置。

( ) 9. ☆冷凝器风扇不转,会导致制冷系统高压侧压力变低。

( ) 10. ☆所有汽车都安装有空气净化装置。

( ) 11. ☆温度、湿度、流速和清洁度是汽车空调的诊断参数。

( ) 12. ☆蒸发器被灰尘等异物堵住,不会影响制冷系统工作。

( ) 13. ☆制冷剂不足是由于泄漏所致,将制冷剂补足即可。

( ) 14. ☆制冷系统中有气泡产生,说明制冷剂不足。

( ) 15. ☆制冷系统有空气,高压侧压力要比正常值低。

( ) 16. ☆除湿加热装置,用以保持车内温度适宜。

( ) 17. ☆采用加压检漏法时,严禁使用可燃气体。

( ) 18. ☆独立热源式加热系统可分为独立热源气暖式和独立热源水暖式。

( ) 19. ☆加热器漏水,会导致加热器产生异味。

( ) 20. ☆加热器芯表面气流受阻,会导致供暖暖气不足。

( ) 21. ☆间歇制冷会导致输出冷气，时有时无。

( ) 22. ☆压缩机皮带轮转动，而压缩机轴不转，说明电磁离合器损坏。

( ) 23. ☆制冷剂管道破裂，系统将失去制冷

作用。

( ) 24. ☆制冷系统有水汽，高压侧压力会过高。

( ) 25. ☆维修空调系统应准备带有空调的汽车一台。

模拟四 空调系统检修（一）试卷题参考答案

1~5	6~10	11~15	16~20	21~25	26~30
DBBCD	CCCCA	CDABC	AADDC	BCBBB	AADDB
31~35	36~40	41~45	46~50	51~55	56~60
CBAAC	CDDDA	BBBAA	BVCDB	DDCBC	DBAPB
61~65	66~67				
CDDCC	AA				

模拟题（二）参考答案

1~5	6~10	11~15	16~20	21~25
×√××√	√××√√	×××××	√√√√√	√√√√√

49

练习五　电控系统检修

（一）选择题

1. ★检测电控燃油喷射系统燃油压力时，应将油压表接在供油管和（　　）之间。
   (A) 燃油泵　　　　(B) 燃油滤清器
   (C) 分配油管　　　(D) 喷油器

2. ★（　　）是发动机电子控制系统正确诊断的步骤。
   (A) 静态模式读取和清除故障码—症状模拟—症状确认—动态故障代码检查
   (B) 静态模式读取和清除故障码—症状模拟—动态故障代码检查—症状确认
   (C) 症状模拟—静态模式读取和清除故障码—动态故障代码检查—症状确认
   (D) 静态模式读取和清除故障码—症状确认—症状模拟—动态故障代码检查

3. ★电控发动机工作不稳的原因是（　　）。
   (A) 喷油器不工作
   (B) 线路接触不良
   (C) 点火正时失准
   (D) 曲轴位置传感器失效

4. ★用诊断仪器诊断和排除电控发动机怠速不平稳时，若仪器上有故障码，则（　　）。
   (A) 检查故障码　　(B) 检查点火正时
   (C) 检查喷油器　　(D) 检查喷油压力

5. ★（　　）属于发动机电子控制系统利用仪器诊断最准确的方法。
   (A) 读取数据流　　(B) 读取故障码
   (C) 经验诊断　　　(D) 自诊断

6. ★电控发动机加速无力，且无故障码，若检查进气管道真空正常下一步检查（　　）。
   (A) 喷油器　　　　(B) 点火正时
   (C) 燃油压力　　　(D) 可变电阻

7. ★在读取故障代码之前，应先（　　）。
   (A) 检查汽车蓄电池电压是否正常
   (B) 打开点火开关，将它置于"ON"位置，但不要启动发动机
   (C) 按下超速挡开关，使之置于"ON"位置
   (D) 根据自动变速器故障警告灯的闪亮规律读出故障代码

8. ★电控发动机故障征兆模拟试验法包括（　　）。
   (A) 专用诊断仪器诊断　(B) 随车故障自诊断
   (C) 简单仪表诊断　　　(D) 加热法

9. ★电控发动机加速无力，且无故障码，若检查进气管道真空正常下一步检查（　　）。
   (A) 喷油器　　　　(B) 点火正时
   (C) 燃油压力　　　(D) 可变电阻

10. ★电控发动机消声器"放炮"故障现象（　　）。
    (A) 发动机怠速不平稳，且易熄火
    (B) 加速时发动机消声器有"放炮"声
    (C) 发动机工作时好坏
    (D) 燃油消耗量过大

11. ★电控汽车驾驶性能不良，可能是（　　）。
    (A) 混合气过浓
    (B) 消声器失效
    (C) 爆震
    (D) 上述3项均正确

12. ★若电控发动机怠速不稳首先应检查（　　）。
    (A) 故障诊断系统　(B) 燃油压力
    (C) 喷油器　　　　(D) 火花塞

13. ★若电控发动机加速无力首先应检查（　　）。
    (A) 加速器联动拉索　(B) 故障诊断系统
    (C) 喷油器　　　　　(D) 火花塞

14. ★若电控发动机消声器"放炮"首先应检查（　　）。
    (A) 加速器联动拉索　(B) 燃油压力
    (C) 喷油器　　　　　(D) 火花塞

15. ★（　　）常用人工经验诊断方法。
    (A) EFI
    (B) 化油器式发动机
    (C) EFI、化油器式发动机均对
    (D) EFI、化油器式发动机均不对

16. ★电控发动机怠速不平稳原因有进气管真空渗漏和（　　）等。
    (A) 电动汽油泵不工作
    (B) 曲轴位置传感器失效
    (C) 点火正时失准
    (D) 爆震传感器失效

17. ★电控发动机怠速不稳的原因是（　　）。
    (A) 节气门位置传感器失效
    (B) 曲轴位置传感器失效
    (C) 点火正时失准
    (D) 氧传感器失效

18. ★发动机（　　）启动，是由EFI主继电器电源失效造成的。
    (A) 正常　　　　　(B) 不能
    (C) 勉强　　　　　(D) 上述3项均正确

19. ★空气流量计失效，可能（　　）。
    (A) 发动机正常启动
    (B) 发动机不能正常启动
    (C) 无影响
    (D) 上述3项均正确
    (E) 无要求

20. ☆EFI主继电器电源失效,可以造成( )。
   (A) 不能制动   (B) 不能转向
   (C) 发动机不能启动 (D) 上述3项均正确

21. ☆QFC-4型微电脑发动机综合分析仪可判断汽油发动机( )。
   (A) 气缸压力   (B) 燃烧状况
   (C) 混合气形成状况 (D) 排气状况

22. ☆安全气囊传感器按结构可分为全机械式、( )、机电式3种类型。
   (A) 开关式   (B) 电子式
   (C) 线性式   (D) 滑动电阻式

23. ☆电控发动机加速无力故障原因( )。
   (A) 燃油压力调节器失效
   (B) 曲轴位置传感器失效
   (C) 凸轮轴位置传感器失效
   (D) 氧传感器不稳

24. ☆电控发动机运转不稳故障原因有( )。
   (A) 进气压力传感器失效
   (B) 曲轴位置传感器失效
   (C) 凸轮轴位置传感器失效
   (D) 氧传感器失效

25. ☆电控发动机诊断的基本方法有( )。
   (A) 水淋法   (B) 随车故障自诊断
   (C) 振动法   (D) 加热法

26. ☆发动机电子控制系统故障诊断目前常用的方法有( )和利用诊断仪器进行诊断。
   (A) 人工诊断   (B) 读取故障码
   (C) 经验诊断   (D) 自诊断

27. ☆电控发动机消声器"放炮",首先应检查( )。
   (A) 加速器联动拉索 (B) 燃油压力
   (C) 喷油器   (D) 火花塞

28. ☆( )是发动机电子控制系统正确诊断的步骤。
   (A) 静态模式读取和清除故障码—症状模拟—症状确认—动态故障代码检查
   (B) 静态模式读取和清除故障码—症状模拟—动态故障代码检查—症状确认
   (C) 症状模拟—静态模式读取和清除故障码—动态故障代码检查—症状确认
   (D) 静态模式读取和清除故障码—症状确认—症状模拟—动态故障代码检查

29. ☆QFC-4型微电脑发动机综合分析仪可判断柴油机( )。
   (A) 喷油状况   (B) 燃烧状况
   (C) 混合气形成状况 (D) 排气状况

30. ☆电控发动机故障诊断原则,包括( )。
   (A) 先繁后简
   (B) 先简后繁
   (C) 先繁后简、先简后繁不对
   (D) 先繁后简、先简后繁均正确

31. ☆发动机不能启动,可能是( )。
   (A) EFI主继电器电源失效
   (B) EFI主继电器电源正常
   (C) EFI主继电器电源失效、EFI主继电器电源正常均不对
   (D) EFI主继电器电源失效、EFI主继电器电源正常均正确

32. ☆检查完汽车蓄电池电压正常后要读取故障码,读取故障码的顺序的第一步应该( )。
   (A) 按下超速挡开关,使之置于ON位置
   (B) 打开点火开关,将它置于ON位置,但不要启动发动机
   (C) 打开位于发动机附近的汽车电脑故障检测插座罩盖,依照罩盖内所注明的各插孔的名称,用一根导线将TE1和E1两插孔相连接
   (D) 根据自动变速器故障警告灯的闪亮规律读出故障代码

33. ☆电控发动机工作不稳定,且无故障码,则要检查的传感器有( )。
   (A) 节气门位置传感器
   (B) 曲轴位置传感器
   (C) 进气压力传感器
   (D) 氧传感器

34. ☆用诊断仪器诊断和排除电控发动机怠速不平稳时,若仪器上有故障码,则( )。
   (A) 检查故障码   (B) 检查点火正时
   (C) 检查喷油器   (D) 检查喷油压力

35. ( )不是电控燃油系统的电子控制系统组成部分。
   (A) 节气门位置传感器
   (B) 曲轴位置传感器
   (C) 怠速旁通阀
   (D) 进气压力传感器

36. ( )用于调节燃油压力。
   (A) 油泵   (B) 喷油器
   (C) 油压调节器   (D) 油压缓冲器

37. ( )不是电控燃油喷射系统中空气供给系统的组成构件。
   (A) 进气管   (B) 空气滤清器
   (C) 怠速旁通阀   (D) 进气压力传感器

38. 步进电机每个定子各有( )对爪极。
   (A) 4   (B) 6
   (C) 8   (D) 10

39. 超声波式卡尔曼涡旋式空气流量计的输出信号是（　）。
    (A) 连续信号　　　　(B) 数字信号
    (C) 模拟信号　　　　(D) 固定信号

40. 低阻抗喷油器的电阻值为（　）Ω。
    (A) 2～3　　　　　　(B) 5～10
    (C) 12～15　　　　　(D) 50～100

41. 电控发动机可用（　）检查油压调节器是否有故障。
    (A) 模拟式万用电表　(B) 万用电表
    (C) 油压表　　　　　(D) 油压表或万用电表

42. 电控发动机控制系统中，（　）存放了发动机各种工况的最佳喷油持续时间。
    (A) 电控单元　　　　(B) 执行器
    (C) 温度传感器　　　(D) 压力调节器

43. 电控发动机燃油泵工作电压检测时，蓄电池电压、燃油泵熔丝、（　）和燃油滤清器均应正常。
    (A) 点火线圈电压　　(B) 燃油泵继电器
    (C) 燃油泵　　　　　(D) 发电机电压

44. 电控发动机燃油喷射系统中的怠速旁通阀是（　）系统组成部分。
    (A) 供气　　　　　　(B) 供油
    (C) 控制　　　　　　(D) 空调

45. 电控汽油喷射发动机（　）是指发动机进气歧管处有可燃混合气燃烧从而产生异响的现象。
    (A) 回火　　　　　　(B) "放炮"
    (C) 行驶无力　　　　(D) 失速

46. 电控汽油喷射发动机回火是指汽车行驶中，发动机有时回火，动力（　）。
    (A) 明显下降　　　　(B) 不变
    (C) 有所下降　　　　(D) 下降或不变

47. 电控汽油喷射发动机运转不稳是指发动机转速处于（　）情况，发动机运转都不稳定，有抖动现象。
    (A) 怠速　　　　　　(B) 任一转速
    (C) 中速　　　　　　(D) 加速

48. 电控燃油喷射（EFI）主要包括喷油量、喷射正时、燃油停供和（　）的控制。
    (A) 燃油泵　　　　　(B) 点火时刻
    (C) 怠速　　　　　　(D) 废气再循环

49. 电控燃油喷射发动机燃油压力检测时，将油压表接在供油管和（　）之间。
    (A) 燃油泵　　　　　(B) 燃油滤清器
    (C) 分配油管　　　　(D) 喷油器

50. 电控燃油喷射系统能实现（　）的高精度控制。
    (A) 空燃比　　　　　(B) 点火高压

    (C) 负荷　　　　　　(D) 转速

51. 对于四缸发动机而言，有一个喷油器堵塞会导致发动机（　）。
    (A) 不能启动　　　　(B) 不易启动
    (C) 怠速不稳　　　　(D) 减速不良

52. 发动机微机控制系统主要由信号输入装置、（　）、执行器等组成。
    (A) 传感器
    (B) 电子控制单元（ECU）
    (C) 中央处理器（CPU）
    (D) 存储器

53. 节气门体过脏会导致（　）。
    (A) 不易启动　　　　(B) 怠速不稳
    (C) 加速不良　　　　(D) 减速熄火

54. 开关式怠速控制阀控制线路断路会导致（　）。
    (A) 不能启动　　　　(B) 怠速过高
    (C) 怠速不稳　　　　(D) 减速不良

55. 冷却液温度传感器安装在（　）。
    (A) 进气道上　　　　(B) 排气管上
    (C) 水道上　　　　　(D) 油底壳上

56. 喷油器滴漏会导致发动机（　）。
    (A) 不能启动　　　　(B) 不易启动
    (C) 怠速不稳　　　　(D) 加速不良

57. 喷油器开启持续时间由（　）控制。
    (A) 电控单元　　　　(B) 点火开关
    (C) 曲轴位置传感器　(D) 凸轮轴位置传感器

58. 喷油器每循环喷出的燃油量基本上决定于（　）时间。
    (A) 开启持续　　　　(B) 开启开始
    (C) 关闭持续　　　　(D) 关闭开始

59. 如热线式空气流量计的热线沾污，不会导致（　）。
    (A) 不易启动　　　　(B) 加速不良
    (C) 怠速不稳　　　　(D) 飞车

60. 如水温传感器线路断路，会导致（　）。
    (A) 不易启动　　　　(B) 加速不良
    (C) 怠速不稳　　　　(D) 飞车

61. 一般来说，电动燃油泵的工作电压是（　）V。
    (A) 5　　　　　　　　(B) 12
    (C) 24　　　　　　　(D) 42

62. 用（　）检查电控燃油汽油机各缸是否工作。
    (A) 数字式万用电表　(B) 单缸断火法
    (C) 模拟式万用电表　(D) 双缸断火法

63. 用诊断仪读取故障码时，应选择（　）。
    (A) 故障诊断　　　　(B) 数据流
    (C) 执行元件测试　　(D) 基本设定

64. 用诊断仪对发动机进行检测，点火开关应

（　）。
(A) 关闭 (B) 打开
(C) 位于启动挡 (D) 位于锁止挡

65. 与传统化油器发动机相比，装有电控燃油喷射系统的发动机（　）性能得以提高。
(A) 综合 (B) 有效
(C) 调速 (D) 负荷

66. （　）用于减小燃油压力波动。
(A) 油泵 (B) 喷油器
(C) 油压调节器 (D) 油压缓冲器

（二）判断题

（　）1. ★不论电控发动机是否在运转，只要在点火开关接通时，决不可断开正在工作的12V的电器装置。

（　）2. ★电控发动机运转不稳的原因有曲轴位置传感器失效。

（　）3. ★电控发动机消声器"放炮"的原因有节气门位置传感器失效。

（　）4. ★示波器为电控发动机常用诊断的通用仪表。

（　）5. ★在读取故障代码之前，应先检查汽车蓄电池电压是否正常，以防止蓄电池电压过低而导致电脑故障自诊断电路工作不正常。

（　）6. ★无分电器点火系统发生故障，如果故障指示灯点亮，应用解码器等仪器进行故障自诊断。

（　）7. ☆检测压电式爆震传感器应选用汽车用万用表直流电压挡。

（　）8. ☆电控系统接触不良，不能导致发动机工作不稳。

（　）9. ☆电控系统接触不良，可以导致发动机工作不稳。

（　）10. ☆读解故障代码，既可以用解码器直接读取，也可以通过警告灯读取故障代码。

（　）11. ☆读取数据流是发动机电子控制系统利用仪器诊断最准确的方法。

（　）12. ☆进气管真空渗漏和点火正时失准能引起电控发动机怠速不平稳。

第二部分 技能操作强化训练

项目一 汽车发动机大修

★训练任务一 气缸体、气缸盖检修

1. 训练要求

◇气缸盖检修：能正确选用量具，按照规范的操作方法对气缸盖裂纹、变形、划痕、高度、燃烧室容积进行检验，得出准确的检验结果，拟定合理的检修方法。

◇气缸体检修：能正确选用量具，按照规范的操作方法对气缸体上下平面的平行度、平面度、主轴承座孔的同轴度及对底平面的平行度、主轴承座孔轴线与凸轮轴轴承座孔轴线的平行度、飞轮壳后端面的径向跳动等进行检验，得出准确的检验结果，拟定合理的检修方案。

2. 训练相关准备

序号	名称	规格	单位	数量	备注
1	汽车（发动机）		辆	1	
2	发动机检测维修工具		套	1	
3	检测平台		个	1	
4	高度游标卡尺		套	1	
5	塞尺		把	1	
6	直尺		把	1	
7	刀口尺		把	1	

3. 评分标准

序号	作业项目	考核内容	配分	评分标准
1	劳保用品穿戴	劳保用品穿戴齐全	5	穿戴不齐全不得分
2	正确选用工具、量具和材料	选用工具、量具和材料齐全准确	5	缺一件扣1分，选错一件扣1分，扣完为止
3	气缸盖的检验	对裂纹、变形、划痕、高度、燃烧室容积的检验方法和检验结果	30	检验方法一处错误扣5分，共20分；检验结果一处错误扣5分，共10分
4	气缸体的检验	对上下平面的平行度、平面度、主轴承座孔的同轴度及对底平面的平行度、主轴承座孔轴线与凸轮轴轴承座孔轴线的平行度、飞轮壳后端面的径向跳动等检验的方法和结果	30	检验方法一处错误扣5分，共20分；检验结果一处错误扣5分，共10分

续上表

序号	作业项目	考核内容	配分	评分标准
5	分析	根据检验结果进行分析是否符合技术标准	5	分析方法错误扣2.5分,判断错误扣2.5分
6	正确使用工具、用具	工具和用具使用正确	10	一种工具或用具使用不正确扣2分,扣完为止;损坏丢失一件工具或用具不得分
7	操作规程	操作规程执行情况	10	违规操作规程不得分
8	清理现场	清理、擦洗并回收工具和用具	5	少收一件工具或用具扣1分,扣完为止
9	分数总计			100
否定项说明:出现重大事故不得分				

4. 操作步骤

◇步骤1:测量气缸体上平面的平面度

(1) 清洁气缸体上平面。

(2) 选择测量部位:在气缸体上平面横向、纵向、对角线方向各选择两个测量部位(共6个)。

(3) 在所选测量部位侧立钢直尺,用塞尺测量最大间隙,记录下间隙值。

(4) 6个测量部位中间隙值最大的一个值即为该气缸体上平面的平面度。

特别提示:气缸体上平面必须清洁,无水垢、积炭、毛刺或凸起等,不能用力按压钢直尺。

◇步骤2:口述气缸体上平面的技术标准,确定相应修理方法

(1) 气缸体上平面的平面度误差小于0.10mm。

(2) 气缸体上平面变形量超出标准较小且属局部,可用"铲刮法"。

(3) 在缸体与缸盖间均匀涂抹研磨砂往复推拉缸盖,使之互研,这种方法称为"互研法"。

(4) 螺纹孔周边凸起处可用"锉磨法",即用细平锉锉平再用油石修磨平整。

(5) 气缸体上平面变形量在0.20mm以内可用"磨铣法",用机床磨削或铣削,磨铣量小于0.04mm。

特别提示:磨铣量大于0.40mm时视为报废,根据步骤1测得的结果确定相应修理方法。

◇步骤3:组装、校对量缸表和测量气缸直径

(1) 选择合适的侧杆固定在量缸表下端,用千分尺校对量缸表,标准值为 $101.30_{\ 0}^{+0.06}$ mm。

(2) 测杆需有2mm的压缩量,旋转表盘是表针对准零位。

(3) 清洁气缸内表面。

(4) 在气缸上、中、下3个截面上的纵向和横向测量气缸直径,记录测量结果。

特别提示:正确使用量缸表。

◇步骤4:确定气缸修理尺寸

(1) 计算圆度误差:测得的每个截面的横向与纵向值之差的一半即为圆度误差。选取上、中、下3个截面中最大的圆度误差,即为该气缸的圆度误差。

(2) 计算圆柱度误差:上、中、下3个截面中的最大值与最小值之差的一半,即为该气缸的圆柱度误差。

(3) 气缸的最大磨损:所有测量尺寸中的最大值减去标准值即为该气缸的最大磨损。

(4) 技术标准:圆度误差≤0.05mm 圆柱度误差≤0.20mm 最大磨损量≤0.40mm。

(5) 确定气缸修理尺寸:气缸磨损的最大直径加上加工余量即为气缸的修理尺寸,加工余量一般取0.10~0.20mm。

(6) 确定修理级别:计算出的修理尺寸与某一修理尺寸级别相近,即按该级别修理。CA1092型发动机气缸标准尺寸为101.6mm,修理级别分为加大0.25mm、0.50mm、0.75mm、1.00mm、1.25mm、1.50mm。

◇步骤5:整理现场工具和设备。

★训练任务二 活塞连杆的检修

1. 训练要求

◇活塞的检修：要求掌握检验活塞表面缺陷、测量活塞裙部磨损的方法，以及用塞尺检验活塞环的侧隙、背隙和端隙，并对检验结果进行分析。

◇连杆的检修：掌握正确使用连杆校验仪对连杆的弯曲变形和扭曲变形进行测量，根据检验的结果进行分析，对变形量超出规定值的情形进行校正，使其恢复至规定范围之内。

◇活塞与连杆装配后的检验与分析：将装配后的活塞连杆总成装入气缸后对活塞裙部变形量、活塞偏缸、缸壁间隙进行检验，根据检验结果分析，判断是否符合技术标准。

2. 训练相关准备

序号	名 称	规 格	单位	数量	备 注
1	汽车（发动机）		辆	1	
2	发动机检测维修工具		套	1	
3	检测平台		个	1	
4	连杆校验仪		套	1	
5	塞尺		把	1	
6	直尺		把	1	

3. 评分标准

序号	作业项目	考核内容	配分	评 分 标 准
1	劳保用品穿戴	劳保用品穿戴齐全	5	穿戴不全不得分
2	正确选用工具、量具和材料	选用工具、量具和材料齐全准确	5	缺一件扣1分，选错一件扣1分，扣完为止
3	活塞的检验	对活塞表面、磨损和活塞环的检验方法和检验结果	10	检验方法一处错误扣2.5分，共5分；检验结果一处错误扣2.5分，共5分
4	气缸体的检验	对上下平面的平行度、平面度、飞轮壳后端面的径向跳动等检验的方法和结果	15	检验方法一处错误扣2.5分，共10分；检验结果一处错误扣2.5分，共5分
5	连杆的检验	对连杆变形检验	15	检验方法一处错误扣2.5分，共10分；检验结果一处错误扣2.5分，共5分
6	活塞与连杆装合（组合）后的检验	对活塞裙部变形量、活塞偏缸、缸壁间隙检验	15	检验方法一处错误扣2.5分，共10分；检验结果一处错误扣2.5分，共5分
7	分析	根据检验结果进行分析，是否符合技术标准	10	分析方法错误扣5分，判断错误扣5分
8	正确使用工具和用具	工具和用具使用正确	10	一种工具或用具使用不正确扣2分，扣完为止；损坏丢失一件工具或用具不得分

续上表

序号	作业项目	考核内容	配分	评分标准
9	操作规程	操作规程执行情况	10	违规操作规程不得分
10	清理现场	清理、擦洗并回收工具和用具	5	少收一件工具或用具扣1分，扣完为止
11		分数总计		100

4. 操作步骤

◇步骤1：测量前的准备

（1）用干净的清洁布清洁连杆轴颈、下轴承。

（2）用压缩空气吹净连杆轴颈、下轴承。

（3）用手安装连杆下轴承，并润滑下轴承。

◇步骤2：测量连杆轴向间隙

（1）先将磁性表座吸附在气缸体上，调整百分表，使百分表表头紧贴在轴承盖的侧面上，然后对百分表预压（1mm）、调零。

（2）用手前后移动连杆轴承盖，同时观察百分表的数值。该连杆轴向间隙为百分表左右偏摆值之和，标准轴向间隙为0.160～0.342mm，最大轴向间隙为0.342mm。

（3）填表，进行结果分析，如果轴向间隙大于最大值，必要时更换连杆总成。如有必要，则更换曲轴。

◇步骤3：测量活塞环侧隙

（1）用干净的清洁布清洁厚薄规。

（2）用记号笔在活塞顶部做好测量位置的记号。

（3）确认新的活塞环零件编号，检查外观有无损伤。

（4）将两道新的活塞环分别放在对应的环槽内，围绕环槽旋转一周，应能自由活动，无阻滞现象。

（5）根据标准侧隙选择厚薄规厚度，测量两道压缩环的侧隙，第1道压缩环的标准侧隙0.02～0.07mm，第2道压缩环的标准侧隙0.02～0.06mm；刮油环的标准侧隙0.02～0.065mm。

◇步骤4：测量活塞环端隙

（1）将第1道压缩环放入相对应的气缸内。

（2）用活塞从气缸体的顶部将活塞环推至活塞环底部，使其行程超过50mm。

（3）用厚薄规测量第1道压缩环端隙，第1道压缩环标准端隙0.2～0.3mm，最大端隙0.5mm。

（4）用同样方法测量第2道压缩环、上下刮油环端隙。第2道压缩环标准端隙0.3～0.5mm，最大端隙0.7mm；上下刮油环的标准端隙0.1～0.4mm，最大端隙0.7mm。

◇步骤5：连杆的检验

用百分表式检验仪检验弯扭变形操作方法如下：

（1）先将连杆盖安装到连杆杆身上（不装连杆轴承），按规定力矩拧紧连杆螺栓。

（2）将专用测量心轴装入已拆除衬套的连杆小头孔中（无专用心轴时可用活塞销代替，但必须预先修配和安装好连杆衬套）。

（3）将连杆大端套装到检验仪的可张心轴上并张紧。

（4）用支撑块支住连杆小头。

（5）将百分表装于表架上，使其测杆与测量心轴接触（尽量保持垂直）并有1mm左右的预压量。

（6）转动百分表表盘使其指针对正零位。

（7）推拉表架使百分表沿测量心轴轴向移动，测出连杆的弯、扭变形量；百分表A反映连杆的扭曲变形，百分表B反映连杆的弯曲变形。

◇步骤6：连杆的校正

在100mm长度上，连杆的弯曲度误差应小于0.03mm、扭曲度误差应小于0.06mm，否则应对其进行校正。

校正连杆弯扭时应注意问题：
(1) 反向变形量大小应适当，应尽量避免反复校正。
(2) 当连杆弯扭并存时，应先校正扭曲后校正弯曲。

★训练任务三　曲轴的检修

1. 训练要求

◇曲轴外观检验：掌握磁力探伤或渗油法对曲轴裂纹进行检验的操作，目测曲轴各轴颈的表面粗糙度变化情况（磨损痕迹）。

◇曲轴磨损量检测：掌握千分尺的正确测量与读数方法，能根据各轴颈的磨损规律选择测量部位，并根据测量结果计算轴颈的圆度和圆柱度，判断是否需要修复。

◇曲轴变形量检测：能用V形铁在测量平台上精确地支撑好曲轴，熟练掌握用百分表测量曲轴弯曲度和扭曲度的操作，判断曲轴能否继续使用。

2. 训练相关准备

序号	名　称	规　格	单位	数量	备　注
1	汽车发动机曲轴		根	1	
2	发动机检测维修工具		套	1	
3	检测平台		个	1	
4	V形铁		对	1	
5	千分尺	25～50mm，50～75mm	把	各1	
6	带磁力表座百分表		个	1	
7	方箱		个	1	

3. 评分标准

序号	作业项目	考核内容	配分	评分标准
1	劳保用品穿戴	劳保用品穿戴齐全	5	穿戴不全不得分
2	正确选用工具、量具和材料	选用工具、量具和材料齐全准确	5	缺一件扣1分，选错一件扣1分，扣完为止
3	检查曲轴裂纹	检查方法和检查结果	10	检查方法错误扣5分，检查结果错误扣5分
4	曲轴支撑	曲轴支撑位置，校正方法和校正的质量	5	支撑位置错误扣2分，校正方法错误扣2分，校正有误差扣1分
5	曲轴测量并确定修理尺寸	测量轴颈，并判断是否需要修磨，确定修理尺寸	10	测量一处错误扣2分，共4分；结论错误扣3分；修理尺寸确定错误扣3分
6	测量弯曲	测量径向圆跳动和端面圆跳动的方法和测量结果	10	测量方法一处错误扣2分，共6分；测量结果一处错误扣2分，共4分
7	测量扭曲	测量方法和测量结果	10	测量方法一处错误扣2分，共6分；测量结果一处错误扣2分，共4分
8	测量曲柄半径	测量方法和测量结果	10	测量方法一处错误扣2分，共6分；测量结果一处错误扣2分，共4分

续上表

序号	作业项目	考核内容	配分	评分标准
9	结论	判断曲轴可否继续使用	10	判断一处错误扣5分，共10分
10	正确使用工具和用具	工具和用具使用正确	10	一种工具或用具使用不正确扣2分，扣完为止；损坏丢失一件工具或用具不得分
11	操作规程	操作规程执行情况	10	违反操作规程不得分
12	清理现场	清理、擦洗并回收工具和用具	5	少收一件工具或用具扣1分，扣完为止
13		分数总计		100

4. 操作步骤

◇步骤1：检测前准备

技术要求：径向圆跳动误差一般应小于0.06mm；曲轴轴颈：圆度和圆柱度误差一般小于0.012 5mm。

◇步骤2：曲轴弯曲变形的检测

将曲轴放在检测平台上的V形块上，百分表指针抵触在中间主轴颈上，转动曲轴一圈，百分表指针的摆差一般小于0.06mm。

◇步骤3：曲轴磨损的检测

用外径千分尺或游标卡尺来测量主轴颈及连杆轴颈的磨损量，从而计算圆及圆柱度误差来判别曲轴是否需要大修。

（1）根据曲轴轴颈选用适当量程的外径千分尺。

（2）依据磨损规律用外径千分尺在曲轴主轴颈及连杆轴颈分别测量磨损量，并计算圆度、圆柱度误差。先在轴颈油孔的两侧测量，然后选择90°再次测量。每一轴颈选取两个截面，每个截面大约选在轴颈长度的1/3处。

（3）注意事项。

①曲轴轴颈表面不允许有横向裂纹。对横向裂纹，其深度如在轴颈修理尺寸以内，可通过磨削磨掉，否则应予以报废。

②发动机曲轴圆度、圆柱度误差大于0.025mm时，应按修理尺寸磨修。

③桑塔纳、捷达轿车发动机曲轴轴颈修理分为三级修理尺寸，每0.25mm为一级。

④曲轴的材质不同，冷压校正时操作要求不同，注意防止曲轴折断或出现新的裂纹。

⑤注意区分轴颈径向圆跳动误差、曲轴轴线的直线度误差及弯曲度等指标之间的关系。

⑥测量曲轴轴颈尺寸及圆度、圆柱度误差时，应与油孔错开。

☆训练任务四　转子式润滑油泵的检修

1. 训练要求

◇总成分解与清洗：掌握转子式润滑油泵的分解步骤和方法，并进行清洗。

◇零件的检测：掌握用塞尺检查内、外转子的齿顶间隙，检查转子端面间隙，检查外转子与泵体的间隙。

◇装配与测试：掌握转子式机油泵的装配步骤及注意事项，并对泵油压力进行测试。

2. 训练相关准备

序号	名 称	规 格	单位	数量	备 注
1	汽车（发动机）		辆	1	
2	发动机检测维修工具		套	1	
3	检测平台		个	1	
4	（发动机）润滑油泵总成		套	1	
5	塞尺		把	1	
6	游标卡尺		把	1	

3. 评分标准

序号	作业项目	考核内容	配分	评 分 标 准
1	劳保用品穿戴	劳保用品穿戴齐全	5	穿戴不全不得分
2	正确选用工具、量具和材料	选用工具、量具和材料齐全准确	5	缺一件扣1分，选错一件扣1分，扣完为止
3	转子式润滑油泵总成分解与清洗	检查方法和检查结果	10	检查方法错误扣5分，检查结果错误扣5分
4	转子式润滑油泵零件的检测	检查方法和检查结果	25	检查方法错误扣10分，检查结果错误扣15分
5	装配与泵油压力的检查	检查方法和检查结果	25	检查方法错误扣10分，检查结果错误扣15分
6	正确使用工具和用具	工具和用具使用正确	10	一种工具或用具使用不正确扣2分，扣完为止；损坏丢失一件工具或用具不得分
7	操作规程	操作规程执行情况	15	违反操作规程不得分
8	清理现场	清理、擦洗并回收工具和用具	5	少收一件工具或用具扣1分，扣完为止
9	分数总计		100	

4. 操作步骤

◇步骤1：用塞尺检查外转子与泵体之间的间隙，标准值为0.10～0.16mm，超过0.20mm应换用新件。

◇步骤2：用塞尺检查内、外转子齿顶端面间隙，标准值为0.04～0.12mm，超过0.18mm应换用新件。

◇步骤3：用直尺和塞尺检查内转子轴向间隙，标准值为0.03～0.09mm，使用极限值为0.15mm。

◇步骤4：检查限压阀是否有刮伤，限压阀柱塞在阀孔内有无磨损，间隙是否增大而松旷，如有，应换用新件；若弹簧弹力下降，应更换新件。

◇步骤5：转子式润滑油泵的装配与试验

（1）安装内、外转子时，应把有标记的一面对着润滑油泵的壳体（朝向上方）。

（2）润滑油泵装复后，将润滑油泵浸入清洁的润滑油盆内，按顺时针方向转动泵轴，直到润滑油从油孔中流出为止。再用拇指堵住出油孔，继续转动泵轴，若泵轴转动阻力增大为正常。

☆训练任务五 发动机排放系统的检测

1. 训练要求

◇汽油机排放的检测：掌握废气分析仪的正确操作方法和步骤，能采用双怠速法、稳态工况法和瞬态工况法进行废气检测分析。

◇检测结果分析：根据检测结果分析判断引起发动机排放超标的原因。

2. 训练相关准备

序号	名 称	规 格	单位	数量	备 注
1	汽车		辆	1	
2	发动机检测维修工具		套	1	
3	起动设备		台	1	
4	汽油发动机废气分析仪		套	1	
5	电源插座	带有数字显示电压	只	1	

3. 评分标准

序号	作业项目	考核内容	配分	评分标准
1	劳保用品穿戴	劳保用品穿戴齐全	5	穿戴不全不得分
2	正确选用工具、量具和材料	选用工具、量具和材料齐全准确	5	缺一件扣1分，选错一件扣1分，扣完为止
3	五气体分析仪与待测车辆的准备	设备管、线连接，预热车辆	20	每个步骤方法错误扣4分，共20分
4	双怠速法检测	分析仪的设置、操作要领及安全注意事项	20	检查方法错误扣10分，检查结果错误扣10分
5	检测结果分析	分析各种气体成分超标的原因	20	分析方法错误扣10分，分析结果错误扣10分
6	正确使用工具和用具	工具和用具使用正确	10	一种工具或用具使用不正确扣2分，扣完为止；损坏丢失一件工具或用具不得分
7	操作规程	操作规程执行情况	15	违反操作规程不得分
8	清理现场	清理、擦洗并回收工具和用具	5	少收一件工具或用具扣1分，扣完为止
9	分数总计			100

4. 操作步骤

◇步骤1：仪器的预热

打开主电源（仪器电源、气泵电源），检查电路、气路及控制是否正常。气泵打开后，至少预热15min。

注意：在预热时不要按动任何键，让其自动完成预热；同时取样探头不要接入到排气管中，预热前将测漏帽取下。

◇步骤2：校准

进入功能选择屏，设定值区根据标准气体的浓度值来设定相应的数值。测量值区为通入标准气时显示的实际浓度值。校准成功后测量值应和设定值基本一致。

◇步骤3：泄漏检查

检查仪器取样系统是否泄漏：连接好取样管和取样探头后，用测漏帽堵住进气口以及标气口，按下"OK"开始检查。当仪器测量数值偏低时，先进行此项检查。如不合格，检查粉尘过滤器盖和粉尘过滤器底座之间有否拧紧，粉尘过滤器底座螺纹是否破裂，除水器接头是否拧紧。

◇步骤4：双怠速法测量（按照国家双怠速标准进行测试）

（1）将取样探头插入车辆排气管内约40cm，直到测试流程结束才可取出探头，并将转速传感器夹在发动机高压火线上。

（2）仪器提示加速，操作者要把发动机转速加到额定转速的70%，具体数值在目标转速位置提示。显示界面会出现"保持"和10s的倒计时。倒计时完成后，进入下个步骤。

（3）仪器提示减速到高怠速转速。此时操作者应该松开油门，当发动机转速降到高怠速范围时，显示界面会出现"保持"和15s的倒计时。倒计时完成，进入下个步骤。

（4）取数30s，这个过程有倒计时。倒计时完毕，显示30s内的测试平均值。

（5）仪器提示减速到怠速转速。此时操作者应该松开油门，当发动机转速降到怠速范围时，显示界面会出现"保持"和15s的倒计时。倒计时完成，进入下个步骤。

（6）取数30s，这个过程有倒计时。倒计时完毕，显示30s内的测试平均值。

（7）按下"OK"键可以打印这个测试结果，按"💾"键可保存当前测试结果。

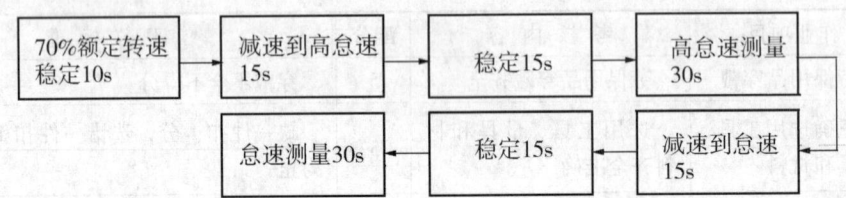

（8）测量结果的记录。需记录试验时的发动机转速，以及排气中的 CO、CO_2、HC 排放的体积分数值。

训练任务六　柴油机喷油器的检测

1. 训练要求

◇喷油器的压力试验：掌握在喷油器试验台上进行压力试验，测出喷油器的喷油压力值是否符合技术规定，否则就应调整调压弹簧的预紧力。

◇喷油器的密封性测试：掌握在喷油器试验台上测试喷油器密封性能的方法。

◇喷油器的喷射质量测试：掌握运用喷油器试验台测试喷射雾化质量和喷油锥角的方法。

2. 训练相关准备

序号	名　称	规　格	单位	数量	备　注
1	汽车（柴油发动机）		台	1	
2	A 型喷油泵	YC6105QC	台	1	
3	喷油器试验台		个	1	
4	发动机检测维修工具		套	1	

3. 评分标准

序号	作业项目	考核内容	配分	评分标准
1	劳保用品穿戴	劳保用品穿戴齐全	5	穿戴不全不得分
2	正确选用工具、量具和材料	选用工具、量具和材料齐全准确	5	缺一件扣1分，选错一件扣1分，扣完为止

续上表

序号	作业项目	考核内容	配分	评分标准
3	喷油器的检查	喷油器的安装及喷油压力的检查	10	喷油器安装错误扣4分,检查方法错误扣6分
4	喷油器喷油压力的调整	调整喷油器喷油压力	10	调整一处错误扣2分,共4分;结论错误扣3分;修理尺寸确定错误扣3分
5	喷射雾化质量测试	测试喷射雾化质量	10	测试方法一处错误扣2分,共6分;测试结果一处错误扣2分,共4分
6	喷射锥角测试	测试喷油锥角	10	测试方法一处错误扣2分,共6分;测试结果一处错误扣2分,共4分
7	喷油器的密封性测试	在喷油器试验台上测试喷油器密封性能	15	测试方法一处错误扣2分,共10分;测试结果一处错误扣1分,共5分
8	结论	判断喷油器可否继续使用	10	判断一处错误扣5分,共10分
9	正确使用工具和用具	工具和用具使用正确	10	一种工具或用具使用不正确扣2分,扣完为止;损坏丢失一件工具不得分
10	操作规程	操作规程执行情况	10	违反操作规程不得分
11	清理现场	清理、擦洗并回收工具和用具	5	少收一件工具或用具扣1分,扣完为止
12	分数总计			100

4. 操作步骤

◇步骤1:针阀偶件滑动性检查

(1) 将针阀体倾斜约60°,拉出针阀长度约1/3(如图2-1所示)。

(2) 松手后,针阀应在自重作用下平稳缓缓地落入针阀座内。

(3) 将针阀相对于阀座转过任意角度重复(1)、(2)试验。

(4) 若针阀在某一角度不能平稳下滑,则应更换针阀偶件。

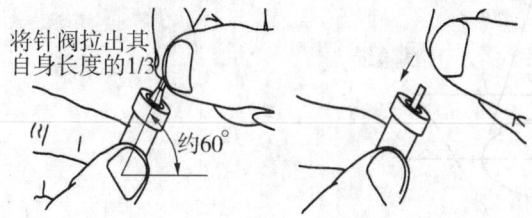

图2-1 检查针阀偶件滑动性

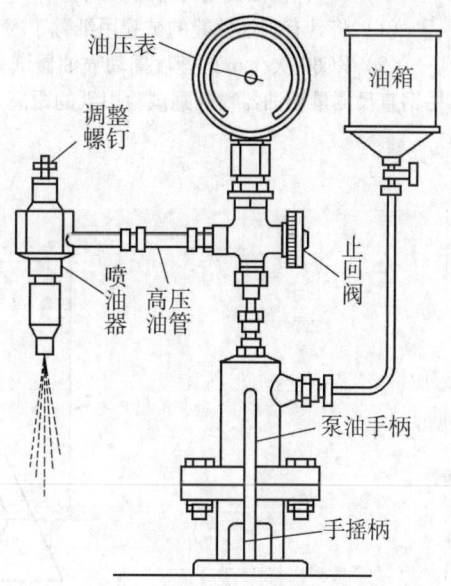

图2-2 喷油器与喷油器试验台连接

◇步骤2:喷油压力及密封性试验

(1) 按正确方法组装喷油器总成。

(2) 将喷油器与喷油器试验台按正确方法进行连接（如图2-2所示）。

(3) 用螺丝刀拧松喷油器压力调整螺钉，快速摇动喷油器试验台手摇柄，排出油路和喷油器内的空气和油污。

(4) 用螺丝刀慢慢拧紧喷油器压力调整螺钉，并缓慢泵油，当喷油器试验台油压表指针读数等于试验喷油器规定喷油压力值时，即拧紧喷油器压力调整螺钉锁紧螺母，再泵油观察喷油压力是否有变化，若无变化则说明喷油压力已调至规定值。

(5) 维持略低于规定喷油压力约5s，如喷油器喷孔处无明显滴漏，则说明密封性良好。

◇步骤3：喷油器雾化质量、断油干脆性试验

(1) 以60次/min的速度摇动喷油器试验台手摇柄进行泵油，用肉眼观察喷雾油粒，油雾应细小、均匀、无明显油滴，多孔式喷油器应形成一个雾化良好的小锥状的油束，各油束间隔角度应符合原厂规定 [如图2-3 (a) 所示]。轴针式喷油器，喷雾应为圆锥形，并不得有偏斜，且油雾应细小、均匀 [如图2-3 (b) 所示]。

(2) 以30～60次/min的速度摇动喷油器试验台手摇柄进行泵油。当油雾喷出时，耳朵应听到"泼、泼……"跳跃式的喷油声，并无针阀与阀体间的摩擦声。

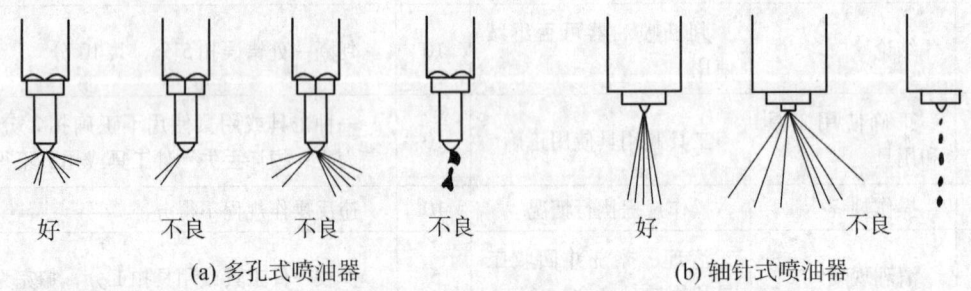

图2-3 喷油器喷油质量

◇步骤4：喷油器喷射锥角的试验

(1) 将具有吸油性能的试验用纸置于喷油器喷孔正下方（如图2-4所示）。

(2) 以60次/min的速度摇动喷油器试验台手摇柄进行泵油，待试验用纸趋于中心位置被冲出圆圈时，用钢直尺测量喷油器喷孔到试验用纸的距离 H、圆圈直径 d。

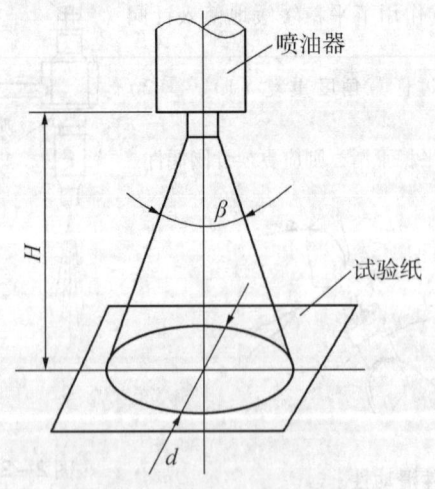

图2-4 喷油器雾化锥角试验

训练任务七　水泵的检修

1. 训练要求

◇总成分解与清洗：掌握水泵的分解步骤和方法，并进行清洗。

◇零件的检测：掌握用塞尺检查内、外转子的齿顶间隙，检查转子端面间隙，检查外转子与泵体的间隙。

◇装配与测试：掌握水泵的装配步骤及注意事项，并对泵水压力进行测试。

2. 训练相关准备

序号	名　　称	规　　格	单位	数量	备　　注
1	汽车（发动机）		辆	1	
2	发动机检测维修工具		套	1	
3	检测平台		个	1	
4	（发动机）水泵总成		套	1	
5	塞尺		把	1	
6	游标卡尺		把	1	

3. 评分标准

序号	作业项目	考核内容	配分	评分标准
1	劳保用品穿戴	劳保用品穿戴齐全	5	穿戴不全不得分
2	正确选用工具、量具和材料	选用工具、量具和材料齐全准确	5	缺一件扣1分，选错一件扣1分，扣完为止
3	水泵总成分解与清洗	检查方法和检查结果	10	检查方法错误扣5分，检查结果错误扣5分
4	水泵零件的检测	检查方法和检查结果	25	检查方法错误扣10分，检查结果错误扣15分
5	装配与泵水压力的检查	检查方法和检查结果	25	检查方法错误扣10分，检查结果错误扣15分
6	正确使用工具和用具	工具和用具使用正确	10	一种工具或用具使用不正确扣2分，扣完为止；损坏丢失一件工具或用具不得分
7	操作规程	操作规程执行情况	15	违反操作规程不得分
8	清理现场	清理、擦洗并回收工具和用具	5	少收一件工具或用具扣1分，扣完为止
9	分数总计			100

4. 操作步骤

◇步骤1：外观检查

检查泵体及皮带轮有无磨损及损伤，必要时应更换新件。检查水泵轴有无弯曲、轴颈磨损程度、轴端螺纹有无损坏。检查叶轮上的叶片有无破碎、轴孔磨损是否严重。检查水封和胶木垫圈的磨损程度，如超过使用限度应更换新件。检查轴承的磨损情况，可用表测量轴承的间隙，如超过0.10mm，则应更换新的轴承。

◇步骤2：分解检查

水泵取出后按顺序进行分解。分解后应将零件进行清洗，再逐一检查，看是否有裂纹、损坏及磨损等缺陷，如有严重缺陷者应予更换。

◇步骤3：检修

（1）水封及座的修理：水封如磨损起槽，可用砂布磨平，如磨损过甚应予更换新件。水封座如有毛糙刮痕，可用平面铰刀或在车床上修理。在大修时应更换新的水封组件。

（2）在泵体上具有下列损伤时允许焊修：长度在30mm以内，不伸展到轴承座孔的裂纹；与气缸盖接合的突缘有破缺部分；油封座孔有损伤。水泵轴的弯曲不得超过0.05mm，否则应更换新件，叶轮叶片破损应予更换新件。水泵轴孔径磨损严重应更换或镶套修复。

（3）检查水泵轴承是否转动灵活或有异常响声，如有说明轴承有问题，应予更换。

◇步骤4：调试

水泵装配好后用手转动一下，泵轴应无卡滞、叶轮与泵壳应无碰擦。然后检查水泵排水量，如有问题应检查原因并排除。如果水泵出现故障，冷却液将无法到达相应的地方，其性能就得不到有效的发挥，最终影响到发动机的工作情况。因此，必须加强对水泵的检查工作。

项目二 汽车发动机故障诊断与排除

★训练任务一 诊断与排除发动机不能启动故障

1. 训练要求

◇分析故障：掌握从电路（点火系统）、油路（燃油供给系统）、发动机内部机械（缸压）这三个方面进行故障分析，理清排除故障的思路。

◇排除故障：根据先简后繁、先易后难、先外后内的故障排除原则，拟定诊断与排除故障的方案。

◇验证效果：检验发动机能否正常启动，并对已经排除的故障点做模拟验证，验证故障确已排除。

2. 训练相关准备

（1）设备及设施准备

序号	名　　称	规　　格	单位	数量	备　　注
1	汽油车		辆	1	
2	常用工具		套	1	

（2）故障设置及选取原则

序号	故 障 设 置	选 取 原 则
1	低压电路短路或断路	
2	高压电路故障	
3	油路不来油	在所列故障中任意选取一项
4	点火不正时	
5	火花塞不跳火	

3. 评分标准

序号	考 核 内 容	配分	评 分 标 准
1	劳保用品穿戴	5	劳保用品穿戴齐全
2	正确使用工具和仪表	5	使用工具仪器错误扣5分，个别使用不当酌情扣分
3	根据故障现象分析原因	20	检查方法错误扣5分，检查程序错误扣5分，检查结果错误扣10分
4	诊断故障部位	25	不能明确诊断的扣10分
5	运用正确方法排除故障	20	不能排除故障的扣10分，自制一处故障扣5分
6	验证排除效果	10	不能排除扣10分，自制一处故障扣5分
7	遵守安全操作规程，正确使用工量具，操作现场整洁	10	违反规定的每项扣2分，扣完为止
	安全用电，防火，无人身和设备事故	5	因违规操作发生重大人身或设备事故，此题按0分计
8	分数总计	100	一种工具或用具使用不正确扣1分，扣完为止。损坏丢失一件工具或用具不得分

4. 故障现象

接通启动开关时,起动机能带动发电机正常运转,但不能启动发动机,且无着车征兆。

5. 故障原因

(1) 油箱中无油。

(2) 保险丝熔断。

(3) 启动时节气门全开。

(4) 电动燃油泵不工作。

(5) 喷油器不工作。

(6) 油路压力过低。

(7) 点火系统故障、无高压火正时与标准相差大。

(8) 正时皮带过松或断裂,发生跳齿故障。

(9) 发动机气缸压缩压力过低。

(10) 三元催化转化器堵塞。

(11) 电脑或发动机搭铁不良。

(12) 曲轴或凸轮轴位置传感器故障。

(13) 防盗系统故障。

6. 故障诊断与排除

电控燃油喷射系统的一般故障通常不会导致发动机不能启动。如果出现发动机不能启动且无着车征兆的故障,原因一定是发动机的点火系统、燃油系统、控制系统或机械系统四者之中的一个或一个以上完全丧失了功能。因此,发动机不能启动的故障诊断与排除应重点集中在上述四个系统中。

(1) 检查油箱的存油情况。打开点火开关,若燃油表指针不动或油量警告灯点亮,则说明油箱内无油,应加足燃油后再启动。

(2) 采用正确的启动操作方法,通常电控燃油喷射式发动机控制系统要求启动时不踩加速踏板。如果在启动时将加速踏板完全踩下或反复踩加速踏板以求增加供油量,则往往会使控制系统的溢油消除功能起作用,从而导致喷油器不喷油或少喷油,造成发动机不能启动。

(3) 检查点火系统。正确检查无高压火的方法,从分电器上拔下高压总线让高压总线末端距离缸体7~10mm 或从缸盖上拔下高压分线。将一个火花塞接在高压分线上,将火花塞接地。接通启动开关用起动机带动发电机运转,同时观察高压总线末端或火花塞电极处有无强烈的蓝色火花。如果没有火花或火花很弱,则说明点火系统有故障。

(4) 读故障码。如有故障码,则可按显示的故障码查找故障部位(CKP 故障码、点火器故障码)。

如无故障码,则分别检查点火系统的高压线、分电器盖、高压线圈、各缸火花塞、点火器、分电器、曲轴位置传感器及点火控制系统电脑。易损部件为点火器应重点检查。

(5) 检查分电器轴正时皮带断裂或轮齿滑脱。拆正时带罩摇转曲轴,同时检查分电器轴有无转动。如分电器轴不转动,则说明正时带断裂或轮齿滑脱,应拆检正时机构和气门机构,查找导致正时带断裂的原因排除故障后,再更换新的正时带。

(6) 检查电动燃油泵工作是否正常。如果电动燃油泵不工作,应检查熔丝、继电器以及电动燃油泵控制电路等。如果电路正常说明电动燃油泵有故障,应更换新件。

(7) 检查点火正时。如果点火提前角与标准相差太大,则也会出现启动时毫无启动征兆的故障现象。

(8) 检查喷油器是否喷油,检查喷油器控制电路。

(9) 检查燃油系统压力。

(10) 检查气缸压缩压力。

若上述检查均正常,则应检查气缸压缩压力。若气缸压缩压力低于 0.8MPa 则说明发动机机械部分有故障,应拆检发动机。

★训练任务二　诊断与排除发动机启动困难故障

1. 训练要求

◇分析故障:要求能通过观察启动困难的现象特征,从油路(油压过低或过高)、电路(电火花弱、点火正时不准)、怠速阀、缸压等方面分析判断故障原因,理清排除故障的思路。

◇排除故障:根据分析故障得出的思路和一般原则,先从故障指示灯开始读取故障码,再对相关的电路元件进行检测,然后对机械部分的油压、缸压进行检测以确定故障部位。

◇验证效果:检验发动机能否顺利启动,并对已经排除的故障点做模拟验证,验证故障确已排除。

2. 训练相关准备

(1) 设备及设施准备

序号	名 称	规 格	单位	数量	备 注
1	汽油车		辆	1	
2	常用工具		套	1	

(2) 故障设置及选取原则

序号	故 障 设 置	选 取 原 则
1	供油不足	
2	混合气过稀或过浓	
3	火花塞、分电器或点火线圈有故障	在所列故障中任意选取一项
4	个别缸断火不工作	
5	点火过迟或过早	
6	电源电压过低	

3. 评分标准

序号	考 核 内 容	配分	评 分 标 准
1	劳保用品穿戴	5	劳保用品穿戴齐全
2	正确使用工具和仪表	5	使用工具仪器错误扣5分,个别使用不当酌情扣分
3	根据故障现象分析故障原因	20	检查方法错误扣5分,检查程序错误扣5分,检查结果错误扣10分
4	故障部位诊断	20	不能诊断的扣10分
5	运用正确方法排除故障	15	不能排除故障的扣10分,自制一处故障扣5分
6	验证排除效果	10	不能排除扣10分,自制一处故障扣5分,扣完为止
7	遵守安全操作规程,正确使用工量具	10	违反规定的每项扣1分,扣完为止
	安全用电、防火、无人身和设备事故、现场整洁	5	因违规操作发生重大人身或设备事故,此题按0分计
8	分数总计	100	一种工具或用具使用不正确扣1分,扣完为止。损坏丢失一件工具或用具不得分

4. 故障现象

启动发动机时起动机能带动发电机正常运转,有轻微着车征兆,但不能启动发动机。

5. 故障原因

(1) 进气漏气。
(2) 点火提前角不正确。
(3) 高压火太弱。
(4) 冷启动喷油器不工作。
(5) 电动燃油泵油压调节器工作不良,燃油滤芯器堵塞,导致燃油压力太低。
(6) 冷却温度传感器有故障。
(7) 空气滤芯器堵塞。
(8) 空气流量传感器有故障。
(9) 进气歧管压力传感器有故障或真空管脱落。
(10) 喷油器裸露或堵塞。
(11) 喷油控制系统有故障。
(12) 排气管堵塞。
(13) 发动机气缸压力低。

6. 故障诊断与排除

有着车征兆而不能启动,说明点火系统、燃油系统和控制系统虽然工作失常,但并没有完全丧失功能。这种不能启动故障的原因不外乎是高压火花太弱、点火正时不正确、混合气太稀、混合气太浓、气缸压力太低等。一般应先检查点火系统,然后再检查进气系统,燃油系统和控制系统,之后检查排气管是否堵塞,最后检查发动机气缸压力。

(1) 先进行故障自诊断,检查有无故障码。会影响发动机启动性能的部件有 CKP、CMP、THW、MAF/MAP。如果空气流量计信号或进气歧管绝对压力传感器信号出现错误时,有可能引起发动机在启动后瞬间不能平稳运转而导致启动失败。看起来就像有启动征兆,但不能启动。而发动机电脑判断 MAF/MAP 传感器失效而记忆故障码时,一般均会启用故障失效保护功能或备用系统,这时发动机一般都能起动。

(2) 检查高压火花。

(3) 检查空气滤清器。如果滤芯堵塞,可拆掉滤芯后再启动发动机。如果此时发动机正常启动,则应更换滤芯。

(4) 检查进气系统有无漏气。对采用空气流量计测量进气量的电控系统在空气流量计之后的进气管管道有漏气就会影响进气量测量的准确性,从而使混合气变稀。严重的漏气会导致发动机不能启动。检查部件进气软管有无破裂,各处接头卡箍有无松脱,谐振腔有无破裂,曲轴箱强制通风软管是否接好。此外,EVAP 系统和 EGR 系统出现故障也会影响启动系统。

(5) 检查火花塞电极间隙。火花塞正常间隙一般为 0.8mm,电子点火的为 1.2mm。观察火花塞表面只有少量的燃油,则说明喷油器油量太少。此时检查启动时油泵是否工作。如果火花塞表面有大量潮湿的燃油,则说明喷油器油量太多。此时应检查喷油器。

(6) 检查喷油量。喷油量太大或太小也可能是由空气流量计或冷却水温传感器所致。

(7) 调整点火正时,如果点火器提前角调大或调小后,发动机就能启动,则说明点火正时不正确,应将点火正时调整准确。

(8) 检查排气管是否堵塞。拆下某一缸或两缸火花塞,同时拔下这一缸或两缸的喷头器插头,不让其喷油,再起动发动机,如能起动,则说明排气管堵塞。

(9) 检查气缸压力是否正常。

☆训练任务三 诊断与排除电控发动机怠速不良故障

1. 训练要求

◇分析故障:要求根据怠速不稳定(转速忽高忽低、发动机抖动、易熄火)的现象特征,从空气滤清器堵塞、怠速旁通阀、节气门位置传感器或其电路、个别缸火花塞不工作、个别喷油器不喷油等方面进行分析。

◇排除故障:根据先简后繁、先易后难、先外后内的故障排除原则,拟定诊断与排除故障的方案。

◇验证效果:检验发动机无论冷车或热车,怠速都已正常,并对已经排除的故障点做模拟验证,验证故障确已排除。

2. 训练相关准备

（1）设备及设施准备

序号	名 称	规 格	单位	数量	备 注
1	汽油车		辆	1	
2	常用工具		套	1	

（2）故障设置及选取原则

序号	故 障 设 置	选 取 原 则
1	空气滤清器堵塞	在所列故障中任意选取一项
2	怠速旁通阀有故障	
3	节气门位置传感器或其电路故障	
4	个别缸火花塞故障	
5	个别喷油器或线路故障	

3. 评分标准

序号	考 核 内 容	配分	评 分 标 准
1	劳保用品穿戴	5	劳保用品穿戴齐全
2	正确使用工具和仪表	10	使用工具仪器错误扣4分，个别使用不当酌情扣分
3	根据故障现象分析故障原因	20	检查方法错误扣5分，检查程序错误扣5分，检查结果错误扣10分
4	故障部位诊断	20	不能明确诊断的扣20分
5	运用正确方法排除故障	20	不能排除故障的扣10分，自制一处故障扣5分，扣完为止
6	验证排除效果	10	不能排除扣10分，自制一处故障扣5分，扣完为止
7	遵守安全操作规程，正确使用工量具，操作现场整洁	10	每项扣1分，扣完为止
	安全用电，防火，无人身和设备事故	5	因违规操作发生重大人身或设备事故，此题按0分计
8	分数总计		100

4. 故障现象

（1）发动机冷车运转时怠速不稳或过低、易熄火、热车后怠速恢复正常。

（2）发动机冷车时怠速正常，热车后怠速不稳，怠速转速过低或熄火。

5. 故障原因

（1）附加空气阀故障。

（2）怠速控制阀（旁通阀）故障。

(3) 冷却液温度传感器故障。
(4) 空气滤清器堵塞。
(5) 节气门位置传感器或电路故障。
(6) 喷油器雾化不良或堵塞。
(7) 个别缸火花塞故障。
(8) 个别喷油器或线路故障。

6. 故障诊断与排除

(1) 进行故障自诊断,检查有无故障码。如有则按显示的故障码查找故障原因。

(2) 检查附加空气阀。拆下附加空气阀,检查在冷车状态下附加空气阀的阀门是否开启。如有异常,则应更换新件。

(3) 检查怠速控制阀。熄火后拔下怠速控制阀线束插头,待发动机启动后再插上。如果发动机转速没有变化,说明怠速控制阀不工作,应检查控制电路或拆检怠速控制阀。

(4) 测量冷却液温度传感器。

(5) 拆检、清洗各缸喷油器,检查清洗后的喷油器工作情况,如有雾化不良、漏油或喷油量不符合标准,应更换新件。

(6) 检查各缸火花塞情况,视情况更换火花塞或调整火花塞间隙。

(7) 测量各缸高压线电阻,若阻值大于25kΩ,或高压线外表有漏点或击穿的痕迹,则应更换高压线。

(8) 检查电脑搭铁线及发动机机体是否搭铁良好。可在打开点火开关后,测量电脑搭铁线(或故障诊断座内搭铁线、发动机机体)和电瓶负极之间的电压。若该电压大于1V,说明电脑搭铁线或发动机搭铁不良。可检查搭铁线的接地端有无松动或锈蚀,也可重新引一条搭铁线。

☆训练任务四 诊断与排除发动机回火、"放炮"故障

1. 训练要求

◇分析故障:根据故障特征从喷油器滴漏或堵塞、油压调节器失灵、进气压力传感器或电路故障、燃油泵电路故障等方面进行分析,理清思路。

◇排除故障:依次检查故障指示灯、熔断器、电器元件、油压、喷油器,确定故障点。

◇验证效果:检验发动机的回火、"放炮"故障已正常,并对故障点做模拟验证。

2. 训练相关准备

(1) 设备及设施准备

序号	名　　称	规　　格	单位	数量	备　注
1	汽油车		辆	1	
2	常用工具		套	1	

(2) 故障设置原则

序号	故障部位或设置方式	选取原则
1	空气流量传感器(或进气压力传感器)	从左侧所列项目中选取两个项目进行故障设置。组合原则为项目1、5中选取1个,项目2~4中选取1个
2	漏真空	
3	燃油压力过低	
4	进气门关闭不严	
5	怠速控制阀失效	

3. 评分标准

序号	作业项目	考核内容	配分	评分标准
1	劳保用品穿戴	劳保用品穿戴齐全	5	穿戴不全不得分
2	正确选用工具、量具和材料	选用工具、量具和材料齐全准确	5	缺一件扣1分,选错一件扣1分,扣完为止
3	根据故障现象,分析故障原因	运用正确方法确认故障,分析产生故障的原因,说出至少3种主要故障原因	20	故障确认不准确扣5~10分,分析原因不相关扣4~15分,每少说1项扣5分,扣完为止
4	诊断故障	用正确的方法诊断故障	20	诊断方法错误扣5~10分,诊断步骤每错一步扣5~10分,诊断结果错误不得分
5	排除故障	运用正确方法排除故障	20	不能排除扣10分,自制一处故障扣5分
6	验证排除效果	按照要求验证排除效果	5	验证方法不当扣1~5分,不进行验证扣5分
7	正确使用工具和用具	工具和用具使用正确	10	一种工具或用具使用不正确扣1分,扣完为止;损坏丢失一件工具或用具不得分
8	操作规程	操作规程执行情况	10	违反操作规程不得分
9	清理现场	清理、擦洗并回收工具和用具	5	少一件工具或用具扣1分,扣完为止;未回收不得分
10	分数总计			100

4. 故障现象

发动机进气管回火或是排气管"放炮",汽车行驶无力。

5. 故障原因

(1) 混合气过稀:原因可能是油路或进气系统出现故障。

(2) 油路故障主要是由于喷油器喷油过少所致。造成喷油器喷油过少的原因是油压过低、喷油器堵塞。

(3) 进气系统故障主要是由于进气量过多所致,造成进气量过多的原因是控制进气量的传感器失效、进气歧管漏气。

(4) 点火系统出现问题。主要是高压线电阻过大、点火线圈损坏、电源电压不足以及火花塞故障等造成的点火能量不足。

(5) 进气门密封不严,气缸压缩压力不足。

6. 故障诊断与排除

(1) 首先排除外部线路连接是否松动、进气歧管有无漏气、真空管有无脱落等故障。

(2) 读取故障码,若有,根据故障码检修元件。

(3) 若无码,检修点火系统,将高压线对缸体试火,检查点火能量是否不足,拆查火花塞,观察电极颜色是否正常,电极间隙是否在1.0mm。若正常,进行下一步。

(4) 检查燃油系统燃油压力,检查喷油器,若正常,进行下一步。

(5) 检查气缸压缩压力,压力应不低于标准的80%。

(6) 验证排除效果。

修理后启动发动机,改变发动机转速,在中速、高速及急加速,发动机应运转平稳,提速反应灵敏。进行路试应加速性能良好、有力。

训练任务五 诊断与排除发动机动力不足故障

1. 训练要求

◇分析故障：根据动力不足的特征，从节气门调整不当、油压调节器失灵、进气压力传感器或电路故障等方面进行分析，拟定故障排除思路。

◇排除故障：根据先简后繁、先易后难、先外后内的故障排除原则，拟定诊断与排除故障的方案。

◇验证效果：在道路上试车检验发动机的加速性能是否正常，并对已经排除的故障点做模拟试验，验证故障确已排除。

2. 训练相关准备

（1）设备及设施准备

序号	名称	规格	单位	数量	备注
1	汽车		辆	1	
2	试灯		台	1	
3	万用电表		块	1	
4	常用工具		套	1	

（2）故障设置原则

序号	故障部位或设置方式	选取原则
1	空气滤清器堵塞	从左侧所列项目中选取两个项目进行故障设置。组合原则为项目1~4中选取1个，项目5、6中选取1个
2	汽油泵泵油压力不足	
3	汽油滤清器堵塞	
4	排气系统堵塞	
5	点火正时不正确	
6	火花塞间隙不符合要求	

3. 评分标准

序号	作业项目	考核内容	配分	评分标准
1	劳保用品穿戴	劳保用品穿戴齐全	5	穿戴不全不得分
2	正确选用工具、量具和材料	选用工具、量具和材料齐全准确	5	缺一件扣1分，选错一件扣1分，扣完为止
3	根据故障现象，分析故障原因	运用正确方法确认故障，分析产生故障的原因，说出至少3种主要故障原因	20	故障确认不准确扣5~10分，分析原因不相关扣4~15分，每少说1项扣5分，扣完为止
4	诊断故障	用正确的方法诊断故障	20	诊断方法错误扣5~10分，诊断步骤每错一步扣5~10分，诊断结果错误不得分
5	排除故障	用正确方法排除故障	20	不能排除扣20分，自制一处故障扣5分，扣完为止
6	验证排除效果	按照要求验证排除效果	5	验证方法不当扣1~5分，不进行验证扣5分

续上表

序号	作业项目	考核内容	配分	评分标准
7	正确使用工具和用具	工具和用具使用正确	10	一种工具或用具使用不正确扣1分，扣完为止；损坏丢失一件工具或用具不得分
8	操作规程	操作规程执行情况	10	违反操作规程不得分
9	清理现场	清理、擦洗并回收工具和用具	5	少收一件工具或用具扣1分，扣完为止；未回收不得分
10		分数总计		100

4. 故障现象

发动机运转无力。

5. 故障原因

（1）点火系统方面的原因：
①火花塞间隙不符合标准。
②分电器分火头损坏。
③各缸点火次序错乱。
④点火正时不正确。
⑤高压火弱。
⑥电子点火器及脉冲信号发生器内部有故障。

（2）配气机构的主要原因：
①气门配气相位失准。
②气门密封不严。
③气门弹簧变弱或变短。

（3）燃油供给系统的原因：
①燃油管道有尘土阻塞或燃油有水分。
②汽油泵有故障。
③化油器浮子装配调整不当。
④空气滤清器堵塞。
⑤排放控制系统有缺陷或调整不当。
⑥排气系统阻塞。

（4）其他原因引起发动机功率下降的原因还有气缸盖密封不严、润滑油品质变差等。

6. 故障排除方法

（1）首先检查点火系统各缸火花塞间隙是否在0.7～0.9mm之间，分电器分火头是否损坏，点火正时是否正确，高压线有无漏电现象，点火线圈是否短路等。发现故障应进行针对性的修理。然后检查电子点火器、霍耳信号发生器工作是否正常。必要时对各损坏部件或不符合要求的零部件进行修复、调整或更换，以保证点火系统工作无误。

（2）检查配气相位，检查气门是否有泄漏，如有应修研或更换新件。检查气门弹簧弹力是否变小，自由长度是否变短。

（3）检查燃油供给系统。主要是检查燃油管道中是否有堵塞或气阻现象，汽油泵工作是否正常，化油器浮子室油面高度是否符合规定要求，空气滤清器是否堵塞，排气系统是否堵塞等。

（4）检查发动机润滑油的品质是否符合要求。不符合要求则应更换，检查气缸盖垫以及进、排气歧管垫是否破损，必要时予以更换。

项目三 汽车底盘大修

★训练任务一 膜片弹簧式离合器的检测

1. 训练要求

◇拆卸清洗：按正确的方法和步骤拆卸膜片式离合器，对分解后的零件进行彻底清洗，并用压缩空气吹干待检。

◇零件检查：检查从动盘外观（铆钉、钢片、摩擦片、扭振弹簧），检查和跳动（径向、端面）量检测，膜片弹簧外观检查和磨损检测，压盘外观检查。

◇装配调整：按正确方法和步骤装配调整膜片式离合器。

2. 训练相关准备

序号	名　　称	规　　格	单位	数量	备　　注
1	离合器	膜片弹簧式	个	1	
2	常用工具		套	1	
3	百分表		个	1	
4	磁力表座		个	1	
5	气泵		台	1	
6	游标卡尺		个	1	
7	清洗液、块布和砂纸			若干	

3. 评分标准

序号	作业项目	考核内容	配分	评分标准
1	劳保用品穿戴	劳保用品穿戴齐全	5	穿戴不全不得分
2	正确选用工具、量具和材料	选用工具、量具和材料齐全准确	5	缺一件扣1分，选错一件扣1分，扣完为止
3	拆卸清洁离合器各部件	采取正确的方法拆卸，且清洗彻底、吹干	15	方法不正确扣3分，清洗不彻底扣3分，扣完为止
4	从动盘的检查	运用正确方法检查从动盘	20	检查方法错误一处扣5分，漏检一项扣5分；检测结果错误一处扣5分，扣完为止
5	膜片弹簧的检查	运用正确方法检查膜片弹簧	10	检查方法错误一处扣5分，漏检一项扣5分；检测结果错误一处扣5分，扣完为止
6	压盘的检查	运用正确方法检查压盘	15	检查方法错误一处扣5分，漏检一项扣5分；检测结果错误一处扣5分，扣完为止
7	装配调整	装配和调整离合器	15	装配方法错误一处扣5分，漏装一项扣5分；调整错误一处扣5分，扣完为止
8	正确使用工具和用具	工具和用具使用正确	5	一种工具或用具使用不正确扣1分，扣完为止；损坏丢失一件工具或用具不得分
9	操作规程	操作规程执行情况	5	违反操作规程不得分

续上表

序号	作业项目	考核内容	配分	评分标准
10	清理现场	清理、擦洗并回收工具和用具	5	少收一件工具或用具扣1分,扣完为止,未回收不得分
11	分数总计			100

4. 操作步骤

◇步骤1:从动盘的检查

先目视检查,看从动盘摩擦片是否有裂纹、铆钉外露、减振器弹簧断裂等情况,如果有则更换从动盘。

再检查从动盘的端面圆跳动。在距从动盘外边缘2.5mm处测量,离合器从动盘最大端面圆跳动为0.4mm,测量方法如图2-5所示。如果不符合要求,可用扳钳校正或更换从动盘。

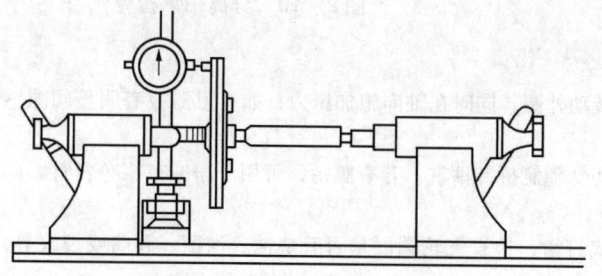

图2-5 从动盘端面圆跳动检查

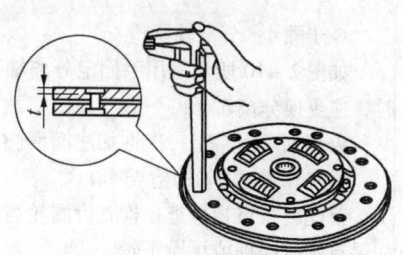

图2-6 摩擦片磨损检查

最后检查从动盘摩擦片的磨损程度。摩擦片的磨损程度可用游标卡尺进行测量,如图2-6所示。铆钉头埋入深度应大于0.20mm。如果检查结果超过要求,则应更换从动盘。

◇步骤2:压盘和离合器盖的检修

压盘损伤主要是翘曲、破裂或过度磨损等。

先检查压盘表面粗糙度。压盘表面不应有明显的沟槽,沟槽深度应小于0.3mm。轻微的磨损可用油石修平。

再检查压盘平面度。检查方法如图2-7所示,用钢直尺压在压盘上,然后用塞尺测量。离合器压盘平面度不应超过0.2mm。

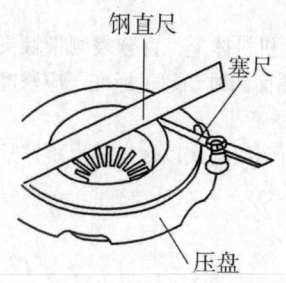

图2-7 压盘平面度检查

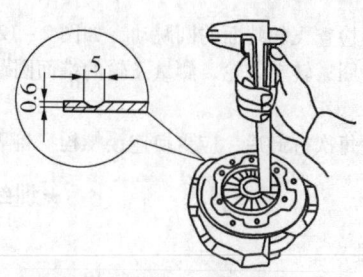

图2-8 膜片弹簧磨损检查

压盘平面度或表面粗糙度超过要求可用平面磨床磨平或车床车平,但磨、车的厚度应小于2mm,否则应更换压盘。

离合器盖与飞轮的接合面的平面度应小于0.5mm,如有翘曲、裂纹或螺纹磨损等应更换离合器盖。

◇步骤3:膜片弹簧的检查

先检查膜片弹簧的磨损程度。如图2-8所示,用游标卡尺测量膜片弹簧与分离轴承接触部位磨损的深度和宽度。深度应小于0.6mm，宽度应小于5mm，否则应更换。

再检查膜片弹簧的变形，如图2-9所示。用专业工具盖住弹簧分离指内端（小端），然后用塞尺测量弹簧分离指内端与专用工具之间的间隙。弹簧分离指内端应在同一平面内，间隙不应超过0.5mm。否则用维修工具将变形过大的弹簧分离指翘起以进行调整。

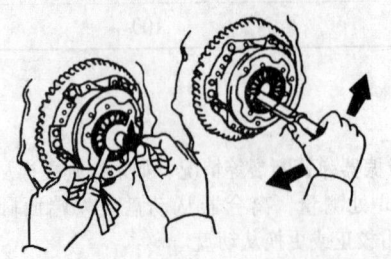

图2-9　膜片弹簧变形检查

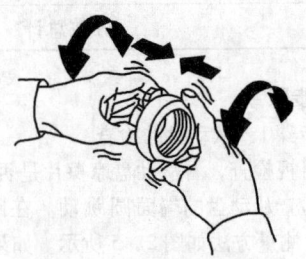

图2-10　分离轴承检查

◇步骤4：分离轴承检查

如图2-10所示，用手固定分离轴承内圈，转动外圈，同时在轴向施加压力，如有阻滞或有明显间隙感时，应更换分离轴承。

分离轴承通常是一次性加注润滑脂。维护时切勿随意拆卸清洗。若有脏污，可用干净抹布擦净表面。

◇步骤5：飞轮的检查

首先进行目视检查，检查齿圈轮齿是否磨损或打齿，检查飞轮端面是否有烧蚀、沟槽、翘曲或裂纹等，如果有则应修理或更换飞轮。

其次检查飞轮上的轴承。如图2-11所示，用手转动轴承，在轴向加力，如果有阻滞或有明显间隙感，则应更换轴承。

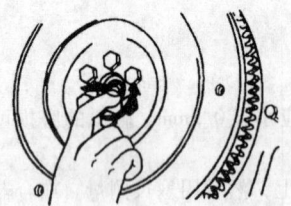

图2-11　飞轮上轴承检查

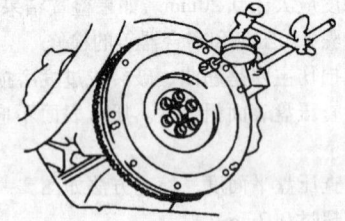

图2-12　飞轮端面圆跳动检查

最后检查飞轮端面的圆跳动，如图2-12所示。将百分表安装在发动机机体上，百分表测量触头抵在飞轮的最外圈，转动飞轮，测量飞轮的端面圆跳动，应小于0.1mm。如果端面圆跳动超过标准，应修磨或更换飞轮。

飞轮每次拆卸后，应更换连接螺栓。将飞轮安装到曲轴上时，应按对角线逐次以规定的力矩拧紧。

★训练任务二　前轴的检测

1. 训练要求

◇裂纹检测：掌握磁力探伤或浸油敲击法检验前轴的裂纹。

◇变形检测：掌握用直尺和塞尺检测左右弹簧座的平面度，并检查前轴是否变形导致钢板弹簧座与主销孔的位置误差过大。

◇主销孔检测：从外观检查主销孔的表面质量，并用游标卡尺检测主销孔与主销的配合间隙。

2. 训练相关准备

序号	名称	规格	单位	数量	备注
1	前轴		个	1	
2	常用工具		套	1	
3	磁力探伤仪		个	1	
4	直尺、塞尺		个	各1	
5	试棒与角尺		个	各1	
6	气泵		台		
7	游标卡尺		个	1	
8	清洗液、块布、砂纸			若干	

3. 评分标准

序号	作业项目	考核内容	配分	评分标准
1	劳保用品穿戴	劳保用品穿戴齐全	5	穿戴不全不得分
2	正确选用工具、量具和材料	选用工具、量具和材料齐全准确	5	缺一件扣1分,选错一件扣1分,扣完为止
3	清洁前轴各部件	采取正确的清洁方法措施,且清洗彻底、吹干	5	清洁方法不正确扣3分,清洗不彻底扣2分,扣完为止
4	前轴裂纹的检测	运用仪器检验前轴	15	不会使用仪器扣5~10分,检测结果错误5分,扣完为止
5	钢板弹簧座的检测	运用正确方法检查钢板弹簧座	15	检查方法错误一处扣5分,漏查一项扣5分,检测结果错误一处扣5分,扣完为止
6	前轴变形的检验	运用正确方法检查前轴	20	检查方法错误一处扣5分,漏查一项扣5分,检测结果错误一处扣5分,扣完为止
7	前轴注销孔及上、下端面的检修	运用正确方法检查前轴注销孔及上、下端面	20	检查方法错误一处扣5分,漏查一项扣5分,检测结果错误一处扣5分,扣完为止
8	正确使用工具和用具	工具和用具使用正确	5	一种工具或用具使用不正确扣1分,扣完为止;损坏丢失一件工具或用具不得分
9	操作规程	操作规程执行情况	5	违反操作规程不得分
10	清理现场	清理、擦洗并回收工具和用具	5	少收一件工具或用具扣1分,扣完为止,未回收不得分
11	分数总计		100	

4. 操作步骤

◇步骤1:前轴裂纹的检修

前轴的裂纹多发生在钢板弹簧座内侧250mm处断面突缘两侧和主销孔至钢板座之间。外观检查时,应将前轴清洗干净放入装有柴油或煤油的大容器内。0.3~0.5h后洗擦干净,在前轴的表面涂上石墨粉,用木锤轻敲前轴，看有无油迹出现，若有则说明此处发生了裂纹。前轴经检验不得有任何性质的裂纹，当前轴检验发现裂纹不大而且深度不大于断面的1/4时，可采用手工电弧焊修复。焊修时应正确选择焊接规范，采用直流反接法（工件接负极）焊接，焊缝突出基体高度不超过1～2mm，当前轴经检验发现裂纹较大且深度大于断面的1/4或发生横向裂纹时，前轴应予报废。

◇步骤2：钢板弹簧座的检修

用直尺、厚薄规检验，钢板弹簧座的平面度误差应小于0.4mm。若超过则应进行修磨。钢板弹簧座平面磨损大于2mm、定位孔磨损大于1mm，应堆焊修复或换用新件。

◇步骤3：钢板弹簧座之间变形的检验

用水平仪检验。将前轴固定于台虎钳或专用支架上，利用水平仪将一侧的钢板弹簧座调整成水平，然后再把水平仪放于另一弹簧座上进行检查。水珠若不在水平仪的中间位置，表明两钢板弹簧座之间存在垂直方向的弯曲或扭曲变形。

前轴两钢板弹簧座之间存在明显的弯或扭变形时应予以校正，然后再检验两弹簧座的变形。

◇步骤4：钢板弹簧座与主梢孔之间变形的检验

拉线检验。在前轴主销孔上端中间拉一细线，然后用直尺测量接线到两钢板弹簧座的距离。若测得的距离不符合原设计规定，表明前轴存在垂直方向的弯曲变形；若拉线偏离钢板弹簧座中心，表明前轴两端存在水平方向的弯曲或扭曲变形。

◇步骤5：前轴的校正

前轴的弯曲和扭曲变形超过规定值时应进行校正。前轴校正有热校和冷校两种方法。热校是将前轴变形部位局部加热至500～600℃后进行校正。这种方法要求严格控制温度，防止加热部分金相组织改变使前轴强度降低。校正过程中往往是凭经验手工操作，劳动强度大，修理质量难以保证，所以对于一些汽车前轴为铸铁件的不采用热校而采用冷校。冷校一般是在专用的液压校正器上进行，液压校正器上同时装有检验装置，可以在同一工位上进行前轴的校正和检验工作。

◇步骤6：前轴主销孔的检修

前轴主销孔内侧经常受到主销挤压，产生喇叭口或椭圆状，前轴主销孔与主销的配合间隙大于原厂规定时，需对其进行修理。用游标卡尺测量主销孔与主销的配合间隙，许可配合间隙为0.025～0.077mm。当前轴主销孔磨损与主销配合间隙超过规定值0.2mm，但孔径磨损尚未达到最后一级修理尺寸时，可采用修理尺寸法将孔扩大后换用加大尺寸主销。前轴主销孔按修理尺寸加大后，要换用相应的主销与之配合，以恢复配合间隙，并按同级修理尺寸选配推力轴承和加工转向节主销衬套孔。前轴主销孔磨损达到最后一级修理尺寸时，可镶套修复或更换前轴。当前轴主销承上、下平面处磨损较大时，可在钻床上用带导向尾的锪钻将上端面修平，为保证修理质量在镗削修理主销孔时，在一次装卡中同时修整主销承孔下端面，主销端面磨损修理后，要求其厚度减小量不超过2mm，必要时端面应用电弧堆焊后再加工至标准尺寸。

☆训练任务三　齿条式动力转向器装配与调整

1. 训练要求

◇分解清洗：掌握正确的方法和步骤分解动力转向器，对分解后的各零件进行彻底清洗，并用压缩空气吹干待检。

◇检验装配：按照技术要求检验各零部件，再按顺序装配齿条活塞组件，转向齿轮及控制阀，调整装置、侧盖、横拉杆等附件。

◇调整试验：调整齿轮和齿条的啮合间隙，并对液压动力装置进行试验。

2. 训练相关准备

序号	名　称	规　格	单位	数量	备　注
1	动力转向器		台	1	
2	常用工具		套	1	
3	弹簧秤		个	1	
4	气泵		台	1	

续上表

序号	名 称	规 格	单位	数量	备 注
5	润滑油			若干	
6	清洗液、块布			若干	

3. 评分标准

序号	作业项目	考核内容	配分	评分标准
1	劳保用品穿戴	劳保用品穿戴齐全	5	穿戴不全不得分
2	正确选用工具、量具和材料	选用工具、量具和材料齐全准确	5	缺一件扣1分,选错一件扣1分,扣完为止
3	分解清洁动力转向器	采取正确的方法拆卸,且清洗彻底、吹干	15	方法不正确扣3分,清洗不彻底扣3分,扣完为止
4	齿条活塞及支座组件的装配	用正确方法装配齿条活塞及支座组件	20	装配方法错误一处扣5分,部件装反一处扣5分,漏装一件扣5分,部件装配不到位扣10分,未更换密封圈扣5分,扣完为止
5	转向齿轮及控制阀、调整装置、侧盖、横拉杆的装配	用正确方法装配转向齿轮及控制阀	20	装配方法错误一处扣5分,部件装反一处扣5分,漏装一件扣5分;部件装配不到位扣10分,未更换密封圈扣5分,扣完为止
6	调整动力转向器	用正确方法调整动力转向器	10	不会调整不得分,检查调整不正确扣5分
7	动力转向器试验	用正确方法试验动力转向器	10	不会试验不得分,试验不正确扣5分
8	正确使用工具和用具	工具和用具使用正确	5	一种工具或用具使用不正确扣1分,扣完为止;损坏丢失一件工具或用具不得分
9	操作规程	操作规程执行情况	5	违反操作规程不得分
10	清理现场	清理、擦洗并回收工具和用具	5	少收一件工具或用具扣1分,扣完为止,未回收不得分
11		分数总计		100

4. 操作步骤

◇步骤1:安装转向齿轮

(1) 将上轴承和下轴承压在转向齿轮轴轴颈上,轴承内座圈与齿端之间应装好隔圈。

(2) 把油封压入调整螺塞。

(3) 将转向齿轮及轴承一块压入壳体内。

(4) 装上调整螺塞及油封,并调整转向齿轮轴承预紧度。手感应无轴向窜动,转动自如。转向齿轮的转动力矩符合原厂规定,一般约为0.5N·m。

(5) 按原厂规定力矩紧固锁紧螺母,并装好防尘罩。

◇步骤2:装入转向齿条等部件

(1) 装入转向齿条。
(2) 安装齿条衬套。转向齿条与衬套的配合间隙不得大于0.15mm。
(3) 装入转向齿条导块、隔环、导块压紧弹簧、调整螺塞（弹簧帽）及锁紧螺母。

◇步骤3：安装垫圈和转向齿条端头

安装时应特别注意，转向齿条端头和齿条的连接必须紧固，锁止可靠。

◇步骤4：安装横拉杆和横拉杆端头

安装横拉杆和横拉杆端头，并按原厂规定检查调整左、右横拉杆的长度，以保证转向轮前束正确。另外，横拉杆端头球销的夹角应符合原厂规定。调整合格后，必须按原厂规定的扭矩紧固并锁止横拉杆夹子。

◇步骤5：调整

转向齿条与转向齿轮的咬合间隙也称为转向齿条的预紧力，其调整机构因结构的差异，调整方法也有所不同。但常见的有两类：一种是改变转向齿条导块与盖之间的垫片厚度来调整转向齿条与转向齿轮轮齿的咬合深度，完成预紧力的调整；另一种是用盖上的调整螺塞改变转向齿条导块与弹簧座之间的间隙值，保证咬合深度，即预紧力的调整。

预紧力的调整步骤是先不装弹簧以及壳体与盖之间的垫片，进行间隙值的调整，使转向齿轮轴上的转动力矩为1～2N·m，然后用厚薄规测量间隙值；在间隙值上加0.05～0.13mm，此值就是应加垫片的总厚度，也就是转向齿条和转向齿轮合格的咬合间隙所要求的垫片总厚度。

有弹簧座时，先旋转盖上的调整螺塞，使弹簧座与导块接触，将调整螺塞旋出30°～60°之后，检查转向齿轮轴的转动力矩，如此重复操作，直至转向齿轮的转动力矩符合原厂规定，最后用紧固锁紧螺母。

☆训练任务四　鼓式制动器的检测

1. 训练要求

◇拆卸清洗：掌握正确的方法和步骤分解鼓式制动器，对分解后的各零件进行彻底清洗，并用压缩空气吹干待检。

◇检验维修：按照技术要求检验制动鼓的裂纹、沟槽及磨损情况，制动蹄片外观、衬片厚度，轮缸动作，底板。

◇装配调整：按正确步骤装配鼓式制动器各零部件，调整轮毂轴承预紧度、制动蹄片支撑销、车轮制动器间隙。

2. 训练相关准备

序号	名　称	规　格	单位	数量	备　注
1	汽车		辆	1	
2	弹簧试验机		台	1	
3	弓形内径规		个	1	
4	探伤设备		台	1	
5	百分表		只	1	
6	游标卡尺		把	1	
7	塞尺		只	1	
8	弹簧秤		个	1	
9	开口扳手		把	1	
10	梅花扳手		把	1	
11	手锤		把	1	
12	钢丝钳		把	1	
13	凿子		把	1	

续上表

序号	名 称	规 格	单位	数量	备 注
14	拆装专用工具		套	1	
15	清洗剂		只	1	
16	油盆		只	1	
17	毛刷		把	1	
18	棉纱		团	1	

3. 评分标准

序号	作业项目	考核内容	配分	评分标准
1	劳保用品穿戴	劳保用品穿戴齐全	5	穿戴不全不得分
2	正确选用工具、量具和材料	选用工具、量具和材料齐全准确	5	缺一件扣1分,选错一件扣1分,扣完为止
3	拆卸清洁鼓式制动器	采取正确的方法拆卸,且清洗彻底、吹干	15	方法不正确扣3分,清洗不彻底扣3分,扣完为止
4	检修制动鼓、制动蹄	用正确方法检修制动鼓、制动蹄	20	检验方法错误一处扣5分,检验结果错误一处扣5分,扣完为止
5	检修轮缸、制动底板、轴承等	用正确方法检修转向齿轮及控制阀	15	检验方法错误一处扣5分,检验结果错误一处扣5分,扣完为止
6	装配鼓式制动器	用正确方法装配鼓式制动器各零部件	15	装配方法错误一处扣5分,部件装反一处扣5分,漏装一件扣5分,部件装配不到位扣5分,未按规定力矩拧紧扣5分,扣完为止
7	调整鼓式制动器	用正确方法调整鼓式制动器	10	不会调整不得分,检查调整不正确扣5分
8	正确使用工具和用具	工具和用具使用正确	5	一种工具或用具使用不正确扣1分,扣完为止;损坏丢失一件工具或用具不得分
9	操作规程	操作规程执行情况	5	违反操作规程不得分
10	清理现场	清理、擦洗并回收工具和用具	5	少收一件工具或用具扣1分,扣完为止,未回收不得分
11	分数总计		100	

4. **操作步骤**

◇步骤1:摩擦片厚度的检查

用游标卡尺测量摩擦片(制动蹄衬片)的厚度,标准值为4mm,使用极限值为1.5mm。铆钉与摩擦片的表面深度不得小于1mm,以免铆钉头刮伤制动鼓的内表面。

◇步骤2:制动鼓内孔磨损及尺寸的检查

首先检查制动鼓内孔有无烧损、刮痕和凹陷,若不能修磨应更换新件。

◇步骤3:检查制动鼓内孔尺寸及圆度误差

用卡尺检查内孔尺寸,标准值为180mm,使用极限值为181mm;用工具测量制动鼓内孔的圆度误差,使用极限值为0.03mm，超过极限值应更换新件。将制动蹄衬片表面靠在后制动鼓上，检查二者的接触面积应大于60%，否则应打磨衬片。

◇步骤4：鼓式制动器定位弹簧及复位弹簧的检查

若后制动器定位弹簧、上复位弹簧、下复位弹簧和楔形调整板拉簧的自由长度增长率达5%，则应更换新件。

◇步骤5：鼓式制动器的调整

鼓式制动器装配完毕后，为保证制动蹄衬片与制动鼓之间具有合适的间隙，应对其进行必要的调整。

（1）架起车桥，使制动鼓能自由转动。

（2）拆下制动鼓上的检视孔盖。

（3）取下调整臂上的防尘套，转动上端的调整凸轮，使制动鼓与制动蹄的间隙增大或减小。调整后，转动制动鼓感到稍有阻力时即为合适。间隙调好后有轻微摩擦声时，允许间隙稍许放大一些。

训练任务五　主减速器的检查与调整

1. 训练要求

◇拆卸清洗：掌握正确的方法和步骤分解主减速器，对分解后的各零件进行彻底清洗，并用压缩空气吹干待检。

◇检验维修：按照技术要求检验主减速器壳的裂纹，主减速器主、从动齿轮外观及磨损情况，差速器各部件的磨损情况。

◇装配调整：按正确步骤装配主减速器各零部件，调整主动锥齿轮轴承预紧度，主、从动齿轮的印痕位置及齿侧啮合间隙。

2. 训练相关准备

序号	名　　称	规　　格	单位	数量	备　注
1	主减速器		台	1	
2	常用工具		套	1	
3	弹簧秤		个	1	
4	气泵		台	1	
5	润滑油			若干	
6	清洗液、块布			若干	

3. 评分标准

序号	作业项目	考核内容	配分	评分标准
1	劳保用品穿戴	劳保用品穿戴齐全	5	穿戴不全不得分
2	正确选用工具、量具和材料	选用工具、量具和材料齐全准确	5	缺一件扣1分，选错一件扣1分，扣完为止
3	分解、清洁主减速器	采取正确的方法拆卸，且清洗彻底、吹干	15	方法不正确扣3分，清洗不彻底扣3分，扣完为止
4	检修主减速器的主、从动齿轮	用正确方法检修主减速器的主、从动齿轮	20	检修方法错误一处扣5分，检修结果错误一处扣5分，扣完为止
5	检修差速器总成的十字轴、行星齿轮	用正确方法检修差速器总成的十字轴、行星齿轮	15	检修方法错误一处扣5分，检修结果错误一处扣5分，扣完为止

续上表

序号	作业项目	考核内容	配分	评分标准
6	装配主减速器	用正确方法装配主减速器各零部件	15	装配方法错误一处扣5分,部件装反一处扣5分,漏装一件扣5分,部件装配不到位扣5分,未按规定力矩拧紧扣5分,扣完为止
7	调整主减速器	用正确方法调整主减速器	10	不会调整不得分,调整不正确扣5分
8	正确使用工具和用具	工具和用具使用正确	5	一种工具或用具使用不正确扣1分,扣完为止;损坏丢失一件工具或用具不得分
9	操作规程	操作规程执行情况	5	违反操作规程不得分
10	清理现场	清理、擦洗并回收工具和用具	5	少收一件工具或用具扣1分,扣完为止,未回收不得分
11		分数总计		100

4. 操作步骤

◇步骤1：技术资料准备

（1）啮合间隙 0.08～0.12mm，齿轮侧隙 0.08～0.15mm。

（2）调整好的主、被动齿轮，转动扭矩为 1.47～2.45N·m。

（3）输出轴后轴承固定螺母拧紧力矩为 100N·m。

◇步骤2：主减速器的拆卸与检查

（1）拆下主传动盖的固定螺栓，拆下差速器总成。

（2）用专用拉器拉出主传动盖上的轴承外圈，取下调整垫圈 S1，并记下 S1 的厚度。

（3）从齿轮箱壳上拉下另一个轴承外圈，取下调整垫片 S2，并记下 S2 的厚度。

◇步骤3：主减速器的装配

（1）行星齿轮和半轴齿轮的安装。

①用齿轮油润滑，安装复合式止推垫片。

②通过螺纹套和半轴来安装半轴齿轮，用六角螺栓来拧紧。

③将两个行星齿轮错开 180°，转动半轴使其向内摆动，使行星齿轮、复合式止推垫片和差速器罩壳对准。

④推入行星齿轮轴并用锁销或轴向弹性挡圈锁紧。

⑤检查行星齿轮与半轴齿轮间的间隙应为 0.5～0.20mm。如超过限度，则应当重新选取用复合式止推垫片。

（2）盆形齿轮的安装。将盆形齿轮加热到 100℃左右，用定心销为导向，迅速安装好，用螺栓对称进行紧固。

（3）滚柱轴承加热到 100℃左右放好并压紧。

（4）压入车速表主动齿轮，压入深度为 1.4mm。方法是选好一个厚度和深度（1.4mm）一样尺寸的垫圈，放在压紧套筒上进行下压，压平即可保证规定深度。

（5）用专用工具将变速器壳内和主传动器盖上的轴承外座圈及调整垫圈压入，压入前应考虑到其间调整垫圈的厚薄尺寸，尽量使用原装调整垫圈。

（6）差速器总成的安装。将差速器总成和主传动盖一起装入变速器壳内，用拉索进行紧固，将车速表驱动齿轮装入主传动器盖中，装配时要参阅调整部分。

◇步骤4：主动锥齿轮和从动锥齿轮总成的调整

（1）主、从动齿轮的标志。

(2) 主、从动齿轮的调整项目。

①差速器轴承的预紧度的调整。

②主动齿轮轴承预紧度的调整。

③主、从动齿轮间隙（0.08～0.12mm）和印痕的调整。

◇步骤5：主减速器和差速器的检测

(1) 检查主减速器主动齿轮、从动齿轮、行星齿轮及半轴齿轮的齿面是否有刮伤或严重磨损。

(2) 检查从动锥齿轮的偏摆量。

(3) 检查主、从动齿轮的啮合间隙。

(4) 检查半轴齿轮与行星齿轮的啮合间隙。

(5) 检查主、从动齿轮轮齿的啮合印痕。

5. 注意事项

(1) 严格按照拆装顺序，注意操作安全。

(2) 对各调整部位的调整垫片要点清放好做记号，不能乱换搞错。

(3) 对有预紧力规定的螺栓、螺母要按正确操作方法进行紧固。

训练任务六　盘式制动器的检修

1. 训练要求

◇拆卸清洗：掌握正确的方法和步骤分解盘式制动器，对分解后的各零件进行彻底清洗，并用压缩空气吹干待检。

◇检验维修：按照技术要求检验制动盘的裂纹、沟槽及磨损情况，制动蹄片外观、衬片厚度，轮缸动作，制动钳变形等。

◇装配调试：按正确步骤装配盘式制动器各零部件，调整轮毂轴承预紧度、制动钳支撑销、管路排气，道路试验。

2. 训练相关准备

序号	名　　称	规　　格	单位	数量	备　注
1	汽车（盘式制动器）		台	1	
2	常用工具		套	1	
3	弹簧秤		个	1	
4	百分表		只	1	
5	磁性表座		个	1	
6	游标卡尺		把	1	
7	润滑油			若干	
8	气泵		台	1	
9	清洗液、块布			若干	

3. 评分标准

序号	作业项目	考核内容	配分	评 分 标 准
1	劳保用品穿戴	劳保用品穿戴齐全	5	穿戴不全不得分
2	正确选用工具、量具和材料	选用工具、量具和材料齐全准确	5	缺一件扣1分，选错一件扣1分，扣完为止
3	拆卸清洁盘式制动器	采取正确的方法拆卸，且清洗彻底、吹干	15	方法不正确扣3分，清洗不彻底扣3分，扣完为止

续上表

序号	作业项目	考核内容	配分	评分标准
4	检修制动盘、制动蹄	用正确方法检修制动盘、制动蹄	20	检修方法错误一处扣5分,检修结果错误一处扣5分,扣完为止。
5	检修轮缸、制动底钳等	用正确方法检修轮缸、制动底钳等	15	检修方法错误一处扣5分,检修结果错误一处扣5分,扣完为止。
6	装配盘式制动器	用正确方法装配盘式制动器各零部件	15	装配方法错误一处扣5分,部件装反一处扣5分,漏装一件扣5分,部件装配不到位扣5分,未按规定力矩拧紧扣5分,扣完为止
7	调试盘式制动器	用正确方法调试盘式制动器	10	不会调整不得分,检查调整不正确扣5分
8	正确使用工具和用具	工具和用具使用正确	5	一种工具或用具使用不正确扣1分,扣完为止;损坏丢失一件工具或用具不得分
9	操作规程	操作规程执行情况	5	违反操作规程不得分
10	清理现场	清理、擦洗并回收工具和用具	5	少收一件工具或用具扣1分,扣完为止,未回收不得分
11		分数总计		100

4. 操作步骤

◇步骤1:拆卸

(1)拆下制动钳上下内六角螺栓。

(2)取下制动钳体,并用拉具取出活塞。

(3)取下制动摩擦片,拆下制动盘。

◇步骤2:制动盘检修

(1)检查制动盘是否有裂纹、变形、磨损、沟槽,极限值为0.50mm。

(2)制动盘的厚度检查,磨损极限值为2mm。

(3)制动盘的圆跳动小于0.06mm(用百分表)。

◇步骤3:制动蹄片检查

制动蹄片的极限磨损量是标准厚度的1/2。

◇步骤4:检视防溅装置

防溅装置无变形、无裂纹。

◇步骤5:制动支架检修

制动支架无变形、裂纹,螺纹损伤小于2牙。

◇步骤6:制动钳体的检修

(1)制动钳体无裂纹。

(2)密封皮碗无发胀、老化、破损。

(3)活塞与油缸壁无拉伤、磨损、沟槽。

(4)防尘罩盖无发胀、老化、破损等现象。

◇步骤7:轮毂的检修

轴承外杆与轮毂的配合间隙(过度配合)为0.03mm。

◇步骤8:复装与调整

先拆后装,后拆先装。装调后,排除制动系统内的空气。

训练任务七　驻车制动器的拆装与调整

1. 训练要求

◇拆卸清洗：掌握正确的方法和步骤熟练分解驻车制动器，对分解后的各零件进行彻底清洗，并用压缩空气吹干待检。

◇检验维修：按照技术要求检验驻车制动器。

◇装配调试：按正确步骤装配驻车制动器各零部件，调整轮毂轴承预紧度、制动钳支撑销、管路排气，道路试验。

2. 训练相关准备

序号	名　　称	规　　格	单位	数量	备　注
1	汽车（驻车制动器）		台	1	
2	常用工具		套	1	
3	弓形内径规		个	1	
4	回位弹簧试验机		台	1	
5	游标卡尺		把	1	
6	润滑油			若干	
7	清洗液、块布			若干	

3. 评分标准

序号	作业项目	考核内容	配分	评分标准
1	劳保用品穿戴	劳保用品穿戴齐全	5	穿戴不全不得分
2	正确选用工具、量具和材料	选用工具、量具和材料齐全准确	5	缺一件扣1分，选错一件扣1分，扣完为止
3	拆卸清洁驻车制动器	用正确的方法拆卸，且清洗彻底、吹干	15	方法不正确扣3分，清洗不彻底扣3分，扣完为止
4	检修制动盘（鼓）、制动蹄	用正确方法检修制动盘、制动蹄	20	检修方法错误一处扣5分，检修结果错误一处扣5分，扣完为止
5	检修轮缸、制动底钳等	用正确方法检修轮缸、制动底钳等	15	检修方法错误一处扣5分，检修结果错误一处扣5分，扣完为止
6	装配驻车制动器	用正确方法装配盘式制动器各零部件	15	装配方法错误一处扣5分，部件装反一处扣5分，漏装一件扣5分，部件装配不到位扣5分，未按规定力矩拧紧扣5分，扣完为止
7	调试驻车制动器	用正确方法调试盘式制动器	10	不会调整不得分，检查调整不正确扣5分
8	正确使用工具和用具	工具和用具使用正确	5	一种工具或用具使用不正确扣1分，扣完为止；损坏丢失一件工具或用具不得分
9	操作规程	操作规程执行情况	5	违反操作规程不得分

续上表

序号	作业项目	考核内容	配分	评分标准
10	清理现场	清理、擦洗并回收工具和用具	5	少收一件工具或用具扣1分，扣完为止，未回收不得分
11		分数总计		100

4. 操作步骤

◇步骤1：拆卸驻车制动器的操纵机构

（1）拔出驻车制动器拉杆总成与摇臂的两个连接销。

（2）拧下操纵杆销轴上的拉杆，拆下扇形齿板固定螺栓。

（3）从变速器上取下驻车制动操纵杆总成。

◇步骤2：拆卸驻车制动器

（1）拧下传动轴与制动鼓的连接螺母，拔出传动轴总成。

（2）拧下制动鼓上的两个定位螺钉，取下制动鼓。

（3）拧下固定在变速器输出轴上的凸缘的锁紧螺母，取下止推垫圈，从变速器第2轴键端拔出带定位螺栓凸缘。

（4）取下凸轮轴的限位片、蹄片回动弹簧，从制动板的背面拧下制动蹄轴锁紧螺母，从支座上取下制动蹄连轴。

（5）拆掉蹄轴前端的挡圈，从蹄片上取下蹄轴；从蹄另一端的滚轮外侧面拆下挡圈，从蹄上取下滚轮及滚轮轴。

（6）拧下固定底板支座的5个螺栓，拆出制动底板及支座总成。

（7）拆下摆臂。从底板的背面拆下凸轮轴上的挡圈，拔出凸轮轴。

（8）从底板的背面拧下2个紧固底板支座的螺栓，分离支座和底板。

◇步骤3：清洁检查

（1）拆卸分解前应清除驻车制动器总成外部泥巴、油污及其他杂物。解体后彻底清洗、除锈和去垢。

（2）检查操纵机构、各轴、滚轮及扇形齿板等的完好情况，并视情况予以修理或更换新件。

（3）检查制动鼓（盘）的磨损、变形情况，以及制动蹄摩擦片的磨损、完好情况，并视情况予以修理或更换新件。

◇步骤4：驻车制动器的装配

（1）给滚轮与滚轮轴、凸轮轴与支座、蹄与蹄轴等的配合表面涂上润滑脂。

（2）把油封、挡油盘压入支承座总成，装上泄油塞。把底板与支承座总成用2个螺栓紧固在一起，在支承座总成的轴孔中插入蹄片轴，装上弹簧挡圈、锁紧螺母，再装上凸轮轴、弹性挡圈。装上滚轮及滚轮轴、挡圈，套制动蹄总成到蹄轴上，并用弹性挡圈锁住。挂上2个制动蹄之间的回动弹簧；在凸轮轴上装好摆臂，使之与底板的对称面夹角约150°，并用螺栓固定摆臂。

（3）先在变速器第2轴上套上甩油圈。给轴承座及支座的结合表面涂上密封胶，放上衬垫再抹密封胶，装上已分装完的底板总成在轴承座上。

在凸缘轴颈的外缘套上甩油环，用压具压住甩油环的外缘，使凸缘的内花键与变速器第2轴的外花键对正，用铜棒或专用工具把凸缘敲击到变速器第2轴上至到位，并使甩油环进入挡油盘的后面。在变速器第2轴上装上4个碟形垫圈，并使其方向一致（凹面朝内），以200～250N·m的拧紧力矩上紧螺母。

（4）装上制动鼓。把制动鼓套入凸缘的4个定位螺柱上，并用2个紧固螺钉固定在凸缘上。

（5）装复驻车制动器的操纵机构。先在壳体上用螺栓把与驻车制动器操纵杆相连的扇形齿板固定，并把拉杆拧入制动操纵杆销轴上，装好驻车制动操纵杆。再在销轴上装上摇臂、垫圈和开口销。用平头销连结2个拉杆与摇臂并都装上垫圈及开口销。在摇臂后端的拉杆上套上回位弹簧及平垫圈，然后插入摆臂的孔中。拉杆穿出摆臂上面的球面窝孔后，套上球面垫圈，用螺母把驻车制动器摆臂和拉杆连接起来，最后再用一个螺母固定。

◇步骤4：驻车制动器的调整

在使用中，如果没有更换零件或拆下制动蹄、支座，而且制动蹄轴的锁紧螺母也没有松动等，驻车制动器可以不做任何调整。否则应做正确调整，方法如下：

（1）拆开拉杆与摇臂的连接，拧松制动蹄轴锁紧螺母，用扳手转动蹄片轴，当在摆臂的末端用小于 30N·m 的力转动摆臂张开凸轮时，两个摩擦蹄片的中部必须同时与制动鼓接触，然后用扳手固定制动蹄轴，同时拧紧该轴的锁紧螺母。注意：在拧紧锁紧螺母时，制动蹄轴不得转动，否则重新调整。

（2）调好制动蹄间隙后连接拉杆，调整操纵装置。一般情况下，制动操纵杆从放松的极限位置往上拉，应有 2 "响" 的自由行程，第 3 "响" 开始有制动的感觉，至第 5 "响"，汽车应能在规定的坡度停住。

（3）如果仍觉自由行程过大，则需调整摇臂与凸轮的相互位置：先放松操纵杆至极限位置，拆下摆臂端部的夹紧螺栓，取下摆臂，并逆时针方向错开一至若干个齿，重新调整拉杆的调整螺母，直至拉动操纵杆时有 3～5 "响" 的行程，操纵杆明显感觉费力，而且汽车能按技术要求停住为止。在操纵杆完全放松时，驻车制动蹄摩擦衬片与鼓之间应保持 0.2～0.4mm 的间隙，用 294N 的力拉操纵杆末端时，将仅仅能把棘爪移到扇形齿板的第 5 个齿槽中。

项目四　汽车底盘故障诊断与排除

★训练任务一　诊断与排除制动防抱死失效故障

1. 训练要求

◇分析故障：从轮速传感器插头松脱、线路中导线破损，储液罐或管路制动液渗漏等方面分析判断故障，拟定故障排除方案。

◇排除故障：依次检查 ABS 故障灯、导线插接头，制动油管、总泵、分泵和控制阀。

◇验证效果：试车，检验维修竣工的车辆 ABS 能正常工作。

2. 训练相关准备

（1）设备及设施准备

序号	名　称	规　格	单位	数量	备　注
1	汽车		辆	1	
2	常用维修工具		套	1	
3	举升机		台	1	

（2）故障设置及选取原则

序号	故　障　设　置	选　取　原　则
1	制动液渗漏	在所列故障中任意选取一项
2	线路中导线破损	
3	插头松脱	

3. 评分标准

序号	作业项目	考核内容	配分	评分标准
1	劳保用品穿戴	劳保用品穿戴齐全	5	穿戴不全不得分
2	正确选用工具、量具和材料	选用工具、量具和材料齐全准确	5	缺一件扣1分，选错一件扣1分，扣完为止
3	根据故障现象分析故障原因	用正确的方法确认故障，分析产生故障原因	25	故障确认不准扣5～10分，分析原因不相关扣4～15分，每少说一项扣5分，扣完为止
4	诊断故障	用正确的方法诊断故障	25	诊断方法错误扣5～10分，诊断步骤每错一步扣5～10分，诊断结果错误不得分，扣完为止
5	故障排除	用正确方法排除故障	20	不能排除扣20分，自制一处故障扣5分，扣完为止
6	验证排除效果	按照要求验证排除效果	5	验证方法不当扣1～5分，不进行验证扣5分，扣完为止
7	正确使用工具和用具	工具和用具使用正确	5	一种工具或用具使用不正确扣1分，扣完为止；损坏丢失一件工具或用具不得分

续上表

序号	作业项目	考核内容	配分	评分标准
8	操作规程	操作规程执行情况	5	违反操作规程不得分
9	清理现场	清理、擦洗并回收工具和用具	5	少收一件工具或用具扣1分，扣完为止，未回收不得分
10	分数总计			100

4. 故障现象

常见故障现象是 ABS 故障警告指示灯点亮、车轮容易锁住、制动不良或 ABS 控制操作反常等。

5. 故障原因分析

（1）车轮容易锁住故障现象。装有 ABS 的汽车在紧急制动时，车轮容易锁住。原因有 ECU 电源电路故障，电池电压低于 12V，制动警告灯开关或线路故障，车速传感器和电磁控制阀导线束破损、搭铁，电磁控制阀故障。

（2）制动指示灯错亮故障现象。放开驻车制动器或行驶中制动警告指示灯亮。原因有制动液低于规定最低线，电磁阀故障，ECU（电源电路）故障，传感器失效，制动开关、液位开关、制动警告灯线路故障。

（3）制动不良或 ABS 控制操作反常故障现象。装有 ABS 的制动系统制动不良，或 ABS 控制操作出现异常，不能正常完成车轮防抱死的功能。原因有轮胎规格不对，胎压不正常，蓄电池电压过低，车速传感器故障，接头故障，制动管路或接头有泄漏等。

6. 故障诊断与排除

当 ABS 警示灯持续点亮时，或感觉 ABS 工作不正常时，应及时对系统进行故障诊断和排除。一般步骤如下：

（1）确认故障情况和故障症状。

（2）对系统进行直观检查，检查是否有制动液泄漏、导线破损、插头松脱、制动液位过低等现象。

（3）读解故障代码，既可以用解码器直接读解，也可以通过警示灯读取故障代码后，再根据维修手册查找故障代码所代表的故障情况。

（4）根据读解的故障情况，利用必要的工具和仪器对故障部位进行深入检查，确诊故障部位和故障原因。

（5）故障排除。

（6）清除故障代码。

（7）检查警示灯是否仍持续点亮。如果警示灯仍持续点亮，可能是系统中仍有故障存在，也有可能是故障已经排除，而故障代码未被清除。警示灯不再点亮后，进行路试，确认系统是否恢复工作。注意：不同型号的汽车的装备 ABS 可能不同，即使同一型号的汽车，生产年份不同其装备的 ABS 也可能不同。

★训练任务二　诊断与排除前轮异常磨损故障

1. 训练要求

◇分析故障：掌握从轮胎气压、前轮定位、前束和外倾调整不当、轮毂轴承松旷、转向节与主销松旷等方面分析前轮异常磨损的原因，拟定维修方案。

◇排除故障：按先易后难的原则，依次检查轮胎气压、转向节与主销松旷、轮毂轴承松旷、前轮定位不准等情况，彻底排除故障。

◇验证效果：检验维修竣工车辆侧的滑量。试车，检查前轮与路面接触的压痕。

2. 训练相关准备

（1）设备及设施准备

序号	名称	规格	单位	数量	备注
1	汽车		辆	1	
2	常用维修工具		套	1	
3	千斤顶		台	1	

（2）故障设置及选取原则

序号	故障设置	选取原则
1	轮胎气压不符合要求	
2	前轮定位不正确，前束和外倾调整不当	在所列故障中任意选取一项
3	轮毂轴承松旷或转向节与主销松旷	

3. 评分标准

序号	作业项目	考核内容	配分	评分标准
1	劳保用品穿戴	劳保用品穿戴齐全	5	穿戴不全不得分
2	正确选用工具、量具和材料	选用工具、量具和材料齐全准确	5	缺一件扣1分，选错一件扣1分，扣完为止
3	根据故障现象分析故障原因	用正确的方法确认故障，分析产生故障原因	25	故障确认不准扣5~10分，分析原因不相关扣4~15分，每少说一项扣5分，扣完为止
4	诊断故障	用正确的方法诊断故障	25	诊断方法错误扣5~10分，诊断步骤每错一步扣5~10分，诊断结果错误不得分，扣完为止
5	故障排除	用正确方法排除故障	20	不能排除扣20分，自制一处故障扣5分，扣完为止
6	验证排除效果	按照要求验证排除效果	5	验证方法不当扣1~5分，不进行验证扣5分，扣完为止
7	正确使用工具和用具	工具和用具使用正确	5	一种工具或用具使用不正确扣1分，扣完为止；损坏丢失一件工具或用具不得分
8	操作规程	操作规程执行情况	5	违反操作规程不得分
9	清理现场	清理、擦洗并回收工具和用具	5	少收一件工具或用具扣1分，扣完为止，未回收不得分
10	分数总计			100

4. 故障现象

前轮轮胎磨损加快，胎面形状出现单侧、中部或两侧等磨损异常的现象。

5. 故障原因分析

（1）前轮定位不正确，尤其是前束和外倾不正确。

（2）轮毂轴承松旷。

（3）转向节衬套与主销松旷。

(4) 前轮偏摇或摆振。
(5) 前梁弯、扭变形。
(6) 轮胎气压不符合要求。
(7) 轮胎长期未换位。

6. 故障诊断与排除

(1) 察看前轮轮胎的胎面,如发现胎面中部磨损严重,为轮胎气压过高所致。如发现胎面两侧磨损严重,为轮胎气压过低所致。

(2) 察看胎面,如发现胎面一侧磨损严重,为前轮外倾不准或长期未换位造成。在轮胎定期换位的情况下,胎面外侧肩部磨损严重,为外倾过大所致。反之,当胎面侧肩部磨损严重时,为内倾过大所致。

(3) 察看胎面,如发现胎面外侧磨损严重,内侧磨损较轻,磨损痕迹从内向外横过胎面,为前束过大造成。反之,为前束过小或负前束造成。

(4) 面对轮胎侧面,用手沿汽车横向反复推、拉胎顶部,并支起前桥用撬杠上下撬动前轮,以检查转向节衬套与主销和轮毂轴承的松旷量是否严重(会改变前束和外倾的大小),如果严重,则故障在此。

(5) 支起前桥,置大型划针分别指向轮辋与胎侧,转动前轮,检查轮辋与轮胎是否偏摇。前轮偏摇或前轮摆振严重,均会造成前轮不正常磨损。

★训练任务三 诊断与排除汽车制动拖滞故障

1. 训练要求

◇分析故障:掌握从制动踏板自由行程、制动主缸(皮碗发胀、复位弹簧过软)、制动蹄间隙、制动蹄复位弹簧(过软、折断)等方面分析制动拖滞的原因,拟定维修方案。

◇排除故障:按照先简后繁的原则,依次检查踏板自由行程、制动蹄片间隙、复位弹簧、主缸及分泵皮碗等。

◇验证效果:试车,检验维修竣工车辆的制动性能。转动车轮,检查拖滞情况。

2. 训练相关准备

(1) 设备及设施准备

序号	名 称	规 格	单位	数量	备 注
1	汽车		辆	1	
2	常用维修工具		套	1	
3	千斤顶		台	1	

(2) 故障设置及选取原则

序号	故 障 设 置	选 取 原 则
1	制动踏板自由行程过小或无自由行程	
2	制动主缸皮碗发胀,复位弹簧过软	在所列故障中任意选取一项
3	制动蹄摩擦片与制动鼓间隙过小, 制动蹄复位弹簧过软、折断	

3. 评分标准

序号	作业项目	考核内容	配分	评分标准
1	劳保用品穿戴	劳保用品穿戴齐全	5	穿戴不全不得分
2	正确选用工具、量具和材料	选用工具、量具和材料齐全准确	5	缺一件扣1分,选错一件扣1分,扣完为止

续上表

序号	作业项目	考核内容	配分	评分标准
3	根据故障现象分析故障原因	用正确的方法确认故障，分析产生故障原因	25	故障确认不准确扣5～10分，分析原因不相关扣4～15分，每少说一项扣5分，扣完为止
4	诊断故障	用正确的方法诊断故障	25	诊断方法错误扣5～10分，诊断步骤每错一步扣5～10分，诊断结果错误不得分，扣完为止
5	故障排除	用正确方法排除故障	20	不能排除扣20分，自制一处故障扣5分，扣完为止
6	验证排除效果	按照要求验证排除效果	5	验证方法不当扣1～5分，不进行验证扣5分，扣完为止
7	正确使用工具和用具	工具和用具使用正确	5	一种工具或用具使用不正确扣1分，扣完为止；损坏丢失一件工具或用具不得分
8	操作规程	操作规程执行情况	5	违反操作规程不得分
9	清理现场	清理、擦洗并回收工具和用具	5	少一件工具或用具扣1分，扣完为止，未回收不得分
10	分数总计			100

4. 故障现象

故障现象是在行车制动中，当抬起制动踏板时，全部或个别车轮仍有制动作用，致使车辆起步困难，行驶无力，制动鼓发热。

5. 故障原因分析

（1）制动踏板没有自由行程或回位弹簧过软、折断，踏板轴锈滞，发卡回位困难。
（2）主缸活塞变形，回位弹簧过软或折断。
（3）制动间隙过小，制动蹄回位弹簧过软、失效，制动蹄在支撑销上不能自由转动。
（4）制动轮缸皮碗胀大，活塞变形。
（5）制动管路凹瘪、堵塞，导致回油不畅。

6. 故障诊断与排除

（1）汽车行驶一段路程后用手抚摸各制动鼓，若全部发热，说明故障在制动主缸。若个别制动鼓发热，则故障在该车的制动轮缸。

（2）若故障在制动主缸，应先检查踏板自由行程。如果无自由行程，则主缸推杆与活塞间隙过小或没有间隙，应进行调整。若自由行程符合标准，则拆下主缸贮油室加油螺塞，踩下踏板慢回位，看其回油状况，若不回油则孔堵塞。若回油缓慢则为皮碗、皮圈发胀或回位弹簧无力，或油液太脏，黏度太大。经检查不符合技术标准，一律更换。

（3）若故障在制动轮缸，把有故障的车轮顶起，旋松制动轮缸的放气螺钉，如制动液随之急速喷出；车轮也立即旋转自如，说明管路堵塞。轮缸不能回油，此时应疏通油管。若旋转车轮仍有拖滞，可检查制动间隙和回位，若正常，应检拆制动轮缸。必要时，活塞、皮碗均换用新件。

训练任务四　诊断与排除前轮摆振故障

1. 训练要求

◇分析故障：掌握从前轮前束、前轴变形、转向器磨损、球头松旷、轮毂轴承松旷等方面分析故障原因，拟定维修方案。

◇排除故障：按先易后难的原则，依次检查球头松旷、转向器轴承松旷、轮毂轴承松旷、前轮前束定位不准等情况，彻底排除故障。

◇验证效果：试车，检验维修竣工车辆的前轮行驶情况。

2. 训练相关准备

(1) 设备及设施准备

序号	名　称	规　格	单位	数量	备　注
1	汽车		辆	1	
2	常用维修工具		套	1	
3	千斤顶		台	1	
4	举升机		台	1	

(2) 故障设置及选取原则

序号	故障设置	选取原则
1	转向器螺杆两端轴承严重磨损	在所列故障中任意选取一项
2	横、直拉杆球头销及球头座磨损	
3	前轮轮毂轴承磨损松旷	

3. 评分标准

序号	作业项目	考核内容	配分	评分标准
1	劳保用品穿戴	劳保用品穿戴齐全	5	穿戴不全不得分
2	正确选用工具、量具和材料	选用工具、量具和材料齐全准确	5	缺一件扣1分，选错一件扣1分，扣完为止
3	根据故障现象分析故障原因	用正确的方法确认故障，分析产生故障原因	20	故障确认不准确扣5～10分，分析原因不相关扣4～15分，每少说一项扣5分，扣完为止
4	诊断故障	用正确的方法诊断故障	25	诊断方法错误扣5～10分，诊断步骤每错一步扣5～10分，诊断结果错误不得分，扣完为止
5	故障排除	用正确方法排除故障	20	不能排除扣20分，自制一处故障扣5分，扣完为止
6	验证排除效果	按照要求验证排除效果	5	验证方法不当扣1～5分，不进行验证扣5分，扣完为止
7	正确使用工具和用具	工具和用具使用正确	5	一种工具或用具使用不正确扣1分，扣完为止；损坏丢失一件工具或用具不得分
8	操作规程	操作规程执行情况	5	违反操作规程不得分
9	清理现场	清理、擦洗并回收工具和用具	5	少收一件工具或用具扣1分，扣完为止，未回收不得分
10	分数总计			100

4. 故障现象

汽车前转向轮在一定行驶速度下，沿一条弯曲的波形轨迹前进，同时前轴在垂直平面内产生振动，引起前轮上下跳动，严重时方向盘发抖，手感发麻，甚至在驾驶室内可看到整个车头晃动的现象。

5. 故障原因分析

（1）转向机构松旷。转向机构除了传递来自方向盘的转向扭矩之外，还有阻尼转向轮自动偏转的作用。若转向机构各配合件磨损松旷，间隙过大，将会使转向传动系统阻尼作用减弱，振动位移量加大。前轮稳定效应降低。

（2）前轮定位参数失常。前轮定位包括前轮外倾、前轮前束、主销内倾和主销后倾4个要素，且不同型号的车型都有各自的参数值。如果前桥弯扭变形，主销与衬套磨损过于松旷，钢板弹簧固定松旷或错位等都会使前轮定位参数失常，从而破坏了转向轮的稳定效应，引起前轮摆振。

（3）前轮质量不平衡。前轮质量不平衡，对转向轮的跳动和摇摆都有影响。造成前轮质量不平衡的具体因素有：

①前轮轮盘、轮毂和轮胎等的加工精度不高，材料及其密度不均匀。

②装配时，轮胎、轮盘和轮辋等装配不同心。

③轮胎磨损不均匀，外胎修补或翻新。另外，转向系刚度太低，前钢板弹簧骑马螺栓松动或钢板销与其衬套配合松旷，转向系与前悬架的运动互相干涉，道路不平，货物装载不合理等对前轮摆振也有影响。

（4）轮毂轴承松旷或损坏。轮毂轴承松旷或损坏，前轮就不能有效地受到轴向牵制，车轮遇到阻力就会在转向节轴上径向摆动，从而牵动车轮沿主销摆振。

（5）轮辋变形。轮辋变形，车轮滚动必然产生摆振，轮胎螺丝松动，也会产生前轮摆振的后果。

（6）前钢板弹簧挠度或片数不一致。前左右钢板弹簧挠度或片数不一致，不仅会使前轮定位失常，而且会使车架倾斜，使得两前轮承载质量不均也容易引起前轮摆振。

（7）车架变形或车架刚性差。车架变形，会出现如同前钢板弹簧挠度或片数不一致的后果。车架刚性差，遇到颠簸，使承载重心交变游动造成前轮摆振。

（8）轮胎气压过高。轮胎气压过高，遇到颠簸便过于弹跳，再加上其他不良因素也会引起前轮摆振。

6. 故障诊断与排除

排除方法可采取由外到内、由简单到复杂，分段逐步检查。

（1）检查转向系各部位的配合是否松旷，若松旷应予以调整或修复，前轮定位是否合乎规范要求。若前束值过小或过大，应正确调整前束，使前轮不摇摆，且轮胎磨损正常。

（2）若经查无异常时，再架起驱动桥，起动发动机挂挡运行，使驱动轮达到行驶时摆振车速。若车身和方向盘都抖动，则为传动系有故障，否则可确定为前桥、转向系统有故障。

（3）当确定前桥、转向系统有故障时，应顶起前轴，拆下直拉杆，使之与摇臂分开推动摇臂和转动前轮，再确定故障是在转向机还是在联动装置分别予以检查和排除。顶起前后轴，沿轴向扳动轮胎，若有轴向移动，则应调整轮毂轴承。

（4）检查前轮质量是否平衡。首先察看前轮是否装用了翻新胎，外胎有无严重损伤，若有应予以更换；若无可用轮胎平衡仪检查前轮的质量。若无轮胎平衡仪，可以用简便的方法进行：将前桥顶起分别转动左右轮。当转动着的车轮完全静止后，用粉笔或油漆在轮胎下缘作一标记，而后再次转动，如若每次转动静止后的静止点均在同一位置上，则证明车轮不平衡；若静止点毫无规律，则证明车轮基本平衡。

（5）检查前钢板弹簧骑马螺栓，前钢板销与衬套等处是否松旷，若松旷予以修复；若不松旷，再检查左、右两副钢板弹簧的厚度、片数、弧高、长度和新旧程度是否一致，若不一致予以调整。

（6）经过上述检查均无问题，则应考虑转向系的刚度、货物的装载情况，轮胎气压和道路的影响等。

训练任务五　诊断与排除变速器异响故障

1. 训练要求

◇分析故障：掌握从润滑油、变速器壳、齿轮啮合间隙、齿轮质量、各轴质量这几方面分析变速器异响原因，拟定维修方案。

◇排除故障：根据异响的特征，初步判断故障部位，再进一步分解、检查，找出确切的故障点，更换或修复故障零件。

◇验证效果：试车，验证变速器异响故障是否彻底排除。

2. 训练相关准备

(1) 设备及设施准备

序号	名　称	规　格	单位	数量	备　注
1	汽车		辆	1	
2	常用维修工具		套	1	
3	千斤顶		台	1	

(2) 故障设置及选取原则

序号	故　障　设　置	选　取　原　则
1	齿轮啮合间隙过小或过大	
2	齿轮断齿或齿面剥落	在所列故障中任意选取一项
3	中间轴、第2轴弯曲；变速器壳变形	
4	润滑油过少或黏度低	

3. 评分标准

序号	作业项目	考核内容	配分	评分标准
1	劳保用品穿戴	劳保用品穿戴齐全	5	穿戴不全不得分
2	正确选用工具、量具和材料	选用工具、量具和材料齐全准确	5	缺一件扣1分，选错一件扣1分，扣完为止
3	根据故障现象分析故障原因	用正确的方法确认故障，分析产生故障原因	20	故障确认不准确扣5~10分，分析原因不相关扣4~15分，每少说一项扣5分，扣完为止
4	诊断故障	用正确的方法诊断故障	25	诊断方法错误扣5~10分，诊断步骤每错一步扣5~10分，诊断结果错误不得分，扣完为止
5	故障排除	用正确方法排除故障	20	不能排除扣20分，自制一处故障扣5分，扣完为止
6	验证排除效果	按照要求验证排除效果	5	验证方法不当扣1~5分，不进行验证扣5分，扣完为止
7	正确使用工具和用具	工具和用具使用正确	5	一种工具或用具使用不正确扣1分，扣完为止；损坏丢失一件工具或用具不得分
8	操作规程	操作规程执行情况	5	违反操作规程不得分
9	清理现场	清理、擦洗并回收工具和用具	5	少收一件工具或用具扣1分，扣完为止，未回收不得分
10	分数总计			100

4. 故障现象

变速器壳体的变形与磨损是导致变速器异响，变速器空挡异响，直接挡工作无异响，其他挡均有异响；低速挡有异响，高速挡时响声减弱或消失；变速器个别挡有异响，变速器各挡均有异响。

5. 故障原因分析

变速器异响的原因主要有以下几个方面：

（1）新更换的齿轮副不匹配或单独更换了一个齿轮，破坏了原来的配合。
（2）轮齿磨损过度，齿侧间隙变大，导致齿面撞击声响。
（3）齿轮齿面损伤或齿轮断裂、个别齿折断，造成较为强烈的金属敲击声响。
（4）同步器的严重磨损，锁环滑块槽的严重磨损及环齿折断，均会产生不正常响声。
（5）齿轮油不足或变质，将导致各运动副润滑不良，出现金属干摩擦声响。
（6）各轴弯曲变形，同轴度和垂直度误差过大，影响了齿轮的正常啮合和轴承的正常运转。
（7）滑移齿轮齿槽与花键齿磨损严重，配合松旷导致主、从动齿轮相互撞击，产生异响。
（8）变速器壳体磨损、变形及总成定位不良，会破坏各齿轮副、轴承及花键齿的配合精度，是导致变速器异响的重要原因。
（9）变速操纵机构中，变速杆及变速叉变形、松动及过度磨损均会造成异响。

6. 故障诊断与排除

（1）在汽车行驶中，若听到变速器部位有金属干摩擦声，触摸变速器外壳感到烫手，则为润滑油不足或变质，应按规定添加或更换变速器润滑油。

（2）变速器空挡异响的故障诊断。

变速器空挡时，承受负荷的仅有第1轴常啮合齿轮及其轴承，其诊断过程如下：

①发动机怠速运转，变速器置空挡时有异响，拉紧驻车制动后响声加重，踏下离合器踏板响声消失。行驶中响声并不明显，用听诊器或金属棒触听变速器前端，异响较其他部位强烈，则为第1轴后轴承及轴承孔磨损松旷。

②在上述工作状况时，若变速器有不均匀的噪声，拉紧驻车制动后响声更大，汽车行驶中声响也清晰，多为常啮合齿轮啮合不良。变速器轴同轴度、垂直度误差过大，将导致齿轮啮合不良，产生异响，且在非直接挡行驶时，响声增大。

③发动机怠速运转，变速器有明显噪声，转速提高噪声增大并转为齿轮撞击声。可先轻轻推拉变速杆，若有明显振动感，可旋松变速器盖固定螺栓，将盖微微移动，若移至某种程度时响声减轻或消失，说明变速器盖原来定位失准，应重新定位、安装。若响声不变则应检查变速叉有无松动、变形，若有则进行校正和紧固。

（3）直接挡工作无异响，其他挡均有异响的故障诊断。

普通变速器在直接挡工作时，中间轴和第2轴前轴承并不承受负荷，而在其他挡工作时，两者均有负荷。其诊断过程如下：

①若在任一非直接挡工作时，变速器均有连续的金属敲击声，并伴有变速杆的前后振摆，说明第2轴前滚针轴承损坏。

②在任一非直接挡工作时，均有连续的沉闷噪声，且在毗邻直接挡的低速挡噪声尤重，多为中间轴前或后轴承损坏。

③若以任一非直接挡行驶时变速器突然出现强烈的"当当"金属敲击声，多为第1轴常啮合齿轮副个别齿折断。

④对上述情况可拆下变速器盖予以验证。若第2轴前端径向间隙过大，说明滚针轴承不良；中间轴径向间隙过大，说明其两端轴承不良；啮合齿轮损伤可直接目测。

（4）低速挡有异响，高速挡时响声减弱或消失的故障诊断。

变速器在1挡、2挡和倒挡传递扭矩较大，且1、2挡齿轮又接近第2轴后轴承，因此在低速挡时轴承负荷比高速挡时大得多，若有损坏则特别易在1、2挡时表现出来。诊断过程如下：

①架起驱动桥，启动发动机，使变速器在1、2挡或倒挡运转。听查异响并辅以听诊器或金属棒听诊，可确诊异响部位在第2轴后轴承及倒挡齿轮处。

②停车并将变速器置于空挡，放松驻车制动。径向晃动第2轴突缘，若其径向间隙过大，说明第2轴后

轴承松旷或损坏。

(5) 变速器个别挡异响的故障诊断。

变速器个别挡异响多为在异响挡位工作时，承受负荷的齿轮、轴承磨损或损坏所致。

1) 若某挡有异响，可能是该挡齿轮啮合不良或齿面剥落伤、断齿等，可拆下变速器盖予以验证。

2) 更换某挡齿轮后该挡产生异响，则为单独更换了一个齿轮后破坏了原来的配合所致。

(6) 变速器各挡均有异响的故障诊断。

变速器各挡均有异响，多为变速器壳严重磨损、变形所致。

①变速器在各挡行驶均有连续而沉闷的异响，且挂挡吃力，变速器温度过高。原因是第2轴弯曲或壳体的轴孔中心距小而使齿轮啮合间隙过小。

②汽车在各挡行驶时，变速器均有杂乱噪声，车速越高，噪声越大，多为更换中间轴或第2轴后轴承后，使齿轮啮合位置改变所致。若第2轴与各滑动齿轮花键配合松旷，则在高速挡行车时响声明显，特别是突然踩下加速踏板时，响声更为清晰。

(7) 汽车运行中时有时无，尤其在不平路面上行驶时，操纵杆摆动会发出一种较沉闷、无节奏的响声，而握住手柄时响声即消失，一般为变速叉凹槽磨损或操纵杆下端工作面磨损所致，可焊补修复或调换新件。

(8) 若上述检查均正常，则应检查变速器螺栓螺母是否松动，变速器内有无异物等。

训练任务六　诊断与排除万向传动装置异响故障

1. 训练要求

◇分析故障：从中间支撑、万向节叉排列、连接螺栓、十字轴及轴承等方面分析异响故障的原因，拟定维修方案。

◇排除故障：按先易后难的原则依次对各部位进行检查维修，找出并排除故障点。

◇验证效果：试车，验证万向传动装置异响故障已排除。

2. 训练相关准备

(1) 设备及设施准备

序号	名　　称	规　　格	单位	数量	备　注
1	汽车		辆	1	
2	常用维修工具		套	1	
3	千斤顶		台	1	

(2) 故障设置及选取原则

序号	故　障　设　置	选　取　原　则
1	中间支撑轴承松旷或散架	
2	传动轴万向节叉等速排列损坏	在所列故障中任意选取一项
3	各连接部位的螺栓松动	
4	十字轴及滚针轴承损坏	

3. 评分标准

序号	作业项目	考核内容	配分	评分标准
1	劳保用品穿戴	劳保用品穿戴齐全	5	穿戴不全不得分
2	正确选用工具、量具和材料	选用工具、量具和材料齐全准确	5	缺一件扣1分，选错一件扣1分，扣完为止

续上表

序号	作业项目	考核内容	配分	评分标准
3	根据故障现象分析故障原因	用正确的方法确认故障，分析产生故障原因	20	故障确认不准确扣5~10分，分析原因不相关扣4~15分，每少说一项扣5分，扣完为止
4	诊断故障	用正确的方法诊断故障	25	诊断方法错误扣5~10分，诊断步骤每错一步扣5~10分，诊断结果错误不得分，扣完为止
5	故障排除	用正确方法排除故障	20	不能排除扣20分，自制一处故障扣5分，扣完为止
6	验证排除效果	按照要求验证排除效果	5	验证方法不当扣1~5分，不进行验证扣5分，扣完为止
7	正确使用工具和用具	工具和用具使用正确	5	一种工具或用具使用不正确扣1分，扣完为止；损坏丢失一件工具或用具不得分
8	操作规程	操作规程执行情况	5	违反规操作规程不得分
9	清理现场	清理、擦洗并回收工具和用具	5	少收一件工具或用具扣1分，扣完为止，未回收不得分
10		分数总计		100

4. 故障现象

故障现象是万向传动装置在汽车行驶过程中发出不同的响声。

5. 故障原因分析

（1）中间支撑轴承松旷或散架。

（2）传动轴万向节叉等速排列损坏。

（3）各连接部位的螺栓松动。

（4）十字轴及滚针轴承损坏。

6. 故障诊断与排除

在汽车起步或突然改变车速时，传动装置发出"咣"的一声；当汽车缓慢行驶时，传动装置发出"呱啦、呱啦"的响声，说明是万向节响。汽车行驶中发出周期性的响声，速度越快时响声越大，严重时车身发生抖振，甚至握方向盘的手有麻木感，说明是传动轴弯曲引起的响声。汽车行驶中产生一种连续的"呜呜"的响声，车速越快响声越大，说明是中间支承响。

按照异响故障的部位，分别对下列各部位进行诊断和排除：

（1）万向节套筒与万向节叉孔磨损松旷，应予更换新件。

（2）万向节叉凸缘盘连接螺栓松动，应予紧固或更换新件。

（3）传动轴伸缩节花键因磨损和冲击造成松旷，应予更换新件。

（4）传动轴弯曲，应予校正。

（5）传动轴上的平衡片失落或套管凹陷，应重新做动平衡。

（6）传动轴套管与万向节叉或伸缩节花键轴焊接时位置歪斜或焊接后传动轴未进行动平衡，应予更换或做动平衡。

（7）伸缩节未按标记安装，应按记号装配。

（8）中间支承固定螺栓松动，应予紧固或更换。

（9）中间支承固定位置不正确，应按正确位置固定。

（10）中间支承滚动轴承润滑不良，滚道表面有麻点、凹痕或退火变色等损伤，应予润滑或更换。

（11）中间支承橡胶圆环垫破损，应予更换新件。

训练任务七　诊断与排除自动变速器故障指示灯亮的故障

1. **训练要求**

    ◇分析故障：从变速箱的传感器、执行器、控制单元或其线路等方面的原因分析自动变速器故障指示灯亮的故障原因，拟定维修方案。

    ◇排除故障：按先易后难的原则依次对各部位进行检查维修，找出并排除故障点。

    ◇验证效果：试车，验证自动变速器故障指示灯点亮故障已排除。

2. **训练相关准备**

    （1）设备及设施准备

序号	名　　称	规　　格	单位	数量	备　注
1	汽车		辆	1	
2	常用维修工具		套	1	
3	跨接线（SST）		根	1	
4	数字式万用电表		个	1	
5	千斤顶		台	1	

（2）故障设置及选取原则

序号	故障设置	选取原则
1	变速箱的传感器或其线路故障	
2	变速箱执行元件或其线路故障	在所列故障中任意选取一项
3	控制单元或其线路故障	

3. **评分标准**

序号	作业项目	考核内容	配分	评分标准
1	劳保用品穿戴	劳保用品穿戴齐全	5	穿戴不全不得分
2	正确选用工具、量具和材料	选用工具、量具和材料齐全准确	5	缺一件扣1分，选错一件扣1分，扣完为止
3	根据故障现象分析故障原因	用正确的方法确认故障，分析产生故障原因	20	故障确认不准确扣5~10分，分析原因不相关扣4~15分，每少说一项扣5分，扣完为止
4	诊断故障	用正确的方法诊断故障	25	诊断方法错误扣5~10分，诊断步骤每错一步扣5~10分，诊断结果错误不得分，扣完为止
5	故障排除	用正确方法排除故障	20	不能排除扣20分，自制一处故障扣5分，扣完为止
6	验证排除效果	按照要求验证排除效果	5	验证方法不当扣1~5分，不进行验证扣5分，扣完为止
7	正确使用工具和用具	工具和用具使用正确	5	一种工具或用具使用不正确扣1分，扣完为止；损坏丢失一件工具或用具不得分
8	操作规程	操作规程执行情况	5	违反操作规程不得分

续上表

序号	作业项目	考核内容	配分	评分标准
9	清理现场	清理、擦洗并回收工具和用具	5	少收一件工具或用具扣1分,扣完为止,未回收不得分
10	分数总计			100

4. 故障现象

发动机启动后,自动变速器故障警告灯常亮,警示自动变速器出现故障。

5. 故障原因分析

(1) 变速箱的传感器或其线路故障。

(2) 变速箱执行元件或其线路故障。

(3) 控制单元或其线路故障。

6. 故障诊断与排除

以丰田汽车自动变速器为例,故障排除方法如下。

(1) 读取汽车自动变速器故障代码。大部分日本丰田汽车的故障检测插座位于发动机附近,少数位于仪表盘下方。故障代码人工读取方法如下。

①打开点火开关,但不要启动发动机。

②按下超速挡开关,使之置于"ON"位。

丰田轿车以仪表盘上的"OD/OFF"超速挡指示灯作为故障警告灯。若超速挡开关置于"ON"时,打开点火开关或汽车行驶中"OD/OFF"指示灯不停地闪烁,说明自动变速器的控制系统有故障。在读取故障代码时,不要将超速挡开关置于"OFF"位置,否则"OD/OFF"指示灯将一直发亮,无法读取故障代码。

③打开位于发动机附近的汽车电脑故障检测插座盖,按照盖内所注明的各插孔的名称,用一根导线将Tt1(故障自诊断触发端)和E1(搭铁)两插孔连接。

④根据自动变速器故障警告灯的闪亮规律读出故障代码。若自动变速器控制系统工作正常,电脑内没有故障代码,则故障警告灯以每秒2次的频率连续闪亮。若自动变速器电脑内存在故障代码,则故障警告灯以每秒1次的频率闪亮,并将两位数故障代码的十位数和个位数先后用故障警告灯的闪亮次数表示出来。例如当故障代码为23时,故障警告灯先以每秒1次的频率闪亮2次,表示故障代码的十位数为2,然后停顿5s,再以每秒1次的频率闪亮3次,表示故障代码的个位数为3。

当电脑内贮存有几个代码时,电脑按故障代码的大小,依次将贮存的所有故障代码显示出来,相邻2个故障代码之间的停顿时间为2.5s。当所有故障代码全都显示完毕,停顿4.5s,再重新开始显示。如此反复,直到从故障检测插座上拔下连接导线为止。

⑤读取所有的故障代码后,从检测插座上拔下连接导线,关闭点火开关。

(2) 根据故障代码含义,进行故障排除(例如61-车速传感器无信号)。下面以车速传感器为例介绍它的检修过程,其他与此类同:

①车速传感器阻值检测。

• 点火开关OFF,拔下车速传感器的线束插头。

• 万用电表测量车速传感器两接线柱之间的电阻,1、2端子之间的电阻R_{12}为560~680Ω。如果感应线圈短路、断路或电阻值不符合标准,应更换传感器。

②车速传感器的功能检测。

• 用千斤顶将汽车一侧的驱动轮顶起,把挡杆置于空挡位,用手转动悬空的驱动轮,同时用万用电表测量车速传感器两接线柱之间有无脉冲感应电压。测量时应将万用电表选择开关转至1V以下的直流电压挡,若测量时万用电表指针有摆动,说明传感器有输出脉冲,其工作正常,否则,应更换传感器。

• 也可以将车速传感器拆下,用一块磁铁靠近车速传感器的前端,然后迅速移开,同时检查传感器端子1~2之间的电压,若有脉冲感应电压,则说明传感器良好,若无感应电压或感应电压很微弱,说明传感器有故障,应更换新件。

(3) 消除故障码。拔下主继电器保险,给电脑断电时间大于15s,故障码将自行消失。

项目五 汽车电器设备检修

★训练任务一 前照灯检测与调整

1. **训练要求**
   ◇检测仪调校：做好检测仪调整、校准等检测准确工作。
   ◇前照灯检测：掌握正确的方法检测前照灯的发光强度，近光灯、远光灯的照射角度。
   ◇前照灯调整：根据检测结果进行分析判断，有针对性地进行检修或调整。

2. **训练相关准备**

序号	名　　称	规　　格	单位	数量	备　注
1	汽车		辆	1	
2	前照灯检测仪		台	1	
3	汽车维修常用工具		套	1	

3. **评分标准**

序号	作业项目	考核内容	配分	评 分 标 准
1	劳保用品穿戴	劳保用品穿戴齐全	5	穿戴不全不得分
2	正确选用工具、量具和材料	选用工具、量具和材料齐全准确	5	缺一件扣1分，选错一件扣1分，扣完为止
3	前照灯检测仪调校	采取正确的方法调整、校准检测仪	15	方法不正确扣3分，清洗不彻底扣3分，扣完为止
4	前照灯光照强度检测	用正确方法检测前照灯光照强度	20	检测方法错误一处扣5分，扣完为止
5	远光灯照射角度检测	用正确方法检测远光灯照射角度	15	检测方法错误一处扣5分，扣完为止
6	近光灯照射角度检测	用正确方法检测近光灯照射角度	15	检测方法错误一处扣5分，扣完为止
7	前照灯检修与调整	用正确方法检修或调整前照灯	10	不会调整不得分，检修调整不正确扣5分
8	正确使用工具和用具	工具和用具使用正确	5	一种工具或用具使用不正确扣1分，扣完为止；损坏丢失一件工具或用具不得分
9	操作规程	操作规程执行情况	5	违反操作规程不得分
10	清理现场	清理、擦洗并回收工具和用具	5	少收一件工具或用具扣1分，扣完为止，未回收不得分
11	分数总计			100

4. **操作步骤**
   ◇步骤1：资料准确
   （1）近光光束照射位置：水平方向位置向左偏、向右偏均小于100mm。

(2) 远光光束照射位置：左灯向左偏小于100mm，向右偏小于170mm；右灯向左或向右偏均小于170mm。

(3) 前照灯发光强度：对于新车，两灯制的为15 000cd，四灯制的为12 000cd。对于在用车，两灯制的为12 000cd，四灯制的为10 000cd。

◇步骤2：检测仪准备

(1) 在前照灯检测仪不受光的情况下，检查光度计和光轴偏斜量指示计是否对准机械零点。若指针失准，可用零点调整螺钉调整。

(2) 检查聚光透镜和反射镜的镜面上有无污物，若有可用柔软的布或镜头纸等擦拭干净。

(3) 检查水准器的技术状况。若水准器无气泡，应进行修理；若气泡不在红线框内时，可用水准器调节器或垫片进行调整。

(4) 检查导轨是否沾有泥土等杂物，若有应扫除干净。

◇步骤3：车辆准备

(1) 清除前照灯上的污垢。

(2) 轮胎气压应符合汽车制造厂的规定。

(3) 汽车蓄电池应处于充足电状态。

◇步骤4：前照灯的检测

(1) 将被检汽车尽可能地与前照灯检测仪的轨道保持垂直方向驶近检测仪，直至前照灯与检测仪受光器之间达到规定的检测距离（3m、1m、0.5m或0.3m）。

(2) 用车辆摆正找准器使检测仪与被检汽车对正。

(3) 开亮前照灯，用前照灯照准器使检测仪与被检前照灯对正。

◇步骤5：检测光束照射位置（光轴偏斜量）和发光强度

(1) 对于聚光式前照灯检测仪，将"光度·光轴"转换开关旋至光轴一侧，转动上下和左右光轴刻度盘，使上下偏斜指示计和左右偏斜指示计的指示为零。此时，上下光轴刻度盘和左右光轴刻度盘的指示值即为光轴偏斜量。将"光度·光轴"转换开关旋至光度一侧，光度计的指示值即为发光强度。

(2) 对于屏幕式前照灯检测仪，要使固定屏幕上左右光轴刻度尺的零点与活动屏幕上的基准指针对正。左右和上下移动受光器，使光度计的指示值达到最大。此时，根据受光器上的基准指针所指活动屏幕上的上下刻度值和活动屏幕上的基准指针所指固定屏幕上的左右刻度值，即可得出光轴偏斜量。根据此时光度计上的指示值，即可得出发光强度。

(3) 对于投影式前照灯检测仪，要使光轴偏斜指示计的指示值为零，根据投影屏上前照灯影像中心所示的刻度值，即可读出光轴的偏斜量。如果这种检测仪设有光轴刻度盘，则要转动光轴刻度盘，使投影屏上的坐标原点与前照灯影像中心重合，读取此时光轴刻度盘上的指示值，即为光轴偏斜量。根据此时光度计上的指示值，即可得出发光强度。

(4) 对于自动追踪光轴式前照灯检测仪，只要按下控制盒上的测量开关，受光器立即追踪前照灯光轴，根据光轴偏斜指示计和光度计上的指示值，即可获得光轴偏斜量和发光强度。

(5) 用同样方法分别检测前照灯的近光、远光光束照射位置和发光强度。

(6) 检测结束，前照灯检测仪沿轨道退回护栏内，汽车驶出。

◇步骤5：前照灯的调整

如前照灯光束照射位置不正确，应按厂家规定的方法予以正确调整，使之符合技术标准。调整部位一般分为外侧调整式和内侧调整式两种。

☆训练任务二 空调系统的检修

1. 训练要求

◇压缩机检修：掌握正确的方法检查冷冻机油的油面高度，检查电磁离合器工作情况。

◇压缩机检验：检验压缩机的工作压力。

◇制冷剂检漏：采用肥皂水、卤素灯或电子检漏仪的方法检查制冷剂是否泄漏。

2. 训练相关准备

序号	名　称	规　格	单位	数量	备　注
1	汽车（带空调）		辆	1	
2	汽车空调维修工具		套	1	

3. 评分标准

序号	作业项目	考核内容	配分	评分标准
1	劳保用品穿戴	劳保用品穿戴齐全	5	穿戴不全不得分
2	正确选用工具、量具和材料	选用工具、量具和材料齐全准确	5	缺一件扣1分，选错一件扣1分，扣完为止
3	冷冻机油油面高度检查	采取正确的方法检查冷冻机油油面高度	15	检查方法每处不正确扣3分，扣完为止
4	电磁离合器的检修	用正确方法检修电磁离合器	20	检修方法错误一处扣5分，扣完为止
5	压缩机工作压力检验	用正确方法检验压缩机工作压力	15	检验方法错误一处扣5分，扣完为止
6	制冷剂检漏	用正确方法检查制冷剂是否泄漏	15	检漏方法错误一处扣5分，扣完为止
7	制冷效果检验	用正确方法检验空调的制冷效果	10	不会检验不得分，检验不正确扣5分
8	正确使用工具和用具	工具和用具使用正确	5	一种工具或用具使用不正确扣1分，扣完为止；损坏丢失一件工具或用具不得分
9	操作规程	操作规程执行情况	5	违反操作规程不得分
10	清理现场	清理、擦洗并回收工具和用具	5	少收一件工具或用具扣1分，扣完为止，未回收不得分
11	分数总计			100

4. 操作步骤

◇步骤1：检查压缩机的密封性

（1）可在压缩机上接上歧管压力表，高、低压软管分别与压缩机排气、吸入口相接。

（2）启动发动机，保持2 000r/min以上的转速，高压表的指示值应比正常值1.421～1.470MPa低，低压表的指示值应比正常值0.147～0.196MPa高。

（3）打开制冷系统，检查压缩机内是否能听到金属敲击声，油封和其他接合部位有无漏气和漏油现象。

①首先用视觉检查油封部位是否漏油，可用手触离合器与压缩机之间的部位，看是否有油污存在。

②检查前盖凸出部位的O形密封圈是否脱出。

③检查缸盖周围是否出现油污。

④检查加油孔形环附近是否有油污。

⑤检查气缸体是否有裂纹，在裂纹处往往有油污出现。

⑥检查各接头螺纹是否完好，螺纹磨损会导致漏油。

◇步骤2：检查压缩机的油位

更换压缩机零部件时应检查压缩机的油位，使其达到规定值。

◇步骤3：检查压缩机传动带张紧力
①检查传动带，如有裂纹、过度磨损应更换新件。
②检查传动带张力是否符合要求。传动带过紧，容易导致电磁离合器轴承早期磨损，甚至引起电磁离合器片打滑，使离合器温度升高，烧毁线圈；传动带过松，又会引起传动带打滑。
◇步骤4：电磁离合器间隙
检查压缩机离合器间隙，标准值应为0.60～1.00mm。否则，应进行调整。
◇步骤5：检查离合器磁场线圈
检查离合器磁场线圈，看是否有断损之处。若发现有断损处，应更换磁场线圈。检查离合器电压和电流值，电压应为12V，电流应为3.60～4.20A。否则，应将其故障排除。
◇步骤6：抽真空检漏
抽真空检漏（负压检漏）。通过做气密性试验法进行检漏，是对制冷系统抽真空以后，保持一段时间（>60min），观察系统中的真空压力表指针是否移动（即指针是否发生变化）的一种检漏方法。要指出的是，采用这种方法检漏方法，只能说明制冷系统是否泄漏，而不能确定泄漏的具体部位是否泄漏。
◇步骤7：电子检漏仪检漏
检查时应当遵照电子检漏仪制造厂家的有关规定。一般按下列步骤进行：
①转动控制器或敏感性旋钮至断开（off）或0位置。
②电子检漏仪接入规定电压的电源，接通开关。如果不是电池供电，应有5min的升温期；升温期结束后，放置探头于参考漏点处。
③调整控制器和敏感性旋钮至检漏仪有反应为止，移动探头反应应当停止，如果继续反应，则是敏感性调整得过高，如果停止反应，则是调整合适。
④移动寻漏软管，依次放在各接头下侧，还要检查全部密封件和控制装置。
⑤断开和系统连接的真空软管，检查真空软管接头处有无制冷剂蒸气。
⑥如发生漏点，检漏仪就会出现像放置在参考漏点处的反应状况。
⑦探头和制冷剂的接触时间不应过长，也不要把制冷剂气流或严重泄漏的地方对准探头，否则会损坏探测仪的敏感元件。

训练任务三　启动系统的检修

1. 训练要求

◇清洁分解：掌握正确的方法对起动机壳体进行彻底清洗，并按规范的方法步骤分解。
◇总成检修：正确规范地对转子总成、定子绕组、电刷组件、电磁开关进行检修。
◇起动机试验：掌握正确方法对起动机进行空载试验和全制动试验。

2. 训练相关准备

序号	名　　称	规　　格	单位	数量	备　　注
1	电器万能实验台		台	1	
2	起动机		台	1	
3	蓄电池		个	1	
4	一字旋具		套	1	
5	十字旋具		套	1	
6	开口扳手		套	1	
7	尖嘴钳		个	1	
8	扭力扳手		套	1	
9	台虎钳		架	1	
10	万用电表		块	1	

续上表

序号	名 称	规 格	单位	数量	备 注
11	百分表		块	1	
12	弹簧秤		个	1	
13	00号砂纸		张	若干	
14	游标卡尺		个	1	

3. 评分标准

序号	作业项目	考核内容	配分	评分标准
1	劳保用品穿戴	劳保用品穿戴齐全	5	穿戴不全不得分
2	正确选用工具、量具和材料	选用工具、量具和材料齐全准确	5	缺一件扣1分,选错一件扣1分,扣完为止
3	清洁、分解起动机壳体	采取正确的清洁方法措施,且清洗彻底、吹干;分解起动机	15	检修方法错误一处扣3分,清洗不彻底扣3分,扣完为止
4	定子、转子总成检修	用正确方法检修定子、转子组件	20	检修方法错误一处扣5分,扣完为止
5	电刷组件检修	用正确方法检修电刷组件	15	检修方法错误一处扣5分,扣完为止
6	电磁开关检修	用正确方法检修电磁开关	10	检修方法错误一处扣5分,扣完为止
7	起动机试验	用正确方法进行起动机试验	15	不会试验不得分,试验不正确扣5分
8	正确使用工具和用具	工具和用具使用正确	5	一种工具或用具使用不正确扣1分,扣完为止;损坏丢失一件工具或用具不得分
9	操作规程	操作规程执行情况	5	违反操作规程不得分
10	清理现场	清理、擦洗并回收工具和用具	5	少收一件工具或用具扣1分,扣完为止,未回收不得分
11	分数总计			100

4. **操作步骤**

◇步骤1:磁场绕组的检测

如图2-13所示,万用电表旋至零挡,用欧姆表检查励磁绕组两电刷之间时应导通;用欧姆表检查励磁绕组和定子外壳时不应导通。

◇步骤2:电枢的检查

(1) 万用电表旋至欧姆2MΩ挡位,换向器和电枢线圈铁芯之间不应导通,如图2-14 (a) 所示。

(2) 万用电表旋至欧姆200Ω挡位检查电枢绕组(换向片与换向片间),两表笔放在两整流片上,应该导通,如图2-14 (b) 所示。

(3) 用百分表检查换向器失圆,其失圆(跳动量)不应超过0.03mm,最新的标准为0.02mm,如图2-15所示。

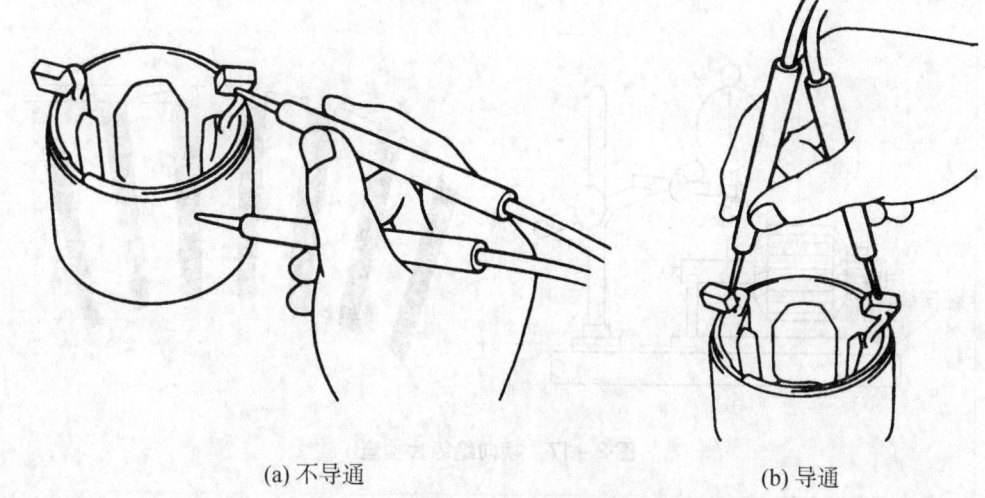

(a) 不导通　　　　　　　　　　　(b) 导通

图 2-13　磁场绕组及其外壳的检查

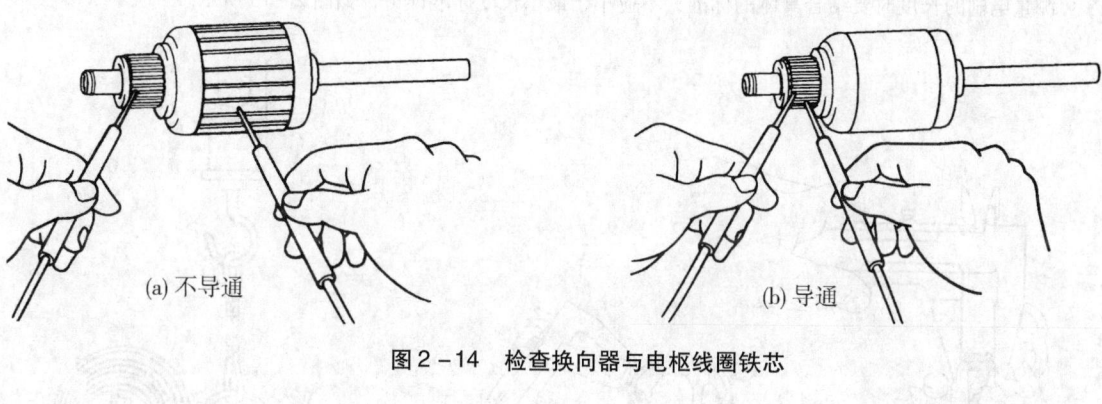

(a) 不导通　　　　　　　　　　　(b) 导通

图 2-14　检查换向器与电枢线圈铁芯

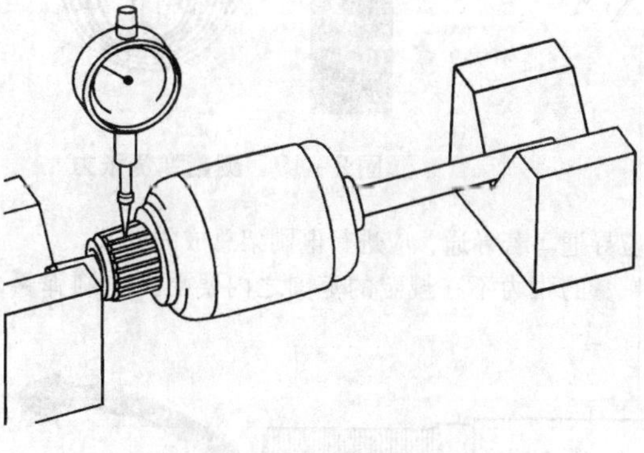

图 2-15　检查换向器失圆情况 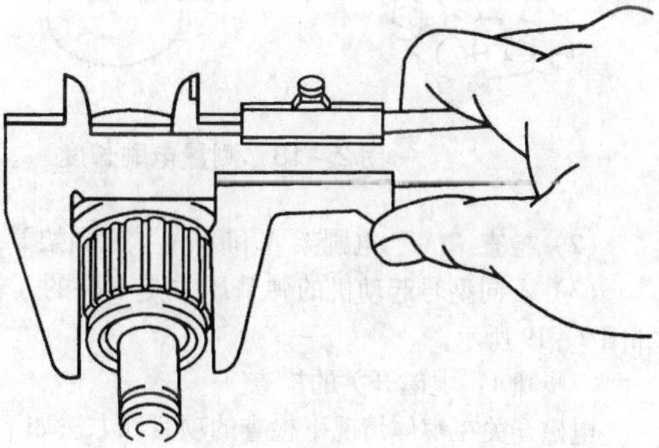　　　图 2-16　测量换向器最小直径

(4) 用游标卡尺检查换向器最小直径

检查时应和标准值进行比较，若测得的直径小于最小值，应更换电枢，如图 2-16 所示。

(5) 用百分表检查电枢轴跳动，其跳动量应小于 0.08mm，否则应进行校正或更换电枢，如图 2-17 (a) 所示。

(6) 换向器绝缘片的检查。换向器绝缘片应洁净和无异物，其深度标准值为 0.5～0.8mm，使用极值为 0.2mm，超过极限值时，应使用锉刀进行修正，如图 2-17 (b) 所示。

图2-17 换向绝缘片检查

◇步骤3：电刷、电刷架及电刷弹簧的检查

(1) 用游标卡尺测量电刷长度

测量电刷的长度时要结合具体的标准，不应小于最小长度标准即可，如图2-18所示。

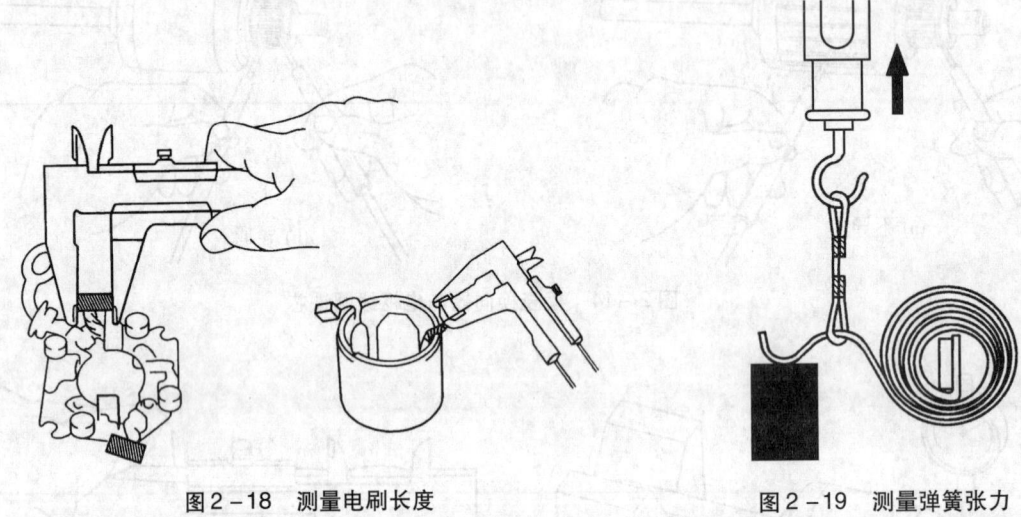

图2-18 测量电刷长度　　　　　　图2-19 测量弹簧张力

(2) 检查"+"电刷架A和"-"电刷架B之间不应导通。若导通，应进行电刷架总成的更换。

(3) 不同型号起动机的弹簧压力是不同的，若测得弹簧的张力不在规定的范围之内要更换电刷弹簧，如图2-19所示。

◇步骤4：电磁开关的检查

电磁开关在解体情况下检查的项目和方法如下：

(1) 活动铁芯的检查。推入活动铁芯然后松开，活动铁芯应能迅速回位，如图2-20所示。

(2) 吸引线圈的开路检查。用欧姆表连接端子50和端子C时应导通，并且电阻的阻值应在标准范围内，可以进行不解体检查，如图2-21所示。

(3) 保持线圈的开路检查。用欧姆表连接端子50和搭铁时，应导通，并且电阻的阻值在标准范围内，可以进行不解体检查，如图2-22所示。

(4) 电磁开关接触片的检查，检查时，可用手

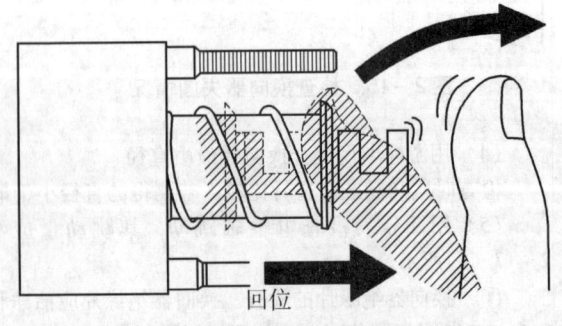

图2-20 活动铁芯的检查

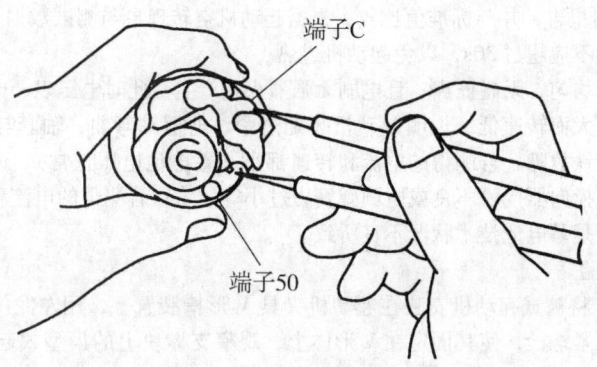

图2-21 吸引线圈的开路检查

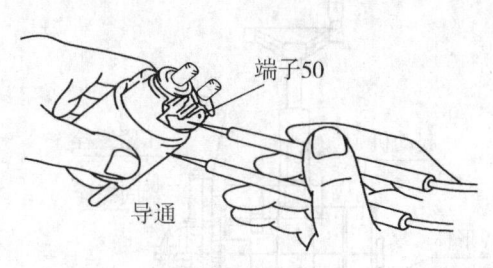

图2-22 吸引线圈开路检查

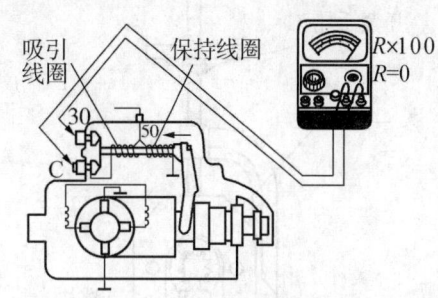

图2-23 装复后性能测试

推动活动铁芯,使其触盘与两接线柱接触,然后用欧姆表连接端子30和端子C时应导通,并且在正常情况下电阻的阻值为0。

解体检查结束之后,按照起动机装复的步骤进行装复。在装复之后应进行性能测试,如图2-23所示。

◇步骤5:空载试验

(1) 如图2-24所示将起动机固定在汽车电器万能试验台上。

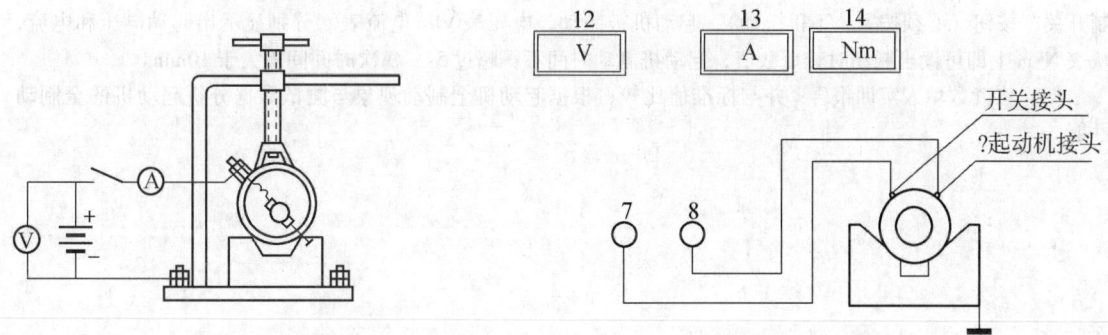

图2-24 起动机空载试验

图2-25 连接线路

(2) 接线。用附件线将起动机电磁开关和起动机"磁力开关插座"7相连,用附件线将起动机和"起动机插座"8相连,根据被试起动机的额定电压,变换"起动机电源线"在蓄电池12V或24V的位置,如图2-25所示。

(3) 按"起动机控制开关"按钮,起动机开始空转,在30s内,迅速读出转速表、电压表Ⓥ和电流表

Ⓐ的读数。

(4) 将读数填入实训报告,并与标准值比较;根据起动机空转现象与测试数据分析起动机的空转性能。

注意:每次空载试验不应超过30s,以免起动机过热。

在空转试验中应运转均匀,无碰擦声,且电刷无强烈火花产生。此时电压表、电流表、转速表和读数应符合规定。若测得的电流大而转速低,说明起动机装配过紧、电枢轴弯曲、轴套与电枢轴不同心或电枢绕组、磁场绕组有短路或搭铁故障,若测得的电流和转速都小(蓄电池电压正常),说明起动机存在导线连接点或内部导接线触不良、换向器接触不良或电刷弹簧力过小等故障;若测得的电流和转速都小,电压表的读数也低于标准值,则主要是蓄电池技术状况不良所致。

◇步骤6:全制动试验

(1) 续空转试验后,将被试起动机安装在起动机夹具V形槽装置上,用左龙门固定起动机体,用右龙门固定起动机头,旋紧压紧螺栓,使其固定在V形体上,观察支撑块上的齿型式起动机齿轮的中心(如图2-26所示)。

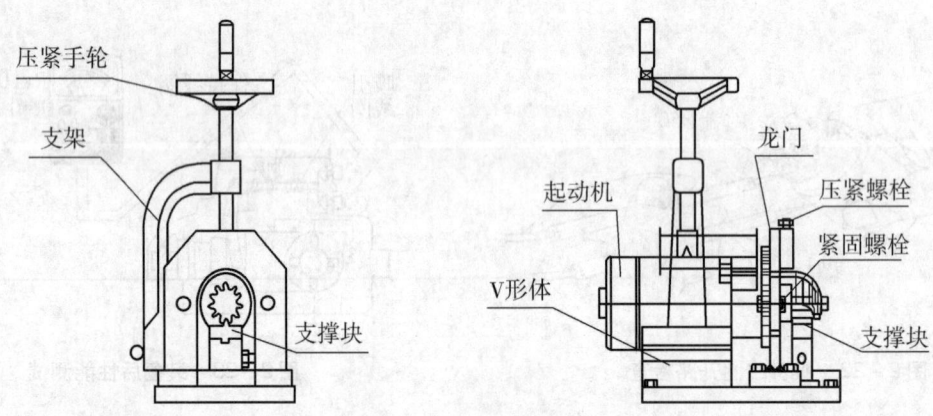

图2-26 全制动试验

(2) 将"功能开关Ⅱ"拨到"制动转矩"位置,"制动转矩"指示灯亮。将起动机电压开关拨到和起动机相对应的电压位置。

(3) 接线。不需改变,与上述起动机空转性能测试相同。

(4) 根据被试起动机制动时的电压电流规定正确配以适当电压、适当容量的蓄电池,按下"起动机控制开关"按钮(必须按紧,不得松动),起动机被制动,电压表Ⓥ、电流表Ⓐ分别显示出起动电压和电流,从表N·m上即可读出制动时转矩数值,起动机制动时间不得超过5s,每次时间间隔大于10min。

(5) 将读数填入实训报告,并与标准值比较;根据起动机全制动现象与测试数据分析起动机的全制动性能。

项目六 汽车电器设备故障诊断与排除

★训练任务一 诊断与排除灯光系统故障

1. 训练要求
◇分析故障：根据前照灯灯光暗淡或转向灯闪光不正常的故障现象，从电路断路或短路方面分析故障原因。
◇排除故障：通过查找原车电路图，逐步检测各相关元件及插接头，直到故障现象消失。
◇验证效果：打开灯控开关，验证故障确已排除。

2. 训练相关准备
（1）设备及设施准备

序号	名称	规格	单位	数量	备注
1	万用电表		块	1	
2	试灯		个	1	
3	蓄电池		个	1	
4	导线		根	若干	
5	开关		个	若干	

（2）故障设置及选取原则

序号	故障设置	选取原则
1	前照灯灯光暗淡	在所列故障中任意选取一项
2	打开灯控开关，保险丝烧断	
3	转向灯闪光频率不正常	

3. 评分标准

序号	作业项目	考核内容	配分	评分标准
1	劳保用品穿戴	劳保用品穿戴齐全	5	穿戴不全不得分
2	正确选用工具、量具和材料	选用工具、量具和材料齐全准确	5	缺一件扣1分，选错一件扣1分，扣完为止
3	根据故障现象分析故障原因	用正确的方法确认故障，分析产生故障原因	20	故障确认不准确扣5~10分，分析原因不相关扣4~15分，每少说一项扣5分，扣完为止
4	诊断故障	用正确的方法诊断故障	25	诊断方法错误扣5~10分，诊断步骤每错一步扣5~10分，诊断结果错误不得分，扣完为止
5	故障排除	用正确方法排除故障	20	不能排除扣20分，自制一处故障扣5分，扣完为止
6	验证排除效果	按照要求验证排除效果	5	验证方法不当扣1~5分，不进行验证扣5分，扣完为止

续上表

序号	作业项目	考核内容	配分	评分标准
7	正确使用工具和用具	工具和用具使用正确	5	一种工具或用具使用不正确扣1分,扣完为止;损坏丢失一件工具或用具不得分
8	操作规程	操作规程执行情况	5	违反操作规程不得分
9	清理现场	清理、擦洗并回收工具和用具	5	少收一件工具或用具扣1分,扣完为止,未回收不得分
10	分数总计			100

4. 故障现象

前照灯、转向信号灯等灯光部分工作不正常。

5. 故障原因分析

(1) 接触不良或左右前照灯的其中一个保险膝盖骨烧断,导致前照灯灯光暗淡。

(2) 打开灯控开关,保险丝烧断。

(3) 左右转向灯的电阻不一致导致闪光频率不正常。

6. 故障诊断与排除

(1) 检查熔断盒。汽车上大都设有熔断盒,检查中不仅要看看保险丝是否被熔断,还要查出被熔断的原因。如果某灯保险频繁熔断或一开灯便熔断保险,多为该灯线路有短路之处。检查时拆下该灯上的连接,用导线一端接熔断盒,另一端接该灯火线试验。如果灯光亮度正常,保险完好,表明保险盒至该灯间的连接导线有短路之处;如果熔断盒正常下也有正常电压,则进行下一步检查。

(2) 检查灯泡。灯泡灯丝是否烧断,通常目视检查即可确认。如果灯泡发黑或灯丝烧断,均应换装新灯泡。如果灯泡灯丝频繁烧断,多为发电机调节器损坏或输出电压过高所致。对此,可用电压表检查;如果发电机输出电压过高,即表明调节器损坏。

(3) 检查搭铁。如果保险和灯泡均正常,灯泡火线又有正常电压,应检查搭铁线是否断路或接触不良。将导线一端接灯泡的搭铁端,另一端接车架或蓄电池负极试验。如果灯光亮度正常,即可判定为搭铁不良。同时还应检查灯座是否氧化锈蚀,接触不良。这一点应特别注意。

(4) 检查线路。汽车灯光系统通常都设有控制装置,如汽车灯光系统中的灯光继电器和变光开关。因此,检查时如果前照灯远近光均不亮,还应检查变光开关插座是否松脱,灯光继电器是否能导通灯光电路。如果目视检查不能确认,可用导线短接的方法来判定故障部位,即用导线将灯光继电器的白色线接柱与蓝色线接柱短接试验。如果有响声,说明灯光继电器正常,故障多半出在变光开关或车灯开关上。

☆训练任务二 诊断与排除空调系统完全不制冷故障

1. 训练要求

◇分析故障:从控制电路、制冷剂工作回路、送风系统三方面分析判断空调完全不制冷的原因,拟定故障排除方案。

◇排除故障:先检查送风系统是否正常,再检查压缩机控制电路、高压或低压开关等,直到故障现象消失,空调系统正常制冷。

◇验证效果:试车,打开A/C开关,验证空调制冷效果良好。

2. 训练相关准备

(1) 设备及设施准备

序号	名称	规格	单位	数量	备注
1	汽车		辆	1	
2	数字式万用电表		个	1	

续上表

序号	名　　称	规　　格	单位	数量	备　　注
3	汽车维修常用工具		套	1	
4	导线		根	若干	

(2) 故障设置及选取原则

序号	故 障 设 置	选 取 原 则
1	控制电路（熔断器、传感器、继电器）故障	在所列故障中任意选取一项
2	电磁离合器故障	
3	高压或低压开关故障	
4	送风系统不工作	

3. 评分标准

序号	作业项目	考核内容	配分	评 分 标 准
1	劳保用品穿戴	劳保用品穿戴齐全	5	穿戴不全不得分
2	正确选用工具、量具和材料	选用工具、量具和材料齐全准确	5	缺一件扣1分，选错一件扣1分，扣完为止
3	根据故障现象分析故障原因	用正确的方法确认故障，分析产生故障原因	20	故障确认不准确扣5～10分，分析原因不相关扣4～15分，每少说一项扣5分，扣完为止
4	诊断故障	用正确的方法诊断故障	25	诊断方法错误扣5～10分，诊断步骤每错一步扣5～10分，诊断结果错误不得分，扣完为止
5	故障排除	用正确方法排除故障	20	不能排除扣20分，自制一处故障扣5分，扣完为止
6	验证排除效果	按照要求验证排除效果	5	验证方法不当扣1～5分，不进行验证扣5分，扣完为止
7	正确使用工具和用具	工具和用具使用正确	5	一种工具或用具使用不正确扣1分，扣完为止；损坏丢失一件工具或用具不得分
8	操作规程	操作规程执行情况	5	违反操作规程不得分
9	清理现场	清理、擦洗并回收工具和用具	5	少收一件工具或用具扣1分，扣完为止，未回收不得分
10	分数总计			100

4. 故障现象

　　汽车发动机着车，开启汽车空调后，空调出风口完全没有冷风吹出。

5. 故障原因分析

　　(1) 控制电路（熔断器、传感器、继电器）故障。

　　(2) 电磁离合器故障。

(3) 高压或低压开关故障。
(4) 送风系统不工作。

6. 故障诊断与排除

制冷系统不制冷是空调系统常见故障之一，其原因有制冷系统故障、控制系统与控制电路故障、调控系统故障和机械系统故障。

(1) 制冷系统故障。

①制冷系统无制冷剂。查找泄漏原因并排除泄漏故障后，再充注制冷剂。

②储液干燥器脏污堵塞。更换储液干燥器。

③膨胀阀进口滤网完全脏堵。清洗或更换进口滤网。

④膨胀阀阀门不能打开，低压侧压力过蒸发器流液，更换膨胀阀。

⑤发动机不同转速运行时，高低压侧压力仅有微小变化。说明压缩机进排气阀片损坏，失去吸气和排气能力。检修压缩机进排气阀片组件或更换相同型号规格的压缩机。

⑥制冷管路破裂或裂纹，高低压侧压力为零。利用检漏仪检漏，检修制冷管路。

(2) 控制系统与控制电路故障。

①电磁离合器线圈搭铁不良或脱焊断路。检查电磁离合器线圈及有关电路，拧紧搭铁端子或重新焊接脱焊端头。

②电路熔断器烧断。检查更换熔断器开关。

③鼓风机不转。检修鼓风机开关、熔断器、电动机及其调速电阻。

(3) 调控系统故障。

①热水阀不能关闭。检修或更换热水阀控制器件。

②空气混合门位置不当。调整空气混合门使其处于制冷位置。

(4) 机械系统故障。

①压缩机驱动带松弛或折断。检查调整驱动带挠度或更换新件。

②压缩机机件损坏卡死不能转动。检修或更换压缩机。

③鼓风机机件损坏卡死不能转动。检修或更换鼓风机。

训练任务三　诊断与排除空调系统制冷不足故障

1. 训练要求

◇分析故障：从蒸发器风扇、电磁离合器、压缩机进排气阀、膨胀阀等方面分析判断空调系统制冷不足的原因，拟定故障排除方案。

◇排除故障：先检查送风系统是否正常，再检查压缩机控制电路、高压或低压开关等，直到故障现象消失，空调系统正常制冷。

◇验证效果：试车，打开 A/C 开关，验证空调制冷效果良好。

2. 训练相关准备

(1) 设备及设施准备

序号	名　称	规　格	单位	数量	备　注
1	汽车		辆	1	
2	数字万用电表		个	1	
3	汽车维修常用工具		套	1	
4	导线		根	若干	

（2）故障设置及选取原则

序号	故障设置	选取原则
1	蒸发器风扇转速失控	在所列故障中任意选取一项
2	电磁离合器打滑	
3	压缩机进、排气阀腔窜气	
4	储液干燥器、膨胀阀堵塞	
5	蒸发器、冷凝器的气流不畅通	
6	系统中制冷剂过多或不足	

3. 评分标准

序号	作业项目	考核内容	配分	评分标准
1	劳保用品穿戴	劳保用品穿戴齐全	5	穿戴不全不得分
2	正确选用工具、量具和材料	选用工具、量具和材料齐全准确	5	缺一件扣1分，选错一件扣1分，扣完为止
3	根据故障现象分析故障原因	用正确的方法确认故障，分析产生故障原因	20	故障确认不准确扣5~10分，分析原因不相关扣4~15分，每少说一项扣5分，扣完为止
4	诊断故障	用正确的方法诊断故障	25	诊断方法错误扣5~10分，诊断步骤每错一步扣5~10分，诊断结果错误不得分，扣完为止
5	故障排除	用正确方法排除故障	20	不能排除扣20分，自制一处故障扣5分，扣完为止
6	验证排除效果	按照要求验证排除效果	5	验证方法不当扣1~5分，不进行验证扣5分，扣完为止
7	正确使用工具和用具	工具和用具使用正确	5	一种工具或用具使用不正确扣1分，扣完为止；损坏丢失一件工具或用具不得分
8	操作规程	操作规程执行情况	5	违反操作规程不得分
9	清理现场	清理、擦洗并回收工具和用具	5	少收一件工具或用具扣1分，扣完为止，未回收不得分
10	分数总计			100

4. **故障现象**

故障现象是空调出风口有冷气吹出，但制冷效果差。

5. **故障原因分析**

（1）蒸发器风扇转速失控。
（2）电磁离合器打滑。
（3）压缩机进、排气阀腔窜气。
（4）储液干燥器、膨胀阀堵塞。
（5）蒸发器、冷凝器的气流不畅通。
（6）系统中制冷剂过多或不足。

6. 故障诊断与排除

（1）制冷剂过多造成制冷不足。对于制冷剂过多，一般都是在维修时过量加注制冷剂而造成的，因为在空调系统中制冷剂所占容积的比例是有一定要求的。如果所占比例太多，反而会影响其散热量，即散热量多制冷量就大；反之，散热量少则制冷量就小。同理，若在维修时过多地加入冷冻机油，也会使制冷系统的散热量下降。

检修方法是从干燥罐上方视液镜中观察到。如果汽车空调在运转时从视液镜中看不到一点气泡，压缩机停转后也无气泡，那肯定是制冷剂过多。如果加压的冷冻机油量过多，空调系统正常运转时，能从视液镜中看到较为混浊的气泡。当然，若确为制冷剂过多，可以在空调系统低压侧的维修口处慢慢地放出一些即可。

（2）制冷过少造成制冷不足。造成制冷剂不足的原因大多是由于系统中的制冷剂微量泄漏。倘若空调系统中制冷剂不足，从膨胀阀喷入蒸发器的制冷剂必须也会减少，则制冷剂在蒸发器内蒸发时，吸收的热量也将随之下降，制冷量也就下降了。

检修方法是制冷剂不足也可以从干燥罐上方的视液镜中观察到。在空调正常运转时，若视液镜中有连续不断的缓慢的气泡产生，则制冷剂不足。若出现明显的气泡翻转的情况，则表示制冷剂严重不足。制冷剂若不足应添加制冷剂，但要注意，若从低压侧添加，禁止制冷剂瓶倒置；若从高压侧加入，禁止发动机启动。

（3）制冷剂与冷冻机油内含杂质过多、微堵而引起制冷量不足。倘若在整个空调系统中，制冷剂和冷冻机油内脏物过多，必然使过滤器的滤网出现堵塞，导致制冷通过能力下降和阻力加大，流向膨胀阀的制冷剂也会相对减少，故导致制冷量不足。因此，在维修空调时选择合格的制冷剂是很关键的，尤其不能选择"三无"产品。

（4）空调制冷系统中有水分渗入造成制冷不足。在制冷系统中有一个部件是干燥罐（瓶），功能就是吸收制冷剂中的水分，以防制冷剂中水分过多导致制冷量下降。但当干燥罐内干燥剂处于吸湿饱和状态时，则水分就不能再被滤出，当制冷剂通过膨胀阀节流孔时，由于其压力和温度的因素下降，冷却剂中的水便会在小孔中产生结冻现象，并导致制冷剂流通不顺畅和阻力增大，或完全不能流动。

检修方法是停机一会，待冰融化后制冷系统又会出现正常的状态。这是确认系统中有无水分的重要方法。为了更好地检测系统中水分的多少，有些汽车上所使用的干燥剂，不含水时的颜色为蓝色，一旦水分过多，干燥剂便成红色，这在该车干燥罐上的侧视液孔上是可以看到的。

凡是属于制冷剂含水过多的故障，都应更换干燥剂或更换干燥罐，与此同时重新对系统抽真空，重新注入新的适量的制冷剂。

（5）系统中有空气也是导致制冷不足的原因之一。空调系统中一旦有空气进入，将会造成制冷管压力过高；制冷剂循环不良同样也引起制冷不足。此类故障主要是由于制冷系统密封性变差，或都在维修中抽真空不彻底而造成的。

（6）压缩机驱动带过松、电磁离合器打滑导致制冷不足。空调压缩机驱动带松弛，压缩机工作时会打滑，引起传动效率下降，使压缩机转速下降，压缩制冷剂的输送下降，从而直接使空调系统制冷能力下降。

检修方法是在发动机停转时，在驱动带中间位置用手拨动皮带，能转90°为佳，若转动角度过多，则说明驱动带松弛，应拉紧；若用手翻转不动，则说明驱动带过紧，应稍微再松一点。当然，若紧固无效或驱动带已有裂纹老化等，应更换新的驱动带。

（7）冷凝器散热能力下降，也会导致空调制冷能力下降。由于汽车工作环境不同，装在汽车发动机前方的冷凝器表面会有油污泥土或杂物覆盖，从而使其散热能力下降。另外，冷却风扇的故障，如驱动带过松、风扇转速下降或风扇高速等问题，都会导致冷凝器散热能力下降。

检修方法是应用软毛刷刷除冷凝器表面的脏物，电风扇故障也应及时排除。

（8）电路方面的原因。诸如电源电压过低使压缩机电离合器吸力下降或电离合器压板与皮带盘间有油污等现象，均会导致出现类似驱动带过松的"打滑"现象。倘若蒸发器表面结霜，吹风电机转速下降等问题，也会造成制冷量不足。当然，倘若压缩机磨损或阀门关闭不严，也会造成空调制冷量不足。

空调制冷系统出现的制冷不足、制冷效果变差等故障，一般是由于制冷密封性出现问题较为多见。因为现代轿车所用的制冷剂渗透性强，所以对系统的密封性要求也相应较高，在制冷工作管道或工作阀稍有泄漏就会造成制冷不足的故障现象。

第三部分 理论知识模拟试题

汽车修理工高级理论知识试题(一)

一、单项选择题(选择一个正确的答案,将相应的字母填入题内的括号中。每题0.5分,满分80分。)

1. 纪律也是一种行为规范,但它是介于法律和( )之间的一种特殊的规范。
   (A) 法规　　　　　(B) 道德
   (C) 制度　　　　　(D) 规范

2. 属于发动机曲轴主轴承响的原因是( )。
   (A) 连杆轴承盖的连接螺栓松动
   (B) 曲轴弯曲
   (C) 气缸压力低
   (D) 气缸压力高

3. 发动机产生爆震的原因是( )。
   (A) 压缩比过小　　　(B) 辛烷值过低
   (C) 点火过早　　　　(D) 发动机温度过低

4. 汽油机点火过早异响的现象是( )。
   (A) 发动机温度变化时响声不变化
   (B) 单缸断火响声不减弱
   (C) 发动机温度越高、负荷越大,响声越强烈
   (D) 变化不明显

5. 在启动柴油机时排气管不排烟,这时将喷油泵放气螺钉松开,扳动手油泵,观察泵放气螺钉是否漏油,若不漏油或有气泡冒出,表明( )。
   (A) 低压油路有故障
   (B) 高压油路有故障
   (C) 回油油路有故障
   (D) 高、低压油路都有故障

6. 检测凸轮轴轴颈磨损的工具是( )。
   (A) 百分表　　　　　(B) 外径千分尺
   (C) 游标卡尺　　　　(D) 塑料塞尺

7. 变速器工作时发出的不均匀的碰击声,原因可能是( )。
   (A) 分离轴承缺少润滑油或损坏
   (B) 从动盘铆钉松动、钢片破裂或减震弹簧折断
   (C) 离合器盖与压盘连接松旷
   (D) 齿轮齿面金属剥落或个别牙齿折断

8. 在诊断与排除汽车制动故障的操作前应准备一辆( )汽车。
   (A) 待排除的有传动系统故障的
   (B) 待排除的有制动系统故障的
   (C) 待排除的有转向系统故障的
   (D) 待排除的有行驶系统故障的

9. 在诊断与排除制动防抱死故障灯报警故障时,连接"STAR"扫描仪和ABS自诊断连接器,接通"STAR"扫描仪上的电源开关,按下中间按钮,再将车上的点火开关转到ON位置,如果有故障码存储在电脑中,那么在( )s内将从扫描仪的显示器显示出来。
   (A) 15　　　　　　　(B) 30
   (C) 45　　　　　　　(D) 60

10. 检测调节器的所用的电源应为( )。
    (A) 12V直流电源　　(B) 12V交流电源
    (C) 可调直流电源　　(D) 可调交流电源

11. 属于前轮摆振现象的是( )。
    (A) 轮胎胎面磨损不均匀,胎冠两肩磨损,胎壁擦伤
    (B) 汽车行驶时,有时出现两前轮各自围绕主销进行角振动的现象
    (C) 胎冠由外侧向里侧呈锯齿状磨损,胎冠呈波浪状磨损,胎冠呈碟边状磨损
    (D) 胎冠中部磨损,胎冠外侧或内侧单边磨损

12. 检测电控燃油喷射系统燃油压力时,应将油压表接在供油管和( )之间。
    (A) 燃油泵　　　　　(B) 燃油滤清器
    (C) 分配油管　　　　(D) 喷油器

13. 不会造成除霜热风不足的是( )。
    (A) 除霜风门调整不当
    (B) 出风口堵塞
    (C) 供暖不足
    (D) 压缩机损坏

14. 用非分散型红外线气体分析仪检测汽油车废气时,应在发动机( )工况检测。
    (A) 启动　　　　　　(B) 中等负荷
    (C) 怠速　　　　　　(D) 加速

15. 根据《汽车发动机缸体与气缸盖修理技术条件》(GB3801—83)的技术要求,气门导管与承孔的配合过盈量一般为( )mm。
    (A) 0.01～0.04　　　(B) 0.01～0.06
    (C) 0.02～0.04　　　(D) 0.2～0.06

16. 传动系统由( )等组成。
    (A) 离合器、变速器、冷却装置、主减速器、差速器、半轴
    (B) 离合器、变速器、启动装置、主减速器、

差速器、半轴
(C) 离合器、变速器、万向传动装置、主减速器、差速器、半轴
(D) 离合器、变速器、电子控制装置、主减速器、差速器、半轴

17. 出现制动跑偏故障,如果轮胎气压一致,用手触摸跑偏一边的制动鼓和轮毂轴承过热,应( )。
(A) 检查钢板弹簧是否折断或弹力不足
(B) 调整制动间隙或轮毂轴承
(C) 检查前束是否符合要求
(D) 检查左右轴距是否相等

18. 就一般防抱死刹车系统而言,下列叙述正确的是( )。
(A) 紧急刹车时,可避免车轮抱死而造成方向失控或不稳定现象
(B) ABS 故障时,刹车系统将会完全丧失制动力
(C) ABS 故障时,方向盘的转向力量将会加重
(D) 可提高行车舒适性

19. 轮胎的胎面,如发现胎面中部磨损严重,则为( )所致。
(A) 轮胎气压过高
(B) 各部松旷、变形、使用不当或轮胎质量不佳
(C) 前轮外倾过小
(D) 轮胎气压过低

20. 发动机启动后,应( )检查各仪表的工作情况是否正常。
(A) 及时   (B) 滞后
(C) 途中   (D) 熄火后

21. 检查皮带松紧度,用 30～50N 的力按下传动带,挠度应为( )mm。
(A) 5～10   (B) 10～15
(C) 15～20   (D) 20～25

22. ( )是发动机电子控制系统正确诊断的步骤。
(A) 静态模式读取和清除故障码—症状模拟—症状确认—动态故障代码检查
(B) 静态模式读取和清除故障码—症状模拟—动态故障代码检查—症状确认
(C) 症状模拟—静态模式读取和清除故障码—动态故障代码检查—症状确认
(D) 静态模式读取和清除故障码—症状确认—症状模拟—动态故障代码检查

23. 检修空调所使用的压力表歧管总成一共( )块压力表。
(A) 1   (B) 2

(C) 3   (D) 4

24. 若发动机活塞销响,响声会随发动机负荷增加而( )。
(A) 减小   (B) 增大
(C) 先增大后减小 (D) 先减小后增大

25. 柴油机动力不足,可在发动机运转中运用( ),观察发动机转速变化,找出故障缸。
(A) 多缸断油法   (B) 单缸断油法
(C) 多缸断火法   (D) 单缸断火法

26. 若汽油机燃料消耗量过大,则检查( )。
(A) 进气管是否漏气
(B) 空气滤清器是否堵塞
(C) 燃油泵是否有故障
(D) 油压是否过大

27. 若发动机排放超标应检查( )。
(A) 排气歧管   (B) 排气管
(C) 三元催化转化器 (D) EGR 阀

28. 若发动机润滑油油耗超标,则检查( )。
(A) 润滑油黏度是否符合要求
(B) 润滑油道是否堵塞
(C) 气门与气门导管的间隙
(D) 油底壳油量是否不足

29. 汽车起步时车身发抖,并能听到"咔啦、咔啦"的撞击声,且在车速变化时响声更加明显;车辆在高速挡用小油门行驶时,响声增强,抖动更严重。这些原因可能是( )。
(A) 常啮合齿轮磨损成梯形或轮齿损坏
(B) 分离轴承缺少润滑油或损坏
(C) 常啮合齿轮磨损成梯形或轮齿损坏
(D) 传动轴万向节叉等速排列损坏

30. 诊断与排除底盘异响需要下列的准备工作是( )。
(A) 汽车故障排除工具及设备
(B) 故障诊断仪
(C) 一台无故障的汽车
(D) 解码仪

31. 转向传动机构的横、直拉杆的球头销按顺序装好后,要对其进行( )的调整。
(A) 紧固   (B) 间隙
(C) 预紧度   (D) 测隙

32. 对在使用过程中放电的电池进行充电称( )。
(A) 初电池   (B) 补充充电
(C) 去硫化充电   (D) 锻炼性充电

33. 静态检测方法即用万用电表测量晶体管调节器各接柱之间的静态( )。
(A) 电压   (B) 电流
(C) 电阻   (D) 电容

34. 起动机做空载试验时，若起动机装配过紧，则（ ）。
 (A) 电流高转速低 (B) 转速高电流低
 (C) 电流转速均高 (D) 电流转速均低

35. 若闪光器电源接柱上的电压为0V，说明（ ）。
 (A) 供电线断路 (B) 转向开关损坏
 (C) 闪光器损坏 (D) 灯泡损坏

36. 试验启动系统时，试验时间（ ）。
 (A) 不宜过长 (B) 不宜过短
 (C) 尽量长些 (D) 无要求

37. 电控发动机工作不稳的原因是（ ）。
 (A) 喷油器不工作
 (B) 线路接触不良
 (C) 点火正时失准
 (D) 曲轴位置传感器失效

38. 用诊断仪器诊断和排除电控发动机怠速不平稳时，若仪器上有故障码，则（ ）。
 (A) 检查故障码 (B) 检查点火正时
 (C) 检查喷油器 (D) 检查喷油压力

39. 制冷系统中有水汽，会引起（ ）发出噪声。
 (A) 压缩机 (B) 蒸发器
 (C) 冷凝器 (D) 膨胀阀

40. 打开鼓风机开关，只能在高速挡位上运转，说明（ ）。
 (A) 鼓风机开关损坏 (B) 调速电阻损坏
 (C) 鼓风机损坏 (D) 供电断路

41. 膨胀阀卡在开启最大位置，会导致（ ）。
 (A) 冷气不足 (B) 系统太冷
 (C) 无冷气产生 (D) 间断制冷

42. 全面质量管理概念最早是由（ ）质量管理专家提出的。
 (A) 美国 (B) 英国
 (C) 法国 (D) 加拿大

43. （ ）与血红蛋白结合，造成血液输氧能力下降，导致人体缺氧。
 (A) 固体颗粒 (B) HC
 (C) 氮氧化物 (D) CO

44. 安装AJR型发动机活塞环时，开口应错开（ ）。
 (A) 90° (B) 100°
 (C) 120° (D) 180°

45. 发动机活塞敲缸异响发出的声音是（ ）声。
 (A) "铛铛" (B) "啪啪"
 (C) "嗒嗒" (D) "噗噗"

46. 发动机曲轴冷压校正后，一般还要进行（ ）。
 (A) 正火处理 (B) 表面热处理
 (C) 时效处理 (D) 淬火处理

47. 发动机全浮式活塞销与活塞销座孔的配合，汽油机要求在常温下有（ ）mm的过盈。
 (A) 0.025～0.075 (B) 0.002 5～0.007 5
 (C) 0.05～0.08 (D) 0.005～0.008

48. 发动机（ ）运转时，转速忽高忽低，认为是发动机工作不稳。
 (A) 正常 (B) 怠速
 (C) 高速 (D) 上述3项均正确

49. 柴油发动机燃油油耗超标的原因是（ ）。
 (A) 配气相位失准 (B) 气缸压力低
 (C) 喷油器调整不当 (D) 润滑油变质

50. 发动机排放超标产生的原因有（ ）。
 (A) 真空管漏气 (B) 点火系统有故障
 (C) 各缸缸压升高 (D) 润滑系统

51. 发动机无外载测功仪测得的发动机功率为（ ）。
 (A) 额定功率 (B) 总功率
 (C) 净功率 (D) 机械损失功率

52. 半轴套管中间两轴颈径向跳动不得大于（ ）mm。
 (A) 0.03 (B) 0.05
 (C) 0.08 (D) 0.50

53. 变速器壳体前后端面对第1、2轴轴承孔公共轴线的圆跳动误差，可用（ ）进行检测。
 (A) 内径千分尺 (B) 百分表
 (C) 高度游标卡尺 (D) 塞尺

54. 离合器盖与压盘连接松旷会导致（ ）。
 (A) 万向传动装置异响
 (B) 离合器异响
 (C) 手动变速器异响
 (D) 驱动桥异响

55. 驱动桥油封轴颈的径向磨损不大于（ ）mm，油封轴颈端面磨损后，轴颈位的长度应大于油封的厚度。
 (A) 0.15 (B) 0.20
 (C) 0.25 (D) 0.30

56. 输出轴变形的修复应采用（ ）。
 (A) 热压校正 (B) 冷法校正
 (C) 高压校正 (D) 高温后校正

57. 利用双板侧滑试验台检测时，侧滑量值应不大于（ ）m/km。
 (A) 3 (B) 5
 (C) 7 (D) 10

58. 为保持轮胎缓和路面冲击的能力，给轮胎的充气标准可（ ）最高气压。
 (A) 略低于 (B) 略高于
 (C) 等于 (D) 高于

59. 不属于前轮摆振故障产生的原因是（ ）。
 (A) 前钢板弹簧U形螺栓松动或钢板销与衬套

配合松动
- (B) 后轮动不平衡
- (C) 前轮轴承间隙过大,轮毂轴承磨损松旷
- (D) 直拉杆臂与转向节臂的连接松旷

60. 诊断前轮摆振的程序首先应该检查( )。
- (A) 前桥与转向系统各连接部位是否松旷
- (B) 前轮的径向跳动量和端面跳动量
- (C) 前轮是否装用翻新轮胎
- (D) 前钢板弹簧U形螺栓

61. GST-3U型万能试验台,主轴转速为( ) r/min。
- (A) 800
- (B) 1 000
- (C) 3 000
- (D) 200~2 500

62. 接通电路,测量调节器大功率三极管的管压降过低(<0.6V),说明三极管( )。
- (A) 短路
- (B) 断路
- (C) 搭铁
- (D) 良好

63. 起动机的启动控制线主要负责给起动机上的( )供电。
- (A) 电枢绕组
- (B) 磁场绕组
- (C) 电磁开关
- (D) 继电器

64. 前照灯近光灯丝损坏,会造成前照灯( )。
- (A) 全不亮
- (B) 一侧不亮
- (C) 无近光
- (D) 无远光

65. 用万用电表测量起动机接柱和绝缘电刷之间的电阻为无穷大,则说明( ),存在断路故障。
- (A) 电枢绕组
- (B) 磁场绕组
- (C) 吸拉线圈
- (D) 保持线圈

66. 用万用电表检测照明灯线路某点,无电压显示,说明此点前方的线路( )。
- (A) 断路
- (B) 短路
- (C) 搭铁
- (D) 接触电阻较大

67. ( )属于发动机电子控制系统利用仪器诊断最准确的方法。
- (A) 读取数据流
- (B) 读取故障码
- (C) 经验诊断
- (D) 自诊断

68. 向车内提供新鲜空气和保持适宜气流的装置是( )。
- (A) 制冷装置
- (B) 采暖装置
- (C) 送风装置
- (D) 净化装置

69. ( )的基本职能是调节职能。
- (A) 社会责任
- (B) 职业道德
- (C) 社会意识
- (D) 社会公德

70. 汽车上采用的液压传动装置以容积式为工作原理的常称( )。
- (A) 液力传动
- (B) 液压传动
- (C) 气体传动
- (D) 液体传动

71. 蜗杆轴承与壳体配合的最大间隙应该( )原计划规定的0.02mm。
- (A) 小于
- (B) 大于
- (C) 等于
- (D) 取规定值

72. 液压阀是液压系统中的( )。
- (A) 动力元件
- (B) 执行元件
- (C) 辅助元件
- (D) 控制元件

73. ( )是汽车发动机不能启动的主要原因。
- (A) 油路不过油
- (B) 混合气过稀或过浓
- (C) 点火过迟
- (D) 点火过早

74. 发动机润滑油油耗超标的原因是( )。
- (A) 润滑油黏度过大
- (B) 润滑油道堵塞
- (C) 润滑油漏损
- (D) 润滑油压力表或传感器有故障

75. 在发动机进气口、排气口和运转中的风扇处的响声属于( )异响。
- (A) 机械
- (B) 燃烧
- (C) 空气动力
- (D) 电磁

76. 柴油机启动时排气管冒白烟,故障原因是( )。
- (A) 燃油箱无油或存油不足
- (B) 柴油滤清器堵塞
- (C) 高压油管有空气
- (D) 燃油中有水

77. 新195型和190型柴油机是通过增减喷油泵与机体之间的铜垫片来调整供油提前角,减少垫片供油时间变( )。
- (A) 晚
- (B) 早
- (C) 先早后晚
- (D) 先晚后早

78. 桑塔纳2000GLI型轿车AFE型发动机的润滑油泵主动轴弯曲度超过( )mm,则应对其进行校正或更换。
- (A) 0.10
- (B) 0.20
- (C) 0.05
- (D) 0.30

79. QFC-4型测功仪是检测发动机( )的测功仪器。
- (A) 无负荷
- (B) 有负荷
- (C) 大负荷
- (D) 加速负荷

80. 不分光红外线气体分析仪,对( )气体浓度进行连续测量。
- (A) HC
- (B) CO_2
- (C) NO_X
- (D) NO_2

81. 发动机凸轮轴的修理级别一般分4等级,极差为( )mm。
- (A) 0.010
- (B) 0.20
- (C) 0.30
- (D) 0.40

82. 奔驰轿车采用（　）方法调整气门间隙。
    (A) 两次调整法　　　(B) 逐缸调整法
    (C) 垫片调整法　　　(D) 不用调整
83. 检测发动机配气相位的仪器有（　）。
    (A) CQ-1A型曲轴箱窜气量测量仪
    (B) 气门正时检验仪
    (C) 千分表
    (D) 汽车电器万能试验台
84. 拧紧AJR型发动机气缸盖螺栓时，第2次拧紧力矩为（　）N·m。
    (A) 40　　　　　　(B) 50
    (C) 60　　　　　　(D) 75
85. 连续踏动离合器踏板，在即将分离或接合的瞬间有异响，则为（　）。
    (A) 压盘与离合器盖连接松旷
    (B) 轴承磨损严重
    (C) 摩擦片铆钉松动、外露
    (D) 中间传动轴后端螺母松动
86. 汽车车身一般包括车前、车底、侧围、顶盖和（　）等部件。
    (A) 车后　　　　　(B) 后围
    (C) 车顶　　　　　(D) 前围
87. 自动变速器驱动桥中各总成的装合与调整中说法错误的是（　）。
    (A) 把百分表支架装在驱动桥壳体上，使百分表触头对着输出轴中心孔上粘着的钢球，用专用工具推、拉并同时转动输出轴，将输出轴轴承装合到位
    (B) 输出轴和齿轮总成保持不动（可用2个螺钉将一扳手固定在输出轴齿轮上），装上输出轴垫圈和螺母，按照规定力矩拧紧
    (C) 用扭力扳手转动输出轴，检查输出轴的转动扭矩，此时所测力矩是开始转动所需的力矩
    (D) 将输出轴、轴承及调整垫片装入驱动桥壳体内，以专用螺母作为压装工具将输出轴齿轮及轴承压装到位
88. 制动跑偏的原因中不包括（　）。
    (A) 制动踏板损坏
    (B) 有一侧钢板弹簧错位或折断
    (C) 转向桥或车架变形，左右轴距相差过大
    (D) 两侧主销后倾角或车轮外倾角不等，前束不符合要求
89. 属于制动防抱死装置失效现象的是（　）。
    (A) 汽车行驶时，有时出现两前轮各自围绕主销进行角振动的现象，即前轮摆振
    (B) 防抱死控制系统的警告灯持续点亮，感觉防抱死控制系统工作不正常
    (C) 驾驶人必须紧握方向盘方能保证直线行驶，若稍微放松方向盘，汽车便自行跑向一边
    (D) 踏下制动踏板感到高而硬，踏不下去；汽车起步困难，行驶无力；当松抬加速踏板踏下离合器时，尚有制动感觉
90. 制动性能台试检验的技术要求中，机动车制动完全释放时间对单车不得大于（　）s。
    (A) 0.2　　　　　　(B) 0.5
    (C) 0.8　　　　　　(D) 1.2
91. 不属于制动跑偏现象的是（　）
    (A) 制动突然跑偏
    (B) 向右转向时制动跑偏
    (C) 有规律的单向跑偏
    (D) 无规律的忽左忽右跑偏
92. 排除制动防抱死装置失效故障后应该（　）。
    (A) 检验驻车制动是否完全释放
    (B) 清除故障代码
    (C) 进行路试
    (D) 检查制动液液面是否在规定的范围内
93. （　）会导致胎冠由内侧向外侧呈锯齿状磨损。
    (A) 前轮前束过小
    (B) 横直拉杆或转向机构松旷
    (C) 轮毂轴承松旷或转向节与主销松旷
    (D) 前轮前束过大
94. （　）会使前轮外倾发生变化，造成轮胎单边磨损。
    (A) 纵横拉杆或转向机构松旷
    (B) 钢板弹簧U形螺栓松旷
    (C) 轮毂轴承松旷或转向节与主销松旷
    (D) 前钢板吊耳销和衬套磨损
95. 在做车轮动平衡检测时，主轴的振幅的大小，在一定转速下，只与（　）。
    (A) 车轮不平衡质量大小成正比
    (B) 车轮不平衡质量大小成反比
    (C) 车轮质量成正比
    (D) 车轮质量成反比
96. 排除前轮摆振故障的第一步应该是（　）。
    (A) 查看前轮是否装用翻新轮胎
    (B) 前桥与转向系统各连接部位是否松旷
    (C) 轻轻地左右转动方向盘
    (D) 查转向器在车架上的固定情况
97. 发电机"N"与"E"或"B"间的反向阻值应为（　）。
    (A) 40～50Ω　　　(B) 65～80Ω
    (C) 710kΩ　　　　(D) 10Ω
98. 计算出电池容量与数量使之符合自己的使用要

求,这是免维护电池的( )原则。
(A) 安全选择 (B) 性价比选择
(C) 按需选择 (D) 按适应性选择

99. 密度计是用来检测蓄电池( )的器具。
(A) 电解液密度 (B) 电压
(C) 容量 (D) 输出电流

100. 若左侧转向灯总功率大于右侧转向灯总功率,则( )。
(A) 左侧闪光频率快
(B) 右侧闪光频率快
(C) 左右侧闪光频率相同
(D) 会使闪光器损坏

101. 若左转向灯搭铁不良,当转向开关拨至左转向时的现象是( )。
(A) 左右转向灯都不亮
(B) 只有右转向灯亮
(C) 只有左转向灯亮
(D) 左右转向灯微亮

102. 相对密度是指温度为25℃时的值,环境温度每升高1℃则应( )0.000 7。
(A) 加上 (B) 减去
(C) 乘以 (D) 除以

103. 用万用电表检测照明系统线路故障,应使用( )。
(A) 电流挡 (B) 电压挡
(C) 电容挡 (D) 二极管挡

104. 电控发动机加速无力,且无故障码,若检查进气管道真空正常,则下一步检查( )。
(A) 喷油器 (B) 点火正时
(C) 燃油压力 (D) 可变电阻

105. 在读取故障代码之前,应先( )。
(A) 检查汽车蓄电池电压是否正常
(B) 打开点火开关,将它置于ON位置,但不要启动发动机
(C) 按下超速挡开关,使之置于ON位置
(D) 根据自动变速器故障警告灯的闪亮规律读出故障代码

106. 蒸发器被灰尘异物堵住,会造成空调系统( )。
(A) 无冷气产生 (B) 冷气不足
(C) 系统太冷 (D) 间断制冷

107. 蒸发器控制阀损坏或调节不当,会造成( )。
(A) 冷气不足 (B) 系统太冷
(C) 系统噪声大 (D) 操纵失灵

108. 制冷装置在拆卸调换部件时,在充注制冷剂之前必须( )。
(A) 清洗 (B) 加压

(C) 抽空 (D) 加油

109. 压缩机排量减小会导致( )。
(A) 不制冷 (B) 间歇制冷
(C) 供暖不足 (D) 制冷量不足

110. 恒温器调整的断开温度过低,会造成( )。
(A) 冷气不足 (B) 无冷气产生
(C) 间断制冷 (D) 系统太冷

111. 开启灌装制冷剂,所使用的工具是( )。
(A) 螺丝刀 (B) 扳手
(C) 开启阀 (D) 棘轮扳手

112. 空调压缩机油与氟利昂R12( )。
(A) 溶解度较大 (B) 溶解度较小
(C) 完全溶解 (D) 完全不容

113. ( )不会造成空调系统漏水。
(A) 加热器管损坏 (B) 热水开关关不死
(C) 冷凝器损坏 (D) 软管老化

114. 冷却水管堵塞会造成( )。
(A) 不供暖 (B) 冷气不足
(C) 不制冷 (D) 系统太冷

115. ( )可以调节从业人员内部的关系。
(A) 社会责任 (B) 社会公德
(C) 社会意识 (D) 职业道德

116. ( )是每一个员工的基本职业素质体现。
(A) 放纵他人 (B) 严于同事
(C) 放纵自己 (D) 严于律己

117. 全心全意为人民服务是社会主义职业道德的( )。
(A) 前提 (B) 关键
(C) 核心 (D) 基础

118. 不属于汽车维修质量管理方法的是( )。
(A) 制订计划
(B) 建立质量分析制度
(C) 制定提高维修质量措施
(D) 预测汽车故障

119. 空气压缩机的装配中,组装好活塞连杆组,使活塞环开口相互错开( )。
(A) 30° (B) 60°
(C) 90° (D) 180°

120. 零件图的标题栏应包括零件的名称、材料、数量、图号和( )等内容。
(A) 比例 (B) 公差
(C) 热处理 (D) 表面粗糙度

121. 利用量缸表可以测量发动机气缸、曲轴轴承的圆度和圆柱度,测量精度为( )mm。
(A) 0.05 (B) 0.02
(C) 0.01 (D) 0.005

122. 若发动机曲轴主轴承响,则其响声随发动机转

速的提高而（ ）。
(A) 减小 (B) 增大
(C) 先增大后减小 (D) 先减小后增大

123. （ ）不是发动机活塞敲缸异响的原因。
(A) 活塞与气缸壁间隙大
(B) 活塞裙部磨损过大或气缸严重失圆
(C) 轴承和轴颈磨损严重
(D) 连杆弯曲、扭曲变形

124. 校正发动机曲轴弯曲常采用冷压校正法，校正后还应进行（ ）。
(A) 时效处理 (B) 淬火处理
(C) 正火处理 (D) 表面热处理

125. （ ）运转时，产生加速敲缸，视为爆燃。
(A) 底盘 (B) 发动机
(C) 电器 (D) 上述3项均正确

126. 发动机怠速运转不好，可能（ ）运转不良。
(A) 中速 (B) 高速
(C) 低速 (D) 上述3项均正确

127. 发动机加速发闷，转速不易提高的原因是（ ）。
(A) 火花塞间隙不符合标准
(B) 少数缸不工作
(C) 空气滤清器堵塞
(D) 排气系统阻塞

128. 启动汽油机时无着火征兆，检查油路，故障是（ ）。
(A) 混合气浓 (B) 混合气稀
(C) 不来油 (D) 来油不畅

129. 如果是发动机完全不能启动，并且毫无着火迹象，一般是由于燃油没有喷射引起的，需要检查（ ）。
(A) 转速信号系统 (B) 火花塞
(C) 起动机 (D) 点火线圈

130. 柴油机启动困难，应从喷油时刻、（ ）、压缩行程终了时的气缸压力温度等方面找原因。
(A) 燃油雾化 (B) 手油泵
(C) 燃油输送 (D) 喷油泵驱动联轴器

131. （ ）属于压燃式发动机。
(A) 汽油机 (B) 煤气机
(C) 柴油机 (D) 上述3项均不对

132. 用气缸压力表测试气缸压力时，用起动机转动曲轴需时（ ）s。
(A) 1～2 (B) 2～3
(C) 1～3 (D) 3～5

133. 发动机气门间隙过大，使气门脚发出异响，可用（ ）进行辅助判断。
(A) 塞尺 (B) 撬棍
(C) 扳手 (D) 卡尺

134. 检验气门密封性，常用且简单可行的方法是用（ ）。
(A) 水压 (B) 煤油或汽油渗透
(C) 口吸 (D) 仪器

135. 日本丰田轿车采用（ ）方法调整气门间隙。
(A) 两次调整法 (B) 逐缸调整法
(C) 垫片调整法 (D) 不用调整

136. 变速器壳体第1、2轴轴承孔与中间轴轴承孔轴线的平行度误差一般应不大于（ ）mm。
(A) 0.10 (B) 0.15
(C) 0.20 (D) 0.25

137. 变速器直接挡工作无异响，其他挡位均有异响，说明（ ）。
(A) 齿轮啮合不良或损坏
(B) 第2轴后轴承松旷或损坏
(C) 齿轮间隙过小引起的
(D) 第2轴前轴承损坏

138. 分动器里程表软轴的弯曲半径不得小于（ ）mm。
(A) 50 (B) 150
(C) 100 (D) 200

139. 后离合器（ ）压缩空气时，后离合器应该立刻接合并发出"砰"的响声，放出压缩空气，离合器应该（ ）。
(A) 吹入 分离 (B) 放出 接合
(C) A、B均不对 (D) A、B均正确
(E) 无要求

140. 壳体后端面对第1、2轴轴承孔的公共轴线的端面圆跳动公差为（ ）mm。
(A) 0.15 (B) 0.20
(C) 0.25 (D) 0.30

141. 手动变速器总成竣工验收时，进行无负荷试验时间各挡运行应大于（ ）min。
(A) 5 (B) 10
(C) 15 (D) 20

142. 万向节出现转动卡滞现象，应（ ）。
(A) 只需更换万向节 (B) 更换万向节总成
(C) 更换钢球 (D) 更换球笼壳

143. 行驶中声响杂乱无规则，时而出现金属撞击声，说明（ ）。
(A) 中间支承轴承内圈过盈配合松旷
(B) 中间轴承支承架固定螺栓松动
(C) 万向节轴承壳压紧过甚，使之转动不灵活
(D) 传动轴万向节叉等速排列损坏

144. 用百分表检查从动盘的摆差，最大极限为（ ）mm。

(A) 0.2　　　　　　(B) 0.3
(C) 0.4　　　　　　(D) 0.6

145. 用百分表检查从动盘的摆差，最大极限为 0.4mm，从外缘测量径向跳动量最大为（　　）mm，超过极限值，应更换从动盘总成。
(A) 2.5　　　　　　(B) 3.5
(C) 4.0　　　　　　(D) 4.5

146. 用内径表及外径千分尺进行测量，轮毂外轴承与轴颈的配合间隙应不大于（　　）mm。
(A) 0.020　　　　　(B) 0.040
(C) 0.060　　　　　(D) 0.080

147. 若制动拖滞故障在制动主缸，应先检查（　　）。
(A) 踏板自由行程是否过小
(B) 制动踏板复位弹簧弹力是否不足
(C) 踏板轴及连杆机构的润滑情况是否良好
(D) 回油情况

148. 安装盘式制动器后，（　　）用力将制动器踏板踩到底数次，以便使制动摩擦片正确就位。
(A) 停车状态　　　(B) 启动状态
(C) 怠速状态　　　(D) 行驶状态

149. 拆卸制动鼓，必须用（　　）。
(A) 梅花扳手　　　(B) 专用扳手
(C) 常用工具　　　(D) 上述 3 项均正确

150. 用反力式滚筒试验台检验时，驾驶人将车辆驶向滚筒，位置摆正，变速器置于（　　），启动滚筒，使用制动。
(A) 倒挡　　　　　(B) 空挡
(C) 前进低挡　　　(D) 前进高挡

151. 制动气室外壳出现（　　），可以用敲击法整形。
(A) 凸出　　　　　(B) 凹陷
(C) 裂纹　　　　　(D) 上述 3 项均正确

152. 制动蹄与制动蹄轴锈蚀，使制动蹄转动复位困难会导致（　　）。
(A) 制动失效　　　(B) 制动跑偏
(C) 制动抱死　　　(D) 制动拖滞

153. 诊断、排除自动防抱死系统失效故障第一步应该（　　）。
(A) 通过警告灯读取故障代码
(B) 对系统进行直观检查
(C) 确认故障情况和故障症状
(D) 利用必要的工具和仪器对故障部位进行深入检查

154. 属于制动拖滞现象的是（　　）。
(A) 汽车行驶时，有时出现两前轮各自围绕主销进行角振动的现象，即前轮摆振
(B) 轮胎胎面磨损不均匀，胎冠两肩磨损，胎壁擦伤，胎冠中部磨损
(C) 驾驶人必须紧握方向盘方能保证直线行驶，若稍微放松方向盘，汽车便自行跑向一边
(D) 踏下制动踏板感到高而硬，踏不下去；汽车起步困难，行驶无力；当松抬加速踏板踏下离合器时，尚有制动感觉

155. 不属于轮胎异常磨损的是（　　）。
(A) 胎冠中部磨损
(B) 胎冠外侧或内侧单边磨损
(C) 胎冠由外侧向里侧呈锯齿状磨损
(D) 轮胎爆胎

156. 转向器中蜗杆轴承与蜗杆轴配合的最大间隙不得大于规定的（　　）mm。
(A) 0.002　　　　(B) 0.006
(C) 0.02　　　　 (D) 0.20

157. 轮胎螺母拆装机是一种专门用于拆装（　　）的工具。
(A) 活塞环　　　(B) 活塞销
(C) 顶置式气门弹簧　(D) 轮胎螺母

158. 充电系统电压调整过高，对照明灯的影响有（　　）。
(A) 灯光暗淡　　(B) 灯泡烧毁
(C) 保险丝烧断　(D) 闪光频率增加

159. 电刷磨损后的高度一般不小于（　　）mm。
(A) 10　　　　　(B) 15
(C) 20　　　　　(D) 25

160. 调节器的检测方法可分为静态检测和（　　）。
(A) 电阻检测　　(B) 搭铁形式检测
(C) 管压降检测　(D) 动态检测

二、判断题（将判断结果填入括号中。正确的填"√"，错误的填"×"。每题 0.5 分，满分 20 分。）

(　　) 161. 全面质量管理概念最早是由法国质量管理专家提出的。

(　　) 162.《合同法》规定，当事人订立合同，应当具有相应的民事权利能力和民事义务能力。

(　　) 163. 划线平板上允许锤敲各种物体，但要保持平板的清洁。

(　　) 164. 开关控制的普通方向控制阀包括单向阀和换向阀两类。

(　　) 165. 汽车维修质量是维修企业的生命线。

(　　) 166. 按点火方式不同发动机可分为点燃式和压燃式两种。

(　　) 167. 驱动桥的齿轮油可以随意加注。

(　　) 168. 变速器壳体出现裂纹、各接合平面发生明显的翘曲变形或各轴承座孔磨损严重

与轴承配合松旷时,应换用新件。

( ) 169. 变速器壳体螺纹孔的损伤不能超过2牙。

( ) 170. 分动器的清洗和换油方法与变速器相同。

( ) 171. 试灯法只能测试出照明灯的断路故障,不能测试短路故障。

( ) 172. 柴油机启动困难,应从手油泵、燃油输送和压缩行程终了时的气缸压力温度等方面找原因。

( ) 173. 平等就业是指在劳动就业中实行权利平等、民族平等的原则。

( ) 174. 团队意识含义包括规范意识和合作能力两个方面。

( ) 175. 工件旋转时,可以用千分尺测量工件尺寸大小。

( ) 176. 黄铜的主要用途用来制作导管、空调管、散热片及导电、冷冲压、冷挤压零件等部件。

( ) 177. 润滑脂的使用性能主要有稠度、低温性能、高温性能和耐磨油脂等。

( ) 178. 活塞环拆装钳是一种专门用于拆装气门弹簧的工具。

( ) 179. 用连杆检验仪检验连杆变形时,若三点规的3个测点都与检验平板接触,则连杆发生弯曲变形。

( ) 180. 气缸盖与气缸体可以同时用水压法检测裂纹。

( ) 181. 气缸体的裂纹凡涉及漏水时,一般应予更换新件。

( ) 182. 使用量缸表测量时,必须使量杆与气缸的轴线保持垂直。

( ) 183. 半轴套管中间两轴颈径向跳动不得大于0.05mm。变形超过规定时,可采用高温高压校正的方法。

( ) 184. 变速器输出轴弯曲变形应采用冷法校正。

( ) 185. 打开灯控开关,熔丝立即烧断,说明该照明电路中出现了断路故障。

( ) 186. 衡量汽车空调质量的指标,主要有风量、温度、压力和清洁度。

( ) 187. 不同地区、不同气候条件,可采用单一采暖或单一制冷功能的空调。

( ) 188. 车辆突然熄火时尝试再次启动,若不成功,检查电路系统。

( ) 189. 发动机过热有可能是水套内水垢过多。

( ) 190. 柴油机启动困难的根本原因是柴油没有进入气缸,维修时应从燃料输送方向查找故障原因。

( ) 191. 防抱死控制系统的警告灯持续点亮或感觉防抱死控制系统工作不正常,说明制动拖滞故障。

( ) 192. 制动蹄与制动蹄轴锈蚀,使制动蹄转动复位困难可导致制动拖滞。

( ) 193. 用内、外径量具测量主销衬套内孔磨损超过0.70mm,或衬套与主销的配合间隙超过0.20mm时,应更换主销衬套。

( ) 194. 职业意识是指人们对职业岗位的认同、表扬、情感和态度等心理成分的总和,其核心是爱岗敬业本职工作,在本职岗位上能够踏踏实实地做好工作。

( ) 195. 职业道德的基本职能是调节职能。

( ) 196. 维修质量指标一般用合格率表示。

( ) 197. 尽管公司的规章制度齐全,员工仍然需要严于律己。

( ) 198. 劳动纠纷是指劳动关系双方当事人在执行劳动法律、法规或履行劳动合同的过程中持不同的主张和要求而产生的争议。

( ) 199. 全面质量管理概念最早是由美国质量管理专家提出的。

( ) 200. 举升器按控制方式只分为电动式、气动式两种。

汽车修理工基础理论知识题(一)——参考答案

1~5	6~10	11~15	16~20	21~25	26~30
BBCA	BBDCD	BDCD	BCDCD	BDBVB	DCCDA
31~35	36~40	41~45	46~50	51~55	56~60
CBCA	ABADB	ABADB	CADCB	CBBVA	BBAVB
61~65	66~70	71~75	76~80	81~85	86~90
DACCB	AACCB	AACAA	BDACC	BCCC	BCABC
91~95	96~100	101~105	106~110	111~115	116~120
BBACA	ACAB	ACCAB	BBBVA	CCAD	DCDDA
121~125	126~130	131~135	136~140	141~145	146~150
CBCAB	CBCAB	CDBC	CDABC	ADCAA	BBAVB
151~155	156~160				
BCDD	BDBDD				

二、判断题参考答案

161~165	166~170	171~175	176~180	181~185	186~190
√√×××	×√√√	√×××	√√×√√	√√×√×	√√×√√×
191~195	196~200				
××××	√√√××				

汽车修理工高级理论知识试题（二）

一、单项选择题（选择一个正确的答案，将相应的字母填入题内的括号中。每题 0.5 分，满分 80 分。）

1. 检测起动机电枢轴轴颈外径与衬套内径的配合间隙，应使用（　）。
   (A) 万用电表　　　　(B) 游标卡尺
   (C) 百分表　　　　　(D) 塞尺
2. 启动系线路检测程序可分为（　），依次选择各个节点进行。
   (A) 从后向前　　　　(B) 从前向后
   (C) 从中间向前向后　(D) 以上都可以
3. 汽车专用示波器的波形，显示的是（　）的关系曲线。
   (A) 电流与时间　　　(B) 电压与时间
   (C) 电阻与时间　　　(D) 电压与电阻
4. 前照灯搭铁不良，会造成前照灯（　）。
   (A) 不亮　　　　　　(B) 灯光暗淡
   (C) 远近光不良　　　(D) 一侧灯不亮
5. 若测得发电机"F"与"E"接柱间的阻值为无穷大，说明该绕组（　）。
   (A) 断路　　　　　　(B) 短路
   (C) 良好　　　　　　(D) 不能确定
6. 桑塔纳轿车起动机"50"柱引出的导线接向（　）。
   (A) 电池正极　　　　(B) 电池负极
   (C) 点火开关　　　　(D) 中央接线板
7. 使用 FLUKE 98 型汽车示波器测试有分电器点火系统次级电压波形时，信号拾取器则夹在（　）缸的火花塞引线上。
   (A) 1　　　　　　　(B) 2
   (C) 3　　　　　　　(D) 4
8. 造成前照灯光暗淡的主要原因是线路（　）。
   (A) 断路　　　　　　(B) 短路
   (C) 接触不良　　　　(D) 电压过高
9. 转子绕组好坏的判断，可以通过测量发电机（　）接柱间的电阻来确定。
   (A) "F"与"E"　　　(B) "B"与"E"
   (C) "B"与"F"　　　(D) "N"与"F"
10. 电控发动机故障征兆模拟试验法包括（　）。
    (A) 专用诊断仪器诊断
    (B) 随车故障自诊断
    (C) 简单仪表诊断
    (D) 加热法
11. 电控发动机加速无力，且无故障码，若检查进气管道真空正常则下一步检查（　）。
    (A) 喷油器　　　　　(B) 点火正时
    (C) 燃油压力　　　　(D) 可变电阻
12. 属于电控发动机消声器"放炮"故障现象的是（　）。
    (A) 发动机怠速不平稳，且易熄火
    (B) 加速时发动机消声器有"放炮"声
    (C) 发动机工作时好时坏
    (D) 燃油消耗量过大
13. 电控汽车行驶性能不良，可能是（　）。
    (A) 混合气过浓　　　(B) 消声器失效
    (C) 爆震　　　　　　(D) 以上 3 项均正确
14. 若电控发动机怠速不稳首先应检查（　）。
    (A) 故障诊断系统　　(B) 燃油压力
    (C) 喷油器　　　　　(D) 火花塞
15. 若电控发动机加速无力首先应检查（　）。
    (A) 加速器联动拉索　(B) 故障诊断系统
    (C) 喷油器　　　　　(D) 火花塞
16. 若电控发动机消声器"放炮"首先应检查（　）。
    (A) 加速器联动拉索　(B) 燃油压力
    (C) 喷油器　　　　　(D) 火花塞
17. 制冷系统高压侧压力过高，并且膨胀阀发出噪声，说明（　）。
    (A) 系统中有空气　　(B) 系统中有水汽
    (C) 制冷剂不足　　　(D) 干燥灌堵塞
18. 鼓风机不转会造成（　）。
    (A) 不制冷　　　　　(B) 冷气量不足
    (C) 系统太冷　　　　(D) 噪声大
19. 观察制冷系统玻璃处有气泡及雾状现象，低压表读数过低，膨胀阀发出噪声，说明（　）。
    (A) 制冷剂不足　　　(B) 制冷剂过量
    (C) 压缩机损坏　　　(D) 膨胀阀损坏
20. 加压检漏法是向制冷剂装置内充入（　）的高压气体，然后再找出泄漏点。
    (A) 1～2kPa　　　　(B) 1～2MPa
    (C) 3～4kPa　　　　(D) 3～4MPa
21. 离合器线圈短路或烧毁，会造成（　）。
    (A) 冷气不足　　　　(B) 间歇制冷
    (C) 过热　　　　　　(D) 不制冷
22. 气暖式加热系统属于（　）。
    (A) 独立热源加热式　(B) 冷却水加热式
    (C) 余热加热式　　　(D) 火焰加热式
23. 汽车暖风装置除能完成其主要功能外，还能起到（　）。
    (A) 除湿　　　　　　(B) 除霜
    (C) 去除灰尘　　　　(D) 降低噪声

24. 用厚薄规检查电磁离合器四周边的空气间隙，应在（　）mm 范围内。
    (A) 0.1～0.5　　　(B) 0.2～0.8
    (C) 0.4～0.8　　　(D) 0.6～1.0

25. （　）的基本职能是调节职能。
    (A) 职业道德　　　(B) 社会责任
    (C) 社会意识　　　(D) 社会公德

26. （　）标准多元化，代表了不同企业可能具有不同的价值观。
    (A) 职业守则　　　(B) 人生观
    (C) 职业道德　　　(D) 多样性

27. （　）是社会主义道德建设的核心。
    (A) 为社会服务　　(B) 为行业服务
    (C) 为企业服务　　(D) 为人民服务

28. 劳动权主要体现为平等就业权和选择（　）。
    (A) 职业权　　　　(B) 劳动权
    (C) 诚实守信　　　(D) 实话实说

29. 职业道德承载着企业（　），影响深远。
    (A) 文化　　　　　(B) 制度
    (C) 信念　　　　　(D) 规划

30. 职业道德调节职业交往中从业人员内部以及与（　）服务对象间的关系。
    (A) 从业人员　　　(B) 职业守则
    (C) 道德品质　　　(D) 个人信誉

31. 职业意识是指（　）。
    (A) 人们对职业的认识
    (B) 人们对理想职业的认识
    (C) 人们对求职择业和职业劳动的各种认识的总和
    (D) 人们对各行业的评价

32. 职业意识是指人们对职业岗位的评价、（　）和态度等心理成分的总和，其核心是爱岗敬业精神，在本职岗位上能够踏踏实实地做好工作。
    (A) 接受　　　　　(B) 态度
    (C) 情感　　　　　(D) 许可

33. 中国共产党领导的多党合作和政治协商制度是一项具有中国特色的（　）。
    (A) 基本制度　　　(B) 政治制度
    (C) 社会主义制度　(D) 基本政治制度

34. 偶发（　），可以模拟故障征兆来判断故障部位。
    (A) 故障　　　　　(B) 征兆
    (C) 模拟故障征兆　(D) 上述 3 项均不正确

35. 单相直流稳压电源有滤波、（　）、整流和稳压电路组成。
    (A) 整流　　　　　(B) 电网
    (C) 电源　　　　　(D) 电源变压器

36. 正弦交流电的三要素是（　）、角频率和初相位。
    (A) 最小值　　　　(B) 平均值
    (C) 最大值　　　　(D) 代数值

37. 奥迪 A6 轿车发动机曲轴径向间隙可用（　）进行检测。
    (A) 百分表　　　　(B) 千分尺
    (C) 游标卡尺　　　(D) 塑料塞尺

38. 发动机的缸体曲轴箱组包括气缸体、下曲轴箱、（　）、气缸盖和气缸垫等。
    (A) 上曲轴箱　　　(B) 活塞
    (C) 连杆　　　　　(D) 曲轴

39. 发动机气缸体轴承座孔同轴度检验仪主要由定心轴套、定心轴、球形触头、百分表及（　）组成。
    (A) 等臂杠杆　　　(B) 千分表
    (C) 游标卡尺　　　(D) 定心器

40. 检验发动机气缸盖和气缸体裂纹，可用压缩空气。空气压力为（　）kPa，保持 5min，并且无泄漏。
    (A) 294～392　　　(B) 192～294
    (C) 392～490　　　(D) 353～441

41. 气缸体翘曲变形多用（　）进行检测。
    (A) 百分表和塞尺
    (B) 塞尺和直尺
    (C) 游标卡尺和直尺
    (D) 千分尺和塞尺

42. （　）是汽油发动机热车启动困难的主要原因。
    (A) 混合气过稀　　(B) 混合气过浓
    (C) 油路不畅　　　(D) 点火错乱

43. 发动机过热的原因是（　）。
    (A) 百叶窗卡死在全开位置
    (B) 节温器未装或失效
    (C) 水温表或传感器有故障
    (D) 喷油或点火时间过迟

44. 若发动机单缸不工作，可用（　）找出不工作的气缸。
    (A) 多缸断油法　　(B) 单缸断油法
    (C) 多缸断火法　　(D) 单缸断火法

45. 若发动机过热，且上水管与下水管温差甚大，可判断（　）不工作。
    (A) 水泵　　　　　(B) 节温器
    (C) 风扇　　　　　(D) 散热器

46. 柴油发动机喷油器未调试前，应做好（　）使用准备工作。
    (A) 喷油泵试验台　(B) 喷油器试验台
    (C) 喷油器清洗器　(D) 压力表

47. 柴油发动机启动困难现象表现为利用起动机启动时（　　），排气管没有烟排出。
   (A) 听不到爆发声
   (B) 可听到不连续的爆发声
   (C) 发动机运转不均匀
   (D) 发动机运转无力

48. 柴油机排放的主要有害物质有（　　）。
   (A) 碳烟　　　　　　　(B) CO_2
   (C) CO　　　　　　　 (D) N_2

49. 发动机转速升高，供油提前角应（　　）。
   (A) 变小　　　　　　　(B) 变大
   (C) 不变　　　　　　　(D) 随机变化

50. 使用发动机废气分析仪之前，应先接通电源，预热（　　）min 以上。
   (A) 20　　　　　　　　(B) 30
   (C) 40　　　　　　　　(D) 60

51. 使用国产 EA–2000 型发动机综合分析仪，当系统对各适配器逐个自检，若连接正确显示为（　　）色。
   (A) 红　　　　　　　　(B) 绿
   (C) 黄　　　　　　　　(D) 蓝

52. 用气缸压力表测试气缸压力前，应使发动机运转至（　　）。
   (A) 急速状态　　　　　(B) 正常工作温度
   (C) 正常工作状态　　　(D) 大负荷工况状态

53. 一般情况下，润滑油消耗与燃油消耗比值在 0.5%～1% 为正常，如果该比值大于（　　），则为润滑油消耗过多。
   (A) 1%　　　　　　　　(B) 0.5%
   (C) 0.25%　　　　　　 (D) 2%

54. 若发动机润滑油油耗超标，则检查（　　）。
   (A) 油底壳油量是否不足
   (B) 润滑油道是否堵塞
   (C) 机油黏度是否符合要求
   (D) 活塞、活塞环与气缸壁磨损

55. 发动机气缸盖上的气门座裂纹修理最好的方法是（　　）。
   (A) 粘接法　　　　　　(B) 磨削法
   (C) 焊修法　　　　　　(D) 堵漏法

56. 凸轮轴是用来控制各气缸进、排气门（　　）时间轴。
   (A) 开闭时刻和开启持续
   (B) 压缩
   (C) 点火
   (D) 做功

57. 若发动机气门响，响声会随发动机转速增高而增大，温度变化和单缸断火时响声（　　）。
   (A) 减弱　　　　　　　(B) 不减弱
   (C) 消失　　　　　　　(D) 变化不明显

58. 铝合金发动机气缸盖下平面的平面度误差每任意 50mm×50mm 范围内均应小于（　　）。
   (A) 0.015　　　　　　　(B) 0.025
   (C) 0.035　　　　　　　(D) 0.030

59. 安装 3、4 挡拨叉轴的小止动块，拧紧输出轴螺母，再将换挡叉轴置于（　　）位置。
   (A) 1 挡　　　　　　　 (B) 2 挡
   (C) 空挡　　　　　　　(D) 倒挡

60. 编制差速器壳的技术检验工艺卡，技术检验工艺卡首先应该（　　）。
   (A) 裂纹的检验，差速器壳应无裂损
   (B) 差速器轴承与壳体及轴颈的配合的检验
   (C) 差速器壳承孔与半轴齿轮轴颈的配合间隙的检验
   (D) 差速器壳连接螺栓拧紧力矩的检验

61. 差速器壳承孔与半轴齿轮轴颈的配合间隙为（　　）mm。
   (A) 0.05～0.15　　　　 (B) 0.05～0.25
   (C) 0.15～0.25　　　　 (D) 0.25～0.35

62. 差速器壳体修复工艺程序的第二步应该（　　）。
   (A) 彻底清理差速器壳体内外表面（包括水垢）
   (B) 根据全面检验的结论，确定修理内容及修复工艺
   (C) 差速器轴承与壳体及轴颈的配合应符合原设计规
   (D) 差速器壳连接螺栓拧紧力矩应符合原设计规定

63. 汽车车身一般包括车前、（　　）、侧围、顶盖和后围等部件。
   (A) 车顶　　　　　　　(B) 车后
   (C) 车底　　　　　　　(D) 前围

64. 属于驱动桥装配验收的项目有（　　）。
   (A) 检查转向盘的自由行程
   (B) 调整前轮前束
   (C) 调整最大转向角
   (D) 装复车轮制动器

65. 装配变速驱动桥时，回旋低挡和倒挡制动带调节螺钉，使制动带达到（　　）张开程度。
   (A) 最小　　　　　　　(B) 最大
   (C) 中等　　　　　　　(D) 不用

66. 自动变速器中间轴端隙用（　　）测量，用（　　）调整。
   (A) 游标卡尺　增垫　　(B) 螺旋测微器　减垫
   (C) 百分表　增减垫　　(D) 上述 3 项均正确
   (E) 无要求

67. （　）踏板时，必须测量调整制动踏板的自由行程。
    (A) 修理　　　　　　(B) 修复
    (C) 更换　　　　　　(D) 上述3项均正确
68. 关于液压制动系的检修说法错误的是（　）。
    (A) 齿条表面涂转向器润滑脂，用相应的专用套管将各密封件装入转向器壳体中
    (B) 拉出制动蹄的时候，要注意哪一面朝外
    (C) 若制动蹄变形、裂纹或不均匀磨损，则应更换新件
    (D) 制动盘的最小允许厚度为5.0mm
69. 汽车行驶一定里程后，用手触摸制动鼓均感觉发热，表明故障在（　）。
    (A) 制动踏板不能迅速复位
    (B) 制动主缸
    (C) 车轮制动器
    (D) 踏板轴及连杆机构的润滑情况不好
70. 汽车行驶一定里程后，用手触摸制动鼓感觉发热，这种现象属于（　）。
    (A) 制动跑偏　　　　(B) 制动抱死
    (C) 制动拖滞　　　　(D) 制动失效
71. 钢板弹簧座定位孔磨损应不大于（　）mm。
    (A) 1.50　　　　　　(B) 2.50
    (C) 3.00　　　　　　(D) 3.50
72. 转弯半径是指由转向中心到（　）。
    (A) 内转向轮与地面接触点间的距离
    (B) 外转向轮与地面接触点间的距离
    (C) 内转向轮之间的距离
    (D) 外转向轮之间的距离
73. 转向系统大修技术检验规范包括（　）。
    (A) 螺杆有损坏　　　(B) 螺杆无损坏
    (C) 螺母有损坏　　　(D) 上述3项均正确
74. 双手抓住方向盘沿转向轴轴线方向做上下拉压动作，如果感到有明显的松旷量，则故障在（　）。
    (A) 转向器内主从动部分啮合部位松旷或垂臂轴承松旷
    (B) 方向盘与转向轴之间松旷
    (C) 转向器主动部分轴承松旷
    (D) 转向器在车架上的固定不好
75. （　）常用人工经验诊断方法。
    (A) EFI
    (B) 化油器式发动机
    (C) EFI、化油器式发动机均不是
    (D) EFI、化油器式发动机均是
76. QD124型起动机，空转试验电压12V时，起动机转速不低于（　）r/min。
    (A) 3 000　　　　　　(B) 4 000
    (C) 5 000　　　　　　(D) 6 000
77. 打开灯控开关保险丝烧断，说明线路存在（　）故障。
    (A) 断路　　　　　　(B) 短路
    (C) 接触不良　　　　(D) 击穿
78. 充足电的蓄电池，开路端电压是（　）。
    (A) 12.4V　　　　　(B) ≥12.6V
    (C) 12V　　　　　　(D) ≤11.7V
79. 打开右转向时右转向灯闪光频率加快，原因是（　）。
    (A) 左侧转向灯个别损坏
    (B) 右侧转向灯个别损坏
    (C) 右侧转向灯功率较大
    (D) 闪光器内部故障
80. 电枢检测器是用作检测起动机电枢绕组的（　）故障。
    (A) 断路　　　　　　(B) 短路
    (C) 搭铁　　　　　　(D) 击穿
81. 发动机节温器失效会造成（　）。
    (A) 冷气不足　　　　(B) 暖气不足
    (C) 不制冷　　　　　(D) 过热
82. 检测起动机（　），主要检测线路的通断情况。
    (A) 控制线路　　　　(B) 搭铁线路
    (C) 供电线路　　　　(D) 检测线路
83. 检测蓄电池液的相对密度，应使用（　）检测。
    (A) 密度计　　　　　(B) 电压表
    (C) 高率放电计　　　(D) 玻璃管
84. 将机械式万用电表的正测试棒（红色）接二极管引出极，负测试棒（黑色）接二极管的另一极。测其电阻大于10kΩ，则该二极管为（　）。
    (A) 正极管　　　　　(B) 负极管
    (C) 励磁二极管　　　(D) 稳压二极管
85. 起动机供电线路，重点检测线路各接点的（　）情况。
    (A) 电流　　　　　　(B) 压降
    (C) 电动势　　　　　(D) 电阻
86. 启动系统线路（　）应不大于0.2V。
    (A) 电压　　　　　　(B) 电压降
    (C) 电动势　　　　　(D) 电阻
87. 汽车电器万能试验台是用于汽车（　），主要为电器系统性能试验的综合性设备。
    (A) 车身　　　　　　(B) 底盘
    (C) 发动机　　　　　(D) 空调
88. 桑塔纳轿车启动系统，蓄电池"＋"接柱与起动机的（　）接柱相连。
    (A) 150　　　　　　(B) 31

(C) 30　　　　　　(D) 50

89. 使用型号不同的指针式万用电表，测得的发电机（　）接柱之间的阻值不同。
(A) "F"与"E"　　(B) "B"与"E"
(C) "B"与"F"　　(D) "N"与"F"

90. 选择免维护电池的原则，主要有按需选择、安全、（　）三方面考虑。
(A) 价格　　　　(B) 性能
(C) 寿命　　　　(D) 性价比

91. 用试灯测试照明灯线路某点，灯不亮则说明故障点在（　）。
(A) 该点　　　　(B) 该点前方
(C) 该点后方　　(D) 不能确定

92. 用数字式万用电表的（　）可检查点火线圈是否有故障。
(A) 欧姆挡　　　(B) 电压挡
(C) 千欧挡　　　(D) 兆欧挡

93. 用万用电表电阻最大挡检测定子绕组接线端与定子铁芯之间的电阻应为无穷大，否则说明有（　）故障。
(A) 断路　　　　(B) 短路
(C) 搭铁　　　　(D) 击穿

94. 电控发动机怠速不平稳原因有进气管真空渗漏和（　）等。
(A) 电动汽油泵不工作
(B) 曲轴位置传感器失效
(C) 点火正时失准
(D) 爆震传感器失效

95. 电控发动机怠速不稳的原因是（　）。
(A) 节气门位置传感器失效
(B) 曲轴位置传感器失效
(C) 点火正时失准
(D) 氧传感器失效

96. 发动机（　）启动，是由 EFI 主继电器电源失效造成的。
(A) 正常　　　　(B) 不能
(C) 勉强　　　　(D) 上述3项均正确

97. 发动机进气道空气流量计失效，可能（　）。
(A) 发动机正常启动
(B) 发动机不能正常启动
(C) 无影响
(D) 上述3项均正确
(E) 无要求

98. 制冷剂装置的检漏方法中，最简单易行的方法是（　）。
(A) 肥皂水检漏法　(B) 卤素灯检漏法
(C) 电子检漏仪检漏法　(D) 加压检漏法

99. 制冷系统中有水汽，引起部位间断结冰，造成（　）。
(A) 无冷气产生　(B) 冷气不足
(C) 间断制冷　　(D) 系统太冷

100. 打开空调开关时，鼓风机（　）。
(A) 不运转　　　(B) 低速运转
(C) 高速运转　　(D) 不定时运转

101. 废气水暖式加热系统属于（　）。
(A) 余热加热式　(B) 独立热源加热式
(C) 冷却水加热式　(D) 火焰加热式

102. 空调系统吹风电动机松动或磨损会造成（　）。
(A) 系统噪声大　(B) 系统太冷
(C) 间断制冷　　(D) 无冷气产生

103. 空调系统外面空气管道打开，会造成（　）。
(A) 无冷气产生　(B) 系统太冷
(C) 间断制冷　　(D) 冷空气量不足

104. 空调压缩机油面太低，则系统出现（　）现象。
(A) 冷气不足　　(B) 间断制冷
(C) 不制冷　　　(D) 噪声大

105. 冷凝器周围空气不够会造成（　）。
(A) 无冷气产生　(B) 冷空气不足
(C) 系统太冷　　(D) 间断制冷

106. 汽车空调的诊断参数中没有（　）。
(A) 风量　　　　(B) 温度
(C) 湿度　　　　(D) 压力

107. 热水开关关不死会造成（　）。
(A) 制冷剂泄漏　(B) 冷却水泄漏
(C) 冷却油泄漏　(D) 上述3项均有可能

108. 用于连接制冷装置低压侧接口与低压表下的接口的软管颜色为（　）。
(A) 蓝色　　　　(B) 红色
(C) 黄色　　　　(D) 绿色

109. 劳动纠纷是指劳动关系双方当事人在执行（　）、法规或履行劳动合同的过程中持不同的主张和要求而产生的争议。
(A) 合同法　　　(B) 劳动法律
(C) 个人权利　　(D) 法规

110. 劳动权主要体现为平等（　）和选择职业权。
(A) 基本要求　　(B) 劳动权
(C) 就业权　　　(D) 实话实说

111. 平等就业是指在劳动就业中实行男女平等、（　）的原则。
(A) 民族平等　　(B) 单位平等
(C) 权利平等　　(D) 职业平等

112. 职业道德是同人们的职业活动紧密联系的符合（　）所要求的道德准则、道德情操与道德品质的总和。
(A) 职业守则　　(B) 职业特点
(C) 人生观　　　(D) 多元化

113. 职业道德是同人们的职业活动紧密联系的符合职业特点所要求的道德准则、道德情操与（　）的总和。
(A) 职业守则　　(B) 多元化
(C) 人生观　　　(D) 道德品质

114. 职业素质是（　）对社会职业了解与适应能力的一种综合体现，其主要表现在职业兴趣、职业能力、职业个性及职业情况等方面。
(A) 消费者　　　(B) 生产者
(C) 劳动者　　　(D) 个人

115. 质量意识是以质量为核心内容，自觉保证（　）的意识。
(A) 工作内容　　(B) 工作质量
(C) 集体利益　　(D) 技术核心

116. 空气压缩机的装配中，组装好活塞连杆组，使活塞环开口相互错开（　）。
(A) 30°　　　　(B) 60°
(C) 90°　　　　(D) 180°

117. 材料疲劳破坏是在（　）载荷作用下产生的。
(A) 交变　　　　(B) 大
(C) 轻　　　　　(D) 冲击

118. 常用的台虎钳有（　）和固定式两种。
(A) 齿轮式　　　(B) 回转式
(C) 蜗杆式　　　(D) 齿条式

119. 黄铜的主要用途用来制作导管、（　）、散热片及冷凝器、冷冲压、冷挤压零件等部件。
(A) 活塞　　　　(B) 导电
(C) 密封垫　　　(D) 空调管

120. 开关控制的普通方向控制阀包括（　）和换向阀两类。
(A) 单向阀　　　(B) 双向阀
(C) 溢流阀　　　(D) 减压阀

121. 润滑脂的使用性能主要有（　）低温性能、高温性能和抗水性等。
(A) 油脂　　　　(B) 中温
(C) 高温　　　　(D) 稠度

122. 单相直流稳压电源有电源变压器、整流、滤波（　）组成。
(A) 电源　　　　(B) 稳压电路
(C) 电网　　　　(D) 硅整流元件

123. 当加在硅二极管两端的正向电压从 0 开始逐渐增大时，硅二极管（　）。
(A) 立即导通
(B) 到 0.3 V 时才开始导通

(C) 超过死区电压时才开始导通
(D) 不导通

124. 三桥式整流电路由（　）6 个二极管和负载组成。
(A) 三极管　　　(B) 电阻
(C) 电容　　　　(D) 三相绕组

125. 正弦交流电的三要素是最大值、（　）和初相位。
(A) 角速度　　　(B) 角周期
(C) 角相位　　　(D) 角频率

126. 安装活塞销时，先将活塞置于水中加热到（　）℃取出。
(A) 50～60　　　(B) 60～80
(C) 50～80　　　(D) 80～90

127. 当发动机曲轴中心线弯曲大于（　）mm 时，曲轴须加以校正。
(A) 0.10　　　　(B) 0.05
(C) 0.025　　　 (D) 0.015

128. 发动机缸套镗削后，还必须进行（　）。
(A) 光磨　　　　(B) 桁磨
(C) 研磨　　　　(D) 铰磨

129. 发动机活塞环侧隙检查可用（　）。
(A) 百分表　　　(B) 卡尺
(C) 塞尺　　　　(D) 千分尺

130. 发动机活塞销异响的原因是（　）。
(A) 活塞销与活塞上的销座孔配合松旷
(B) 连杆弯曲、扭曲变形
(C) 连杆轴承盖的连接螺纹松动
(D) 活塞销质量差

131. 发动机连杆的修理技术标准为连杆在 100mm 长度上弯曲值应不大于（　）mm。
(A) 0.01　　　　(B) 0.03
(C) 0.5　　　　 (D) 0.8

132. 发动机连杆轴承轴向间隙使用极限值为（　）mm。
(A) 0.40　　　　(B) 0.50
(C) 0.30　　　　(D) 0.60

133. 发动机曲轴冷压校正后，再进行时效热处理，其加热后保温时间是（　）h。
(A) 0.5～1　　　(B) 1～2
(C) 2～3　　　　(D) 2～4

134. 若发动机活塞敲缸异响，低温响声大，高温响声小，则为（　）。
(A) 活塞与气缸壁间隙过大
(B) 活塞质量差
(C) 连杆弯曲变形
(D) 润滑油压力低

135. 若发动机连杆轴承响,响声会随发动机负荷增加而( )。
   (A) 减小　　　　　(B) 增大
   (C) 先增大后减小　(D) 先减小后增大

136. 用( )测量气缸的磨损情况。
   (A) 量缸表　　　　(B) 螺旋测微器
   (C) 游标卡尺　　　(D) 上述3项均正确

137. 发动机怠速运转不好,可能( )。
   (A) 怠速过高　　　(B) 怠速过低
   (C) A、B项均对　　(D) A、B项均不对

138. 发动机热磨合时,水温最好控制在( )℃左右。
   (A) 50　　　　　　(B) 70
   (C) 90　　　　　　(D) 100

139. 在喷油器试验台对喷油器进行喷油压力检查时,各缸喷油压力应尽可能一致,一般相差不得超过( )MPa。
   (A) 0.15　　　　　(B) 0.25
   (C) 0.10　　　　　(D) 0.05

140. 汽油机的爆震响声,柴油机的工作粗暴声属于( )异响。
   (A) 机械　　　　　(B) 燃烧
   (C) 空气动力　　　(D) 电磁

141. 若汽油机燃料消耗量过大,则检查( )。
   (A) 油箱或管路是否漏油
   (B) 空气滤清器是否堵塞
   (C) 燃油泵故障
   (D) 进气管漏气

142. ( )时须拆汽油机的火花塞或柴油机的喷油器。
   (A) 冷磨合　　　　(B) 热磨合
   (C) 无负荷磨合　　(D) 有负荷磨合

143. 桑塔纳2000GLI轿车AFE型发动机的润滑油泵齿轮啮合间隙磨损极限为( )mm。
   (A) 0.10　　　　　(B) 0.20
   (C) 0.50　　　　　(D) 0.30

144. 桑塔纳2000GLI轿车AFE型发动机的润滑油泵主从动齿轮与机油泵盖接合面正常间隙为( )mm。
   (A) 0.10　　　　　(B) 0.20
   (C) 0.05　　　　　(D) 0.30

145. 用连杆检验仪检验连杆变形时,若三点规的3个测点都与检验平板接触,则连杆( )。
   (A) 无变形　　　　(B) 弯曲变形
   (C) 扭曲变形　　　(D) 弯扭变形

146. 在水杯中加热节温器对其进行检查,其打开温度约为( )℃。
   (A) 70　　　　　　(B) 50
   (C) 78　　　　　　(D) 87

147. 发动机正时齿轮异响的原因是( )。
   (A) 凸轮轴和曲轴两中心线不平行
   (B) 发动机进气不足
   (C) 点火正时失准
   (D) 点火线圈温度过高

148. 气门弹簧的作用是使气门同气门座保持( )。
   (A) 间隙　　　　　(B) 一定距离
   (C) 紧密闭合　　　(D) 一定的接触强度

149. 对于受力不大、工作温度低于100℃的部位的气缸盖裂纹大部分可以采用( )修复。
   (A) 粘接法　　　　(B) 磨削法
   (C) 焊修法　　　　(D) 堵漏法

150. 拧紧AJR型发动机气缸盖螺栓时,应分( )次拧紧。
   (A) 3　　　　　　 (B) 4
   (C) 5　　　　　　 (D) 2

151. 气缸盖火花塞孔螺纹损坏多于( )牙需修复。
   (A) 1　　　　　　 (B) 2
   (C) 3　　　　　　 (D) 4

152. 气缸盖螺纹孔(不包括火花塞孔)螺纹损坏多于( )牙需修复。
   (A) 1　　　　　　 (B) 2
   (C) 3　　　　　　 (D) 4

153. 如果气缸盖裂纹发生在受力较大或温度较高的部位,则采用( )修理方法。
   (A) 粘接法　　　　(B) 磨削法
   (C) 焊修法　　　　(D) 堵漏法

154. 编制差速器壳的修理工艺卡中,属于技术检验工艺卡项目的是( )。
   (A) 左右差速器壳内外圆柱面的轴线及对接面的检验
   (B) 圆锥主动齿轮花键与凸缘键槽的侧隙的检验
   (C) 圆柱主动齿轮轴承与轴颈的配合间隙的检验
   (D) 裂纹的检验、差速器壳应无裂损

155. 变速器壳体上平面长度不大于( )mm,其平面公差为0.15mm。
   (A) 100　　　　　 (B) 150
   (C) 250　　　　　 (D) 300

156. 变速器输出轴( )拧紧力矩为100 N·M。
   (A) 螺钉　　　　　(B) 螺母
   (C) 螺栓　　　　　(D) 任意轴

157. 变速器输入轴、输出轴不得有裂纹,各轴颈磨

损不得超过（ ）mm。
(A) 0.01　　　　　(B) 0.02
(C) 0.03　　　　　(D) 0.06

158. 变速器输入轴前端花键齿磨损应不大于（ ）mm。
(A) 0.10　　　　　(B) 0.20
(C) 0.30　　　　　(D) 0.60

159. 变速器在空挡位置，发动机怠速运转，若听到"咯噔"声，踏下离合器踏板后响声消失，说明（ ）。
(A) 第1轴前轴承损坏
(B) 常啮齿轮啮合不良
(C) 第2轴后轴承松旷或损坏
(D) 第1轴后轴承响

160. 发动机运转，出现"嚓、嚓"的摩擦声时应先检查（ ）。
(A) 飞轮　　　　　(B) 离合器从动盘
(C) 踏板自由行程　(D) 离合器压盘

二、判断题（将判断结果填入括号中。正确的填"√"，错误的填"×"。每题0.5分，满分20分。）

( ) 161. 举升器按控制方式可分为电动式、气动式、液压式、电动液压式和移动式。
( ) 162. 汽车常用轴承分为滑动轴承和滚动轴承两类。
( ) 163. 液压泵分为叶片泵、齿轮泵、柱塞泵、高压泵4种。
( ) 164. 三桥式整流电路由三相绕组、6个二极管和负载组成。
( ) 165. 对于任何发动机不能启动这类故障的诊断，首先应检测的是电动燃油泵。
( ) 166. 如果发动机每次启动都超过30s或连续踏启动杆在10次以上才能启动，均属启动困难。
( ) 167. 若发动机单缸不工作，可用单缸断火找出不工作的气缸。
( ) 168. 安装气缸垫时，应使有"OPEN TOP"标记的一面朝向气缸盖。
( ) 169. 当发动机曲轴圆度和圆柱度误差超过0.25mm时，应按规定的修理尺寸进行修磨。
( ) 170. 对于受力不大、工作温度低于100℃的部位的气缸盖裂纹大部分可以采用粘接法修复。
( ) 171. 活塞环拆装钳是一种专门用于拆装活塞环的工具。
( ) 172. 可用外径千分尺测量发动机活塞裙部。

( ) 173. 曲柄连杆机构由气缸体曲轴箱组、活塞连杆组和曲轴飞轮组组成。
( ) 174. 曲轴轴颈表面不允许有横向裂纹。
( ) 175. 用百分表检测曲轴弯曲变形时，百分表的触头应抵在中间主轴颈表面。
( ) 176. 汽车行驶时，声响随车速增大而增大，若声响混浊、沉闷而连续，说明传动轴万向节叉等速排列损坏。
( ) 177. 变速器盖的变速叉端面对变速叉轴孔轴线的垂直度公差为0.40mm。
( ) 178. 万向节球毂花键磨损松旷时，应更换万向节球毂。
( ) 179. 分动器里程表软轴的弯曲半径不得小于200mm。
( ) 180. 若变矩器为原车所配的，则柔性板与变矩器的装配不用标记对齐。
( ) 181. 变速器前、后壳体及后盖、侧盖间各密封衬垫，拆卸后重装必须换用新件。
( ) 182. 差速器壳连接螺栓拧紧力矩应符合原设计规定。
( ) 183. 差速器壳体修复工艺程序的第一步应该彻底清理差速器壳体内外表面。
( ) 184. 汽车起步时，车身发抖并能听到"咔啦、咔啦"的撞击声，且在车速变化时响声更加明显；车辆在高速挡用小油门行驶时，响声增强，抖动更严重。原因可能是万向传动装置故障。
( ) 185. 手动变速器总成竣工验收时，进行无负荷和有负荷试验，第1轴转速为1 000～1 400r/min。
( ) 186. 安全气囊传感器按结构可分为开关式、线性式和电子式3种类型。
( ) 187. 打开或松开制冷装置连接管头的方法，将制冷剂迅速排放。
( ) 188. 氟利昂R12无色无味，容易使人中毒。
( ) 189. 用万用表检测发电机各接线端子的电阻，若均符合规定，则说明该发电机不存在故障。
( ) 190. 安装电磁离合器时，若空气间隙不合适时，应根据需要增减垫片。
( ) 191. 弹簧秤可量起动机的最大扭矩。
( ) 192. 感抗反映了线圈对交流电的阻碍能力。
( ) 193. 检测启动线路要求启动线路的连接应符合原车技术要求。
( ) 194. 手动空调系统的故障现象有制冷异常、噪声大、鼓风机不转和操纵失灵等。
( ) 195. 移动式空调维修盒是一个可移动的组合

135

（　）196. 在发动机不启动的情况下，把点火开关旋转到"ON"，打开风挡雨刮器。如果雨刮器动得很慢，比平时慢很多，则说明蓄电池缺电。

（　）197. 不论电控发动机是否在运转，只要在点火开关接通时，决不可断开正在工作的12V的电器装置。

（　）198. 电控发动机运转不稳的原因有曲轴位置传感器失效。

（　）199. 电控发动机消声器"放炮"的原因有节气门位置传感器失效。

（　）200. 示波器为电控发动机常用诊断的通用仪表。

汽车修理工基础理论知识题（二）——判断题参考答案

1~5	6~10	11~15	16~20	21~25	26~30
BDBBA	DACAD	CDAAD	BBCAB	ABAAB	DCBCA
31~35	36~40	41~45	46~50	51~55	56~60
CCDAD	CDAAA	CDAAA	BBDDB	BAABB	ABBCA
61~65	66~70	71~75	76~80	81~85	86~90
BCCBD	CCDBC	CCDBC	ABBCA	BBBBB	ABAAB
91~95	96~100	101~105	106~110	111~115	116~120
BACCC	BBACB	AADDB	CBADC	ABDCB	DABBA
121~125	126~130	131~135	136~140	141~145	146~150
DBCDD	BBCCA	BBACB	BBAAB	ACBBB	AACAB

二、判断题参考答案

151~155	156~160
ABCDC	BCDDC

161~165	166~170	171~175	176~180	181~185	186~190	191~195	196~200
××××	×√√×	√√×√	××××	√√√√	√××××	×××√√	√√×√√

汽车修理工高级理论知识试卷（三）

一、单项选择题（选择一个正确的答案，将相应的字母填入题内的括号中。每题0.5分，满分80分。）

1. 驱动桥的通气塞一般位于桥壳的（　）。
   (A) 上部　　　　　　(B) 下部
   (C) 与桥壳平行　　　(D) 后部

2. 若自动变速器控制系统工作正常，电脑内没有故障代码，则故障警告灯以每秒（　）次的频率连续闪亮。
   (A) 1　　(B) 2
   (C) 3　　(D) 4

3. 手动变速器总成竣工验收时，进行无负荷和有负荷试验，第1轴转速为（　）r/min。
   (A) 500～800　　　(B) 800～1 000
   (C) 1 000～1 400　(D) 1 400～1 800

4. 万向节球毂花键磨损松旷时应（　）。
   (A) 更换内万向节球毂
   (B) 更换球笼壳
   (C) 更换万向节总成
   (D) 更换外万向节球毂

5. 由计算机控制的变矩器，应将其电线接头插接到（　）上。
   (A) 变速驱动桥　　(B) 发动机
   (C) 蓄电池负极　　(D) 车速表小齿轮表

6. 变速器在空挡位置异响并不明显，但在汽车起步或换挡的瞬间发出强烈的金属摩擦声，而在离合器完全结合后声响消失，说明（　）。
   (A) 第1轴前轴承损坏
   (B) 常啮齿轮啮合不良
   (C) 第2轴后轴承松旷或损坏
   (D) 第1轴后轴承响

7. 汽车在起步时出现"咣当"一声响或响声较杂乱，在缓坡上向后倒车时，出现"嘎巴、嘎巴"的断续声，一般是（　）原因。
   (A) 一般是滚针折断、碎裂或丢失
   (B) 多半是轴承磨损松旷或缺油
   (C) 说明传动轴万向节叉等速排列损坏
   (D) 多为中间支承轴承内圈过盈配合松旷

8. 装好输出轴齿轮、垫圈和螺母，应该（　）。
   (A) 按规定力矩拧紧　(B) 任意力矩拧紧
   (C) A、B项均不对　　(D) A、B项均正确
   (E) 无要求

9. 自动变速器中间轴端隙（　），会出现轴向窜动，有噪声。
   (A) 过大　　　　　　(B) 过小
   (C) 合适　　　　　　(D) 上述3项均正确

10. 若制动蹄变形、裂纹或不均匀磨损，则应（　）。
    (A) 继续使用
    (B) 更换新品
    (C) 修复后使用
    (D) 换到其他车上继续使用

11. 检查制动蹄摩擦衬片的厚度，标准值为（　）mm。
    (A) 3　　(B) 7
    (C) 11　 (D) 5

12. 感觉防抱死控制系统工作不正常，该现象是（　）。
    (A) 制动拖滞
    (B) 制动跑偏
    (C) 制动抱死
    (D) 制动防抱死装置失效

13. 缸体有裂纹应该（　）。
    (A) 更换新件　　　(B) 进行修复
    (C) 继续使用　　　(D) 上述3项均正确

14. 制动气室（　）出现凹陷，可以用敲击法整形。
    (A) 内壁　　　　(B) 外壳
    (C) 弹簧　　　　(D) 上述3项均正确

15. 制动时驾驶人必须紧握方向盘方能保证直线行驶，若微微放松方向盘，汽车便自行跑向一边。这种现象属于（　）。
    (A) 制动拖滞　(B) 制动抱死
    (C) 制动跑偏　(D) 制动失效

16. 制动主缸皮碗发胀，复位弹簧变软，致使皮碗堵住旁通孔不能回油会导致（　）。
    (A) 制动跑偏　(B) 制动抱死
    (C) 制动拖滞　(D) 制动失效

17. 不可能导致制动跑偏现象的原因是（　）
    (A) 转向节臂变形
    (B) 前轮左、右轮轮胎气压不一致
    (C) 转向性能良好
    (D) 一侧前轮制动器制动间隙过小或轮毂轴承过紧

18. 汽车行驶一定里程后，用手触摸制动鼓，若感觉个别制动鼓发热，则故障在（　）。
    (A) 制动踏板不能迅速复位
    (B) 制动主缸
    (C) 车轮制动器
    (D) 踏板轴及连杆机构润滑不良

19. 汽车转向轮侧滑量的检测方法是将车辆对正侧滑试验台，并使转向盘处于（　）位置。

(A) 左极限 　　　　(B) 右极限
(C) 正中间 　　　　(D) 自由

20. 钢板弹簧卡子内侧与钢板弹簧侧的间隙应该为（　　）mm。
   (A) 0.7～1.0 　　(B) 0.8～10
   (C) 0.9～1.0 　　(D) 上述3项均正确

21. 钢板弹簧座上U形螺栓孔及定位孔的磨损量应不大于（　　）mm，否则要进行堆焊修理。
   (A) 0.2 　　　　　(B) 0.6
   (C) 1.0 　　　　　(D) 1.4

22. 为保持轮胎缓和路面冲击的能力，给轮胎充气标准可（　　）最高气压。
   (A) 等于 　　　　(B) 略低于
   (C) 略高于 　　　(D) 高于

23. 进行车轮动平衡的检测，当平衡机主轴带动车轮旋转时，若车轮质量不平衡，将引起（　　）震动。
   (A) 被安装车轮主轴的一端
   (B) 被安装车轮主轴的另一端
   (C) 主轴
   (D) 前轴

24. 减震器装合后，各密封件应该（　　）。
   (A) 良好 　　　　(B) 不漏
   (C) A、B项均不对 (D) A、B项均正确

25. 诊断前轮摆振的程序第二步应该检查（　　）。
   (A) 前桥与转向系各连接部位是否松旷
   (B) 前轮是否装用翻新轮胎
   (C) 前钢板弹簧U形螺栓
   (D) 前轮的径向跳动量和端面跳动量

26. （　　）的功用就是将蓄电池的电能转变为机械能，产生转矩启动发动机。
   (A) 润滑系 　　　(B) 启动系
   (C) 传动系 　　　(D) 发电机

27. （　　）可能发生在A/C工作时。
   (A) 失速
   (B) 加速
   (C) 失速、加速均不对
   (D) 失速、加速均正确

28. （　　）的功用就是将发动机的机械能转变为电能，给车载电器供电，同时给蓄电池充电。
   (A) 启动系统 　　(B) 润滑系统
   (C) 传动系统 　　(D) 发电系统

29. 给起动机定子上每个磁场绕组通电，若某个磁极力较弱，说明该绕组（　　）。
   (A) 断路 　　　　(B) 短路
   (C) 搭铁 　　　　(D) 击穿

30. 当转向开关拨至左转向时，左右两边转向灯都发出微弱的光，则故障点是在（　　）。
   (A) 左转向灯搭铁处 　(B) 右转向灯搭铁处
   (C) 左转向灯供电处 　(D) 右转向灯供电处

31. 动态检测方法可以检测出调节器的（　　）。
   (A) 调节电流 　　(B) 调节电压
   (C) 电阻 　　　　(D) 电容

32. 对于任何发动机不能启动这类故障的诊断，首先应检测的是（　　）。
   (A) 蓄电池电压 　(B) 电动燃油泵
   (C) 起动机 　　　(D) 点火线圈

33. 发电机就车测试时，应启动发动机使发动机保持在（　　）运转。
   (A) 800r/min 　　(B) 1 000r/min
   (C) 1 500r/min 　(D) 2 000r/min

34. 起动机电刷与换向器的接触面不低于（　　）。
   (A) 50% 　　　　(B) 60%
   (C) 70% 　　　　(D) 80%

35. 起动机做空载试验时，若电流和转速都小，说明电路存在（　　）。
   (A) 短路故障 　　(B) 断路故障
   (C) 接触电阻大 　(D) 接触电阻小

36. 启动系统线路电压降应不大于（　　）。
   (A) 2V 　　　　　(B) 1V
   (C) 0.5V 　　　　(D) 0.2V

37. 汽车灯光系统出现故障，除与本系统元件损坏外，还可能与（　　）有关。
   (A) 充电系统 　　(B) 启动系统
   (C) 仪表报警系统 (D) 空调系统

38. 若闪光器频率失常，则会导致（　　）。
   (A) 左转向灯闪光频率不正常
   (B) 右转向灯闪光频率不正常
   (C) 左右转向灯闪光频率均不正常
   (D) 转向灯不亮

39. 闪光继电器的种类有（　　）、电热式、电容式3类。
   (A) 信号式 　　　(B) 电子式
   (C) 过流式 　　　(D) 冲击式

40. 实验中将小功率灯泡接于电路中，可以判断调节器的（　　）。
   (A) 功率 　　　　(B) 管压降
   (C) 搭铁形式 　　(D) 调步频率

41. 试验启动系时，点火开关应（　　）完成试验项目。
   (A) 及时回位 　　(B) 不应回位
   (C) 保持一段时间 (D) 无要求

42. 用万用电表测量晶体管调节器各接柱之间电阻判断调节器的（　　）。

(A) 动态检测法　　　(B) 静态检测法
(C) 空载检测法　　　(D) 负载检测法

43. 用油尺检查压缩机冷冻油油量，油面应在（　）格之间。
(A) 1～2　　　(B) 3～5
(C) 4～6　　　(D) 5～7

44. 转向灯单边亮度失常的故障原因通常是（　）。
(A) 供电线短路　　　(B) 转向灯搭铁不良
(C) 转向灯开关损坏　(D) 闪光器损坏

45. EFI 主继电器电源失效，可以造成（　）。
(A) 不能制动　　　(B) 不能转向
(C) 发动机不能启动　(D) 上述 3 项均正确

46. QFC－4 型微电脑发动机综合分析仪可判断汽油机（　）。
(A) 气缸压力　　　(B) 燃烧状况
(C) 混合气形成状况　(D) 排气状况

47. 安全气囊传感器按结构可分为全机械式、（　）、机电式 3 种类型。
(A) 开关式　　　(B) 电子式
(C) 线性式　　　(D) 滑动电阻式

48. 电控发动机加速无力故障原因是（　）。
(A) 燃油压力调节器失效
(B) 曲轴位置传感器失效
(C) 凸轮轴位置传感器失效
(D) 氧传感器不稳

49. 电控发动机运转不稳故障原因有（　）。
(A) 进气压力传感器失效
(B) 曲轴位置传感器失效
(C) 凸轮轴位置传感器失效
(D) 氧传感器失效

50. 电控发动机诊断的基本方法有（　）。
(A) 水淋法　　　(B) 随车故障自诊断
(C) 振动法　　　(D) 加热法

51. 发动机电子控制系统故障诊断目前常用的方法有（　）和利用诊断仪器进行诊断。
(A) 人工诊断　　　(B) 读取故障码
(C) 经验诊断　　　(D) 自诊断

52. 电控发动机消声器"放炮"首先应检查（　）。
(A) 加速器联动拉索　(B) 燃油压力
(C) 喷油器　　　(D) 火花塞

53. （　）是发动机电子控制系统正确诊断的步骤。
(A) 静态模式读取和清除故障码—症状模拟—症状确认—动态故障代码检查
(B) 静态模式读取和清除故障码—症状模拟—动态故障代码检查—症状确认
(C) 症状模拟—静态模式读取和清除故障码—动态故障代码检查—症状确认

(D) 静态模式读取和清除故障码—症状确认—症状模拟—动态故障代码检查

54. 天气寒冷时，向车内提供暖气，以提高车厢内温度的装置是（　）。
(A) 制冷装置　　　(B) 暖风装置
(C) 送风装置　　　(D) 加湿装置

55. 风量、温度、压力和清洁度是空调系统的（　）参数。
(A) 质量　　　(B) 寿命
(C) 功能　　　(D) 诊断

56. 氟利昂 R12 是（　）气体。
(A) 有颜色、无气味　(B) 有颜色、有气味
(C) 有气味、无颜色　(D) 无颜色、无气味

57. 连接空调管路时，应在接头和密封圈上涂上干净的（　）。
(A) 煤油　　　(B) 润滑油
(C) 润滑脂　　　(D) 冷冻油

58. 汽车空调的主要功能是调节空气的（　）。
(A) 温度　　　(B) 湿度
(C) 洁净度　　　(D) 流速

59. 劳动纠纷是指劳动关系双方当事人在执行劳动法律、法规或履行（　）的过程中持不同的主张和要求而产生的争议。
(A) 合同法　　　(B) 宪法
(C) 个人权利　　　(D) 劳动合同

60. 平等就业是指在劳动就业中实行（　）、民族平等的原则。
(A) 个人平等　　　(B) 单位平等
(C) 权利平等　　　(D) 男女平等

61. 所谓职业道德评价，就是根据一定（　）或阶级的道德原则或规范，对他人或自己的行为进行善恶判断，表明褒贬态度。
(A) 职业守则　　　(B) 社会
(C) 从业人员　　　(D) 道德品质

62. 团队意识含义包括（　）和合作能力两个方面。
(A) 集体力量　　　(B) 行为规定
(C) 集体意识　　　(D) 规范意识

63. 由于各种职业的职业责任和义务不同，从而形成各自特定的（　）的具体规范。
(A) 制度规范　　　(B) 法律法规
(C) 职业道德　　　(D) 行业标准

64. 职业道德标准（　），代表了不同企业可能具有不同的价值观。
(A) 多元化　　　(B) 人生观
(C) 职业道德　　　(D) 多样性

65. 职业道德是（　）体系的重要组成部分。
(A) 社会责任　　　(B) 社会意识

(C) 社会道德　　　　(D) 社会公德

66. 职业道德是一种（　）规范，受社会普遍的认可。
    (A) 行业　　　　　(B) 职业
    (C) 社会　　　　　(D) 国家

67. 职业是指（　）。
    (A) 人们所做的工作
    (B) 能谋生的工作
    (C) 收入稳定的工作
    (D) 人们从事的比较稳定的有合法收入的工作

68. 职业素质是劳动者对（　）了解与适应能力的一种综合体现，主要表现在职业兴趣、职业能力、职业个性及职业情况等方面。
    (A) 消费者　　　　(B) 社会职业
    (C) 生产者　　　　(D) 个人

69. 质量意识是以质量为（　），自觉保证工作质量的意识。
    (A) 核心内容　　　(B) 个人利益
    (C) 集体利益　　　(D) 技术核心

70. 壳体上两蜗杆轴承孔公共轴线与两摇臂轴轴承公共轴线（　）公差应符合规定。
    (A) 平行度　　　　(B) 圆度
    (C) 垂直度　　　　(D) 平面度

71. （　）故障，可以模拟故障征兆来判断故障部位。
    (A) 偶发
    (B) 继发
    (C) 偶发、继发均对
    (D) 偶发、继发均不正确

72. 黄铜的主要用途用来制作（　）冷凝器、散热片及导电、冷冲压、冷挤压零件等部件。
    (A) 导管　　　　　(B) 密封垫
    (C) 活塞　　　　　(D) 空调管

73. 开关控制的普通方向控制阀包括单向阀和（　）两类。
    (A) 双向阀　　　　(B) 换向阀
    (C) 溢流阀　　　　(D) 减压阀

74. 控制阀是用作控制或调节液压系统中液流的流动方向、压力和流量，从而控制执行元件的运动方向、推力、（　）、动作顺序以及限制和调节液压系统的工作压力等。
    (A) 动力　　　　　(B) 运动速度
    (C) 速度　　　　　(D) 阻力

75. 偶发故障，可以模拟故障征兆来判断（　）部位。
    (A) 工作
    (B) 故障

(C) 工作、故障均对
(D) 工作、故障均不正确

76. 热交换器的冷却器根据冷却介质不同可分为（　）、水冷式和冷媒式。
    (A) 蛇形管式　　　(B) 多管式
    (C) 油冷式　　　　(D) 风冷式

77. 热交换器的冷却器根据冷却介质不同可分为风冷式、水冷式和（　）。
    (A) 冷媒式　　　　(B) 多管式
    (C) 油冷式　　　　(D) 蛇形管式

78. 润滑脂的使用性能主要有稠度、低温性能、高温性能和（　）等。
    (A) 抗水性　　　　(B) 中温
    (C) 高温　　　　　(D) 油脂

79. 液压泵分为（　）齿轮泵、叶片泵、柱塞泵4种。
    (A) 低压泵　　　　(B) 高压泵
    (C) 喷油泵　　　　(D) 螺杆泵

80. 液压辅件是液压系统的一个重要组成部分，它包括蓄能器、过滤器、（　）、热交换器、压力表开关和管系元件等。
    (A) 储能器　　　　(B) 粗滤器
    (C) 油泵　　　　　(D) 油箱

81. 液压缸按结构组成可以分为缸体组件、活塞组件、密封装置、缓冲装置和（　）5个部分。
    (A) 曲轴组件　　　(B) 排气装置
    (C) 凸轮轴组件　　(D) 进气装置

82. 用游标卡尺测量工件，读数时先读出游标零刻线对（　）刻线左边格数为多少毫米，再加上游标上的读数。
    (A) 尺身　　　　　(B) 游标
    (C) 活动套筒　　　(D) 固定套筒

83. 游标卡尺测量工件某部位外径时，卡尺与工件应垂直，记下（　）。
    (A) 最小尺寸　　　(B) 平均尺寸
    (C) 最大尺寸　　　(D) 任意尺寸

84. （　）是用电磁控制金属膜片振动而发生的装置。
    (A) 电磁阀　　　　(B) 刮水器
    (C) 风挡玻璃　　　(D) 电喇叭

85. 三极管的（　）作用是三极管基本的和最重要的特性。
    (A) 电流放大　　　(B) 电压放大
    (C) 功率放大　　　(D) 单向导电

86. 三桥式整流电路由三相绕组、6个二极管和（　）组成。
    (A) 三极管　　　　(B) 电阻

140

(C) 电容　　　　　　(D) 负载

87. 正弦交流电是指电流的大小和方向按（　）规律变化的交流电。
(A) 正弦　　　　　　(B) 余弦
(C) 直线　　　　　　(D) 正切

88. 对于铸铁或铝合金气缸体所出现的裂纹和砂眼最好用（　）修复。
(A) 粘接法　　　　　(B) 磨削法
(C) 焊修法　　　　　(D) 堵漏法

89. 安装发动机扭曲环时内圆切口应（　）。
(A) 向上　　　　　　(B) 向下
(C) 向内　　　　　　(D) 向外

90. 发动机活塞销异响是一种（　）的响声。
(A) 无节奏　　　　　(B) 浑浊的有节奏
(C) 钝哑无节奏　　　(D) 有节奏的"嗒嗒"

91. 发动机气缸的修复方法可用（　）。
(A) 电镀法　　　　　(B) 喷涂法
(C) 修理尺寸法　　　(D) 铰削法

92. 活塞环拆装钳是一种专门用于拆装（　）的工具。
(A) 活塞环　　　　　(B) 活塞销
(C) 顶置式气门弹簧　(D) 轮胎螺母

93. 活塞环磨损严重应该（　）。
(A) 更换新件　　　　(B) 进行修复
(C) 继续使用　　　　(D) 上述3项均正确

94. 若汽油发动机两缸或多缸不工作，可用（　）找出不工作的气缸。
(A) 多缸断油法　　　(B) 单缸断油法
(C) 多缸断火法　　　(D) 单缸断火法

95. 对于二行程发动机，气缸完成一个工作循环活塞往复运动（　）个行程。
(A) 1　　　　　　　　(B) 2
(C) 3　　　　　　　　(D) 4

96. 对于活塞往复式四行程发动机，完成一个工作循环曲轴转动（　）圈。
(A) 1/2　　　　　　　(B) 1
(C) 2　　　　　　　　(D) 4

97. 发动机过热的原因是（　）。
(A) 冷却液不足
(B) 节温器未装或失效
(C) 水温表或传感器有故障
(D) 百叶窗卡死在全开位置

98. 发动机运转时产生加速敲缸，视为（　）。
(A) 回火　　　　　　(B) 爆燃
(C) 失速　　　　　　(D) 上述3项均正确

99. 发动机正常运转时，转速（　）是发动机工作不稳。

(A) 忽高　　　　　　(B) 忽低
(C) 忽高忽低　　　　(D) 上述3项均正确

100. 若发动机磨损或调整不当引起的异响属于（　）异响。
(A) 机械　　　　　　(B) 燃烧
(C) 空气动力　　　　(D) 电磁

101. 柴油发动机燃油油耗超标的原因是（　）。
(A) 发动机超速、超负荷工作
(B) 配气相位失准
(C) 气缸压力低
(D) 润滑油变质

102. 柴油发动机燃油油耗超标的原因是（　）。
(A) 配气相位失准　　(B) 进气不畅
(C) 气缸压力低　　　(D) 机油变质

103. 柴油机动力不足，这种故障往往伴随（　）。
(A) 气缸敲击声　　　(B) 气门敲击声
(C) 排气烟色不正常　(D) 排气烟色正常

104. 柴油机启动困难，应从（　）、燃油雾化、压缩终了时的气缸压力温度等方面找原因。
(A) 喷油时刻　　　　(B) 手油泵
(C) 燃油输送　　　　(D) 喷油泵驱动联轴器

105. 使用国产EA-2000型发动机综合分析仪时，在开启仪器电源应预热（　）min。
(A) 10　　　　　　　(B) 20
(C) 30　　　　　　　(D) 40

106. 通过尾气分析仪测量，如果是HC化合物超标，首先应该检查（　）是否工作正常，若不正常应予修理或更换新件。
(A) 排气管　　　　　(B) 氧传感器
(C) 三元催化转化器　(D) EGR阀

107. 用气缸压力表测试气缸压力时，发动机应达到正常工作温度。其中水冷发动机水温应达到（　）℃以上。
(A) 50～60　　　　　(B) 65～70
(C) 75～85　　　　　(D) 60～85

108. 诊断发动机排放超标的仪器为（　）。
(A) 废气分析仪　　　(B) 汽车无负荷测功表
(C) 氧传感器　　　　(D) 三元催化转化器

109. 非分散型红外线气体分析仪使用前，先接通电源预热（　）min以上。
(A) 20　　　　　　　(B) 30
(C) 40　　　　　　　(D) 60

110. 用（　）测量气缸的磨损情况。
(A) 量缸表　　　　　(B) 螺旋测微器
(C) 游标卡尺　　　　(D) 上述3项均正确

111. 用连杆检验仪检验连杆变形时，如果一个下测点与平板接触，但上测点与平板的间隙不等于另一个下测点与平板间隙的 1/2，表明连杆发生（　　）。
(A) 无变形　　　　(B) 弯曲变形
(C) 扭曲变形　　　(D) 弯扭变形

112. 一般情况下润滑油消耗与燃油消耗比值（　　）为正常。
(A) 0.1%～0.5%　　(B) 0.5%～1%
(C) 0.25%～0.5%　(D) 0.5%～2%

113. 发动机气门座圈异响比气门异响稍大并呈（　　）的"嚓嚓"声。
(A) 没有规律的忽大忽小
(B) 有规律、大小一样
(C) 无规律、大小一样
(D) 有规律

114. 对于配气相位的检查，正确的是（　　）。
(A) 应该在气门间隙调整前检查
(B) 应该在气门间隙调整后检查
(C) 应该在气门间隙调整过程中检查
(D) 无具体要求

115. 安装好 AJR 型发动机凸轮轴后，发动机在约（　　）min 之内不得启动。
(A) 20　　　　(B) 30
(C) 40　　　　(D) 50

116. 凸轮轴轴颈磨损的圆柱度误差大于（　　）mm 时，应更换新件。
(A) 0.10　　　(B) 0.05
(C) 0.025　　 (D) 0.015

117. 凸轮轴轴向间隙的允许极限值为（　　）mm。
(A) 0.10　　　(B) 0.15
(C) 0.025　　 (D) 0.015

118. 变速器倒挡轴与中间轴轴承孔轴线的平行度误差一般应不大于（　　）mm。
(A) 0.02　　　(B) 0.04
(C) 0.06　　　(D) 0.10

119. 变速器第 1 轴的轴向间隙不大于（　　）mm。
(A) 0.05　　　(B) 0.10
(C) 0.12　　　(D) 0.15

120. 变速器壳体平面的平面度误差应不大于（　　）mm。
(A) 0.10　　　(B) 0.15
(C) 0.20　　　(D) 0.25

121. 变速器输出轴修复工艺程序的第一步应该（　　）。
(A) 彻底清理输出轴内外表面
(B) 根据全面检验的结论，确定修理内容及修复工艺
(C) 输出轴轴承的修复和选配

(D) 输出轴变形的修复

122. 变速驱动桥阀体上固定螺栓有（　　）根。
(A) 5　　　　(B) 7
(C) 9　　　　(D) 10

123. 变速驱动桥装车的第一步应该（　　）。
(A) 在车下将变速驱动桥移至与发动机对齐
(B) 将变速驱动桥置于专用拆装千斤顶上，插好安全链条
(C) 将变速驱动桥移向发动机，并使变矩器的导向柱插入曲轴导向孔中，以多用途润滑脂润滑变矩器导向柱
(D) 插入 1～2 根变矩器壳体固定螺栓，以固定变速驱动桥位置

124. 从动盘铆钉埋入深度应不小于（　　）mm，超过极限值，应更换从动盘总成。
(A) 0.2　　　(B) 0.3
(C) 0.4　　　(D) 0.6

125. 低挡、倒挡制动带（　　）调节螺钉。
(A) 共用　　　　　(B) 单独
(C) A、B 项均不对　(D) A、B 项均正确

126. 发动机怠速运转，离合器在分离、结合或汽车起步等不同时刻出现异响，原因可能是（　　）。
(A) 传动轴万向节叉等速排列损坏
(B) 万向节轴承壳压得过紧
(C) 分离轴承缺少润滑油或损坏
(D) 中间轴、第 2 轴弯曲

127. 发动机怠速运转时踏下踏板少许，若此时发响，则为（　　）。
(A) 分离套筒缺油或损坏
(B) 分离轴承缺油或损坏
(C) 踏板自由行程过小
(D) 踏板自由行程过大

128. 后离合器吹入压缩空气时，后离合器应该立刻接合并出"砰"的响声，放出压缩空气，离合器应该（　　）。
(A) 立即分离　　　(B) 立即接合
(C) 性能良好　　　(D) 上述 3 项均正确
(E) 无要求

129. 某变速驱动桥内的变速器液的颜色为深褐色，有烧焦的气味。甲说可能是由于前行星齿轮机构的太阳轮磨损引起的，乙说可能是离合器摩擦片磨损引起的。（　　）。
(A) 甲说的对　　　(B) 乙说的对
(C) 甲和乙说的都对 (D) 甲和乙说的都不对

130. 内、外万向节球毂、球笼壳及钢球严重磨损，应（　　）。
(A) 更换内、外万向节球毂

(B) 更换球笼壳
(C) 更换钢球
(D) 更换万向节总成

131. 汽车车身一般包括（　），车底、侧围、顶盖和后围等部件。
 (A) 车前　　　　　(B) 车后
 (C) 车顶　　　　　(D) 前围

132. 汽车的左右半轴应装入（　）内。
 (A) 轮毂　　　　　(B) 车桥
 (C) 驱动桥　　　　(D) 半轴套管

133. 汽车基本上由（　）4大部分组成。
 (A) 发动机、变速器、底盘、车身
 (B) 离合器、底盘、车身、电气设备
 (C) 发动机、离合器、变速器、车身
 (D) 发动机、底盘、车身、电气设备

134. 伺服油缸作用孔（　）压缩空气，制动带应该制动。
 (A) 吹入　　　　　(B) 放出
 (C) 不变　　　　　(D) 上述3项均正确

135. 手动变速器总成竣工验收首先应该（　）。
 (A) 进行无负荷和有负荷试验
 (B) 加注清洁变速器油
 (C) 用普通声级计测定噪声
 (D) 检视密封状况

136. 行驶中对油门和车速变换，如出现"咔啦、咔啦"的撞击声，一般是（　）原因。
 (A) 一般是滚针折断、碎裂或丢失
 (B) 多半是轴承磨损松旷或缺油
 (C) 说明传动轴万向节叉等速列损坏
 (D) 多为中间支承轴承内圈过盈配合松旷

137. 用百分表检查主减速器壳上安装差速器轴承的承孔的同轴度，误差应不大于（　）mm。
 (A) 0.01　　　　　(B) 0.02
 (C) 0.03　　　　　(D) 0.04

138. 用压缩空气吹入前离合器作用孔时，离合器发出"砰"的响声，则其工作性能（　）。
 (A) 不佳　　　　　(B) 损坏
 (C) 性能良好　　　(D) 上述3项均正确

139. 后制动鼓同时起（　）作用。
 (A) 车轮　　　　　(B) 轮胎
 (C) 轮毂　　　　　(D) 上述3项均正确

140. （　）同时起轮毂作用。
 (A) 前制动鼓　　　(B) 前离合器
 (C) 后制动鼓　　　(D) 上述3项均正确

141. 更换踏板时，必须测量调整制动踏板的（　）。
 (A) 自由间隙　　　(B) 自由行程
 (C) 工作行程　　　(D) 上述3项均正确

142. 在诊断和排除自动防抱死（ABS）系统失效故障时应该（　）进行。
 (A) 按照一定的步骤
 (B) 按先主后次的步骤
 (C) 怎么样都可以
 (D) 没有先后顺序

143. 踏下制动踏板感到高而硬，踏不下去，汽车起步困难，行驶无力；当松抬加速踏板踏下离合器时，尚有制动感觉，这些现象属于（　）。
 (A) 制动拖滞　　　(B) 制动抱死
 (C) 制动跑偏　　　(D) 制动失效

144. 用平板制动试验台检验，驾驶人以（　）km/h的速度将车辆对正平板台并驶向平板。
 (A) 5～10　　　　 (B) 10～15
 (C) 15～20　　　　(D) 20～25

145. 制动鼓内径标准值为（　）mm。
 (A) 200　　　　　 (B) 190
 (C) 180　　　　　 (D) 181

146. 制动鼓内径磨损量不超过（　）mm。
 (A) 1　　　　　　 (B) 2
 (C) 3　　　　　　 (D) 5

147. 一般ABS自诊断连接器在（　）。
 (A) 电脑旁边　　　(B) 方向盘左侧
 (C) 方向盘右侧　　(D) 方向盘下侧

148. 汽车转向轮侧滑量的检测应在（　）上进行。
 (A) 制动试验台　　(B) 滚筒试验台
 (C) 侧滑试验台　　(D) 操作平台

149. 钢板弹簧应该视需要进行（　）处理恢复弹性。
 (A) 冷处理　　　　(B) 热处理
 (C) 不需要　　　　(D) 上述3项均正确

150. （　）是造成在用车轮胎早期耗损的主要原因。
 (A) 前轮定位不正确
 (B) 前梁或车架弯扭变形
 (C) 轮毂轴承松旷或转向节与主销松旷
 (D) 气压不足

151. 如果前轮轮胎呈现胎冠两肩磨损、中部磨损、单边磨损、锯齿状磨损、波浪状磨损等。若呈现无规律磨损，则为（　）原因造成。
 (A) 轮胎气压过低
 (B) 各部松旷、变形、使用不当或轮胎质量不佳
 (C) 前轮外倾过小
 (D) 前束过小或负前束

152. 胎冠由内侧向外侧呈锯齿状磨损是由（　）原因造成的。

(A) 前轮外倾过大　　(B) 前轮外倾过小
(C) 前轮前束过小　　(D) 前轮前束过大

153. 循环球式转向器中的转向螺母可以（　　）。
(A) 转动　　　　　(B) 轴向移动
(C) A、B 项可　　(D) A、B 项均不可

154. 转向器补偿器压盖和油压分配阀罩的螺栓拧紧力矩为（　　）N·m。
(A) 10　　　　(B) 15
(C) 20　　　　(D) 30

155. 不属于前轮摆振故障产生的原因的是（　　）。
(A) 经常行驶在拱度较大的路面上
(B) 方向机内主从动部分啮合间隙或轴承间隙过大
(C) 方向机垂臂与垂臂轴配合松旷
(D) 纵横拉杆球关节配合松旷

156. JFT126 型调节器"S"与"E"接柱之间电阻为（　　）kΩ。
(A) 4 600～5 000　(B) 7.5～8
(C) 3.0　　　　　　(D) 550

157. QFC-4 型测功仪是检测发动机（　　）的测功仪器。
(A) 无负荷　　(B) 有负荷
(C) 大负荷　　(D) 加速负荷

158. 给蓄电池充电，选择充电电流为蓄电池的额定容量的（　　）。
(A) 1/5　　　(B) 1/10
(C) 1/15　　(D) 1/25

159. 检查完汽车蓄电池电压正常后要读取故障码，读取故障码的顺序的第一步应该（　　）。
(A) 按下超速挡开关，使之置于 ON 位置
(B) 打开点火开关，将它置于 ON 位置，但不要启动发动机
(C) 打开位于发动机附近的汽车电脑故障检测插座罩盖，依照罩盖内所注明的各插孔的名称，用一根导线将 TE1 和 E1 两插孔相连接
(D) 根据自动变速器故障警告灯的闪亮规律读出故障代码

160. 检验起动机的工作性能应使用（　　）。
(A) 测功仪　　　　(B) 发动机综合分析仪
(C) 电器万能试验台　(D) 解码仪

二、判断题（将判断结果填入括号中。正确的填"√"，错误的填"×"。每题 0.5 分，满分 20 分。）

(　) 161. 在读取故障代码之前，应先检查汽车蓄电池电压是否正常，以防止蓄电池电压过低而导致电脑故障自诊断电路工作不正常。

(　) 162. 喷油器调整不当既会引起急速冒烟，也会引起发动机燃油消耗过大。

(　) 163. 气门脚间隙太大会引起气门座圈异响。

(　) 164. 新 195 型和 190 型柴油机是通过增减喷油泵与机体之间的铜垫片来调整供油提前角，减少垫片供油时间则变晚。

(　) 165. 柴油机动力不足，可在发动机运转中运用单缸断火法，观察发动机转速变化，找出故障缸。

(　) 166. 驾驶人紧握方向盘才能保证直线行驶，否则制动就会跑偏。

(　) 167. 制动踏板自由行程大于规定值，必须调整。

(　) 168. 调整轮毂轴承预紧度。将调整螺母旋到底，装上锁止垫，按规定力矩拧紧锁止螺母。

(　) 169. 经常行驶在拱度较大的路面上跟轮胎异常磨损没有关系。

(　) 170. 为保持轮胎缓和路面冲击的能力，充气标准可高于最高气压。

(　) 171. 循环球式转向器中的螺杆-螺母传动副的螺纹是直接接触的。

(　) 172. 转向节衬套与主销配合松旷或转向节与前梁拳形部位沿主销轴线方向配合松旷不会导致前轮摆振故障。

(　) 173. 转向盘的自由行程越小越好。

(　) 174. 转向桥或车架变形，左右轴距相差过大，正时齿轮故障与制动跑偏现象没有关系。

(　) 175. 在任何挡位、任何车速均有"咝、咝"声，且伴有过热现象，说明齿轮啮合间歇过小。

(　) 176. 在车底下工作时，不要直接躺在地上，应尽量使用卧板。

(　) 177. 爱岗敬业是为人民服务和从业人员精神的具体体现，是社会主义职业道德一切基本规范的基础。

(　) 178. 劳动纠纷是指劳动关系双方当事人在执行劳动法律、个人权利、法规或履行劳动合同的过程中持不同的主张和要求而产生的争议。

(　) 179. 如果公司的规章制度齐全，员工不需要严于律己。

(　) 180. 职业道德评价具有维护职业道德原则和规范的作用，但不具有教育作用和调节作用。

(　) 181. 职业素质是劳动者对个人职业了解与适

应能力的一种综合体现,其主要表现在职业兴趣、职业能力、职业个性及职业情况等方面。

(　) 182. 职业素质是劳动者对社会职业了解与适应能力的一种综合体现,主要表现在职业兴趣、职业个性及职业情况等方面。

(　) 183. 合同也称契约,是指平等主体的自然人、法人、其他组织之间设立、变更、终止民事权利义务关系的协议。

(　) 184. 职业道德标准多元化,代表了不同企业可能具有不同的价值观。

(　) 185. 职业道德兼有强烈的纪律性。

(　) 186. 职业道德具有发展的历史继承性。

(　) 187. 职业道德是同人们的职业活动紧密联系的符合职业特点所要求的道德准则、道德情操与道德品质的总和。

(　) 188. 质量意识是以质量为核心内容,自觉保证工作质量的意识。

(　) 189. 周期、频率和角频率都是描述正弦交流电变化快慢的物理量。

(　) 190. 职业道德是一种职业规范,受社会普遍的认可。

(　) 191. 团队意识含义包括集体意识和合作能力两个方面。

(　) 192. 开关控制的普通方向控制阀包括方向阀和换向阀两类。

(　) 193. 空气压缩机缸体出现裂纹,可以利用焊修进行修复使用。

(　) 194. 控制阀是用来控制或调节液压系统中液流的流动方向、压力和流量,从而控制执行元件的运动方向、阻力、运动速度、动作顺序以及限制和调节液压系统的工作压力等。

(　) 195. 游标卡尺内量爪测量外表面,外量爪测量内表面。

(　) 196. 零件图由一组图形、完整的尺寸、技术要求和标题栏4部分组成。

(　) 197. 液压传动易获得很大的输出力或力矩,易于实现大幅度减速,但不能实现大范围的无级变速。

(　) 198. 容抗反映了电容对交流电的阻碍能力。

(　) 199. 有熄火征兆或着火后又逐渐熄灭,一般是汽油机电路出现故障。

(　) 200. 多缸发动机各气缸的总容积之和,称为发动机的排量。

汽车修理工基础理论知识题(三)参考答案

一、判断题参考答案

161~165	166~170	171~175	176~180	181~185	186~190	191~195	196~200
√√√××	×√√××	×√×√×	√××××	×××√×	√√√√√	√×××√	√√××××

二、单项选择题参考答案

1~5	ACCSA
6~10	AAAAB
11~15	DDABC
16~20	CCCCA
21~25	CBBVA
26~30	BCDBA
31~35	DDADD
36~40	DACBC
41~45	ABAAB
46~50	AADDB
51~55	AADDD
56~60	DDADD
61~65	ADBAC
66~70	BCCAC
71~75	BDBAC
76~80	DAADD
81~85	BCSDA
86~90	DADAD
91~95	CAADB
96~100	CABCA
101~105	ABCAD
106~110	CCABA
111~115	DBABB
116~120	DBCDB
121~125	ACBBA
126~130	ACBBA
131~135	CBABD
136~140	ADDAB
141~145	BAAAA
146~150	AACBD
151~155	BCACA
156~160	CABBC

汽车修理工高级理论知识试题（四）

一、单项选择题（选择一个正确的答案，将相应的字母填入题内的括号中。每题 0.5 分，满分 58 分。）

1. 起动机的（　　）种类有机械操纵式和电磁操纵式两类。
   (A) 增速机构　　　　(B) 控制机构
   (C) 传动机构　　　　(D) 减速机构

2. 启动线路电压降应（　　）0.2V。
   (A) 大于　　　　　　(B) 小于
   (C) 不大于　　　　　(D) 不小于

3. 汽车（　　）的分类机械式、电子式类型。
   (A) 触摸式　　　　　(B) 按键式
   (C) 电子钥匙式　　　(D) 防盗装置

4. 如果是发动机完全不能启动，并且毫无着火迹象，一般是由于燃油没有喷射引起的，需要检查（　　）。
   (A) 转速信号系统　　(B) 火花塞
   (C) 起动机　　　　　(D) 点火线圈

5. 桑塔纳轿车 JF1913 型发电机，"F" 与 "E" 接柱之间的阻值为（　　）Ω。
   (A) 5～7　　　　　　(B) 3.5～3.8
   (C) 2.8～3.2　　　　(D) 2.8～3.0

6. 万能电器实验台上，用于调节发电机磁场电流的部件是（　　）。
   (A) 可调电源　　　　(B) 可调电阻
   (C) 可调电容　　　　(D) 可调电感

7. 蓄电池电解液面高度要求高出隔板上沿（　　）mm。
   (A) 5～10　　　　　 (B) 10～15
   (C) 15～20　　　　　(D) 20～25

8. 选用免维护蓄电池根据自己的需要，计算出需要的电池容量与（　　）。
   (A) 体积　　　　　　(B) 价格
   (C) 数量　　　　　　(D) 性能

9. 用试灯测量照明灯线路某点，灯亮说明此点前方的线路（　　）。
   (A) 断路　　　　　　(B) 短路
   (C) 正常　　　　　　(D) 击穿

10. 用万用电表测量起动机换向器和铁芯之间的电阻，应为（　　），否则说明电枢绕组存在搭铁故障。
    (A) 0　　　　　　　 (B) 无穷大
    (C) 100Ω　　　　　 (D) 1 000Ω

11. 用万用电表检测照明灯某线路两端，电阻为 0，说明此线路（　　）。
    (A) 断路　　　　　　(B) 搭铁
    (C) 良好　　　　　　(D) 接触不良

12. 用万用电表检测照明灯某线路两端，电阻为无穷大，说明此线路（　　）。
    (A) 断路　　　　　　(B) 搭铁
    (C) 良好　　　　　　(D) 接触不良

13. 用万用电表检测照明灯线路某点，若显示正常电压，说明该点前方的线路（　　）。
    (A) 断路　　　　　　(B) 短路
    (C) 搭铁　　　　　　(D) 良好

14. 用万用电表直流电压挡测闪光器电源接线柱的电压应为（　　）。
    (A) 0　　　　　　　 (B) 6V
    (C) 12V　　　　　　 (D) 18V

15. 在发动机不启动的情况下，把点火开关旋转到 "ON"，打开风挡雨刮器。如果雨刮器动得很慢，比平时慢很多，则说明（　　）。
    (A) 蓄电池缺电　　　(B) 发电机损坏
    (C) 点火正时失准　　(D) 点火线圈温度过高

16. QFC-4 型微电脑发动机综合分析仪可判断柴油机（　　）。
    (A) 喷油状况　　　　(B) 燃烧状况
    (C) 混合气形成状况　(D) 排气状况

17. 电控发动机故障诊断原则包括（　　）。
    (A) 先繁后简　　　　(B) 先简后繁
    (C) A、B 项均不对　 (D) A、B 项均正确

18. 发动机不能启动可能是（　　）。
    (A) EFI 主继电器电源失效
    (B) EFI 主继电器电源正常
    (C) A、B 项均对
    (D) A、B 项均不对

19. 若电控发动机工作不稳定，且无故障码，则要检查（　　）。
    (A) 节气门位置传感器是否失效
    (B) 曲轴位置传感器是否失效
    (C) 进气压力传感器是否失效
    (D) 氧传感器是否失效

20. 用诊断仪器诊断和排除电控发动机怠速不平稳时，若仪器上有故障码，则（　　）。
    (A) 检查故障码　　　(B) 检查点火正时
    (C) 检查喷油器　　　(D) 检查喷油压力

21. 在制冷剂装置的检漏方法中，检测灵敏度最高的是（　　）。
    (A) 肥皂水检漏法
    (B) 卤素灯检漏法

(C) 电子检漏仪检漏法
(D) 加压检漏法

22. 制冷系统工作时发出噪声，高低压表读数过高，说明（　）。
(A) 制冷剂不足　　(B) 制冷剂过量
(C) 压缩机损坏　　(D) 膨胀阀损坏

23. 压缩机电磁离合器前锁紧螺母的拧紧力矩为（　）N·m。
(A) 20～30　　(B) 34～41
(C) 50～60　　(D) 40～50

24. 压缩机离合器线圈松脱或接触不良，会造成制冷系统（　）。
(A) 冷气不足　　(B) 系统太冷
(C) 无冷气产生　　(D) 间断制冷

25. 压缩机驱动带断裂会造成（　）。
(A) 冷气不足　　(B) 系统太冷
(C) 间断制冷　　(D) 不制冷

26. 水暖式加热系统属于（　）。
(A) 独立热源加热式　　(B) 余热加热式
(C) 废气加热式　　(D) 火焰加热式

27. 除霜热风出口位于（　）。
(A) 仪表台下方　　(B) 仪表台上方
(C) 仪表台后方　　(D) 变速杆前方

28. 加热器芯内部堵塞会导致（　）。
(A) 暖气不足　　(B) 冷气不足
(C) 不制冷　　(D) 过热

29. 空调的作用是在封闭的空间内，对温度、（　）及洁净度进行调节的装置。
(A) 湿度　　(B) 暖风
(C) 室内　　(D) 气候

30. 汽车暖风装置的功能是向车内提供（　）。
(A) 冷气　　(B) 暖气
(C) 新鲜空气　　(D) 适宜气流的空气

31. 不是由于压缩机工作不良造成的是（　）。
(A) 失去制冷作用　　(B) 冷空气量不足
(C) 系统太冷　　(D) 系统噪声大

32. 导致空调系统漏水的原因是（　）。
(A) 冷凝器接头不牢　　(B) 蒸发器接头不牢
(C) 压缩机接头不牢　　(D) 加热器接头不牢

33. 中国共产党领导的多党合作和政治协商制度是一项具有中国特色的（　）。
(A) 基本制度　　(B) 政治制度
(C) 社会主义制度　　(D) 基本政治制度

34. 劳动纠纷是指劳动关系双方当事人在执行（　）、法规或履行劳动合同的过程中持不同的主张和要求而产生的争议。
(A) 合同法　　(B) 劳动法律

(C) 个人权利　　(D) 法规

35. 劳动权主要体现为平等（　）和选择职业权。
(A) 基本要求　　(B) 劳动权
(C) 就业权　　(D) 实话实说

36. 平等就业是指在劳动就业中实行男女平等、（　）的原则。
(A) 民族平等　　(B) 单位平等
(C) 权利平等　　(D) 职业平等

37. 职业道德是同人们的职业活动紧密联系的符合（　）所要求的道德准则、道德情操与道德品质的总和。
(A) 职业守则　　(B) 职业特点
(C) 人生观　　(D) 多元化

38. 校正发动机曲轴弯曲常采用冷压校正法，校正后还应进行（　）。
(A) 时效处理　　(B) 淬火处理
(C) 正火处理　　(D) 表面热处理

39. 发动机气门间隙过大，使气门脚发出异响，可用（　）进行辅助判断。
(A) 塞尺　　(B) 撬棍
(C) 扳手　　(D) 卡尺

40. 检验气门密封性，常用且简单可行的方法是用（　）。
(A) 水压　　(B) 煤油或汽油渗透
(C) 口吸　　(D) 仪器

41. 丰田轿车采用（　）方法调整气门间隙。
(A) 两次调整法　　(B) 逐缸调整法
(C) 垫片调整法　　(D) 不用调整

42. 用气缸压力表测试气缸压力时，用起动机转动曲轴（　）s。
(A) 1～2　　(B) 2～3
(C) 1～3　　(D) 3～5

43. 柴油机启动困难，应从喷油时刻、（　）、压缩行程终了时气缸压力和温度等找原因。
(A) 燃油雾化　　(B) 手油泵
(C) 燃油输送　　(D) 喷油泵驱动联轴器

44. （　）属于压燃式发动机。
(A) 汽油机　　(B) 煤气机
(C) 柴油机　　(D) 上述3项均不对

45. （　）是汽油发动机热车启动困难的主要原因。
(A) 混合气过稀　　(B) 混合气过浓
(C) 油路不畅　　(D) 点火错乱

46. 发动机过热的原因是（　）。
(A) 百叶窗卡死在全开位置
(B) 节温器未装或失效
(C) 水温表或传感器有故障
(D) 喷油或点火时间过迟

47. 若发动机单缸不工作，可用（　　）找出不工作的气缸。
    (A) 多缸断油法　　　　(B) 单缸断油法
    (C) 多缸断火法　　　　(D) 单缸断火法

48. 发动机过热，且上水管与下水管温差甚大，可判断（　　）不工作。
    (A) 水泵　　　　　　　(B) 节温器
    (C) 风扇　　　　　　　(D) 散热器

49. 奥迪A6轿车发动机曲轴径向间隙可用（　　）进行检测。
    (A) 百分表　　　　　　(B) 千分尺
    (C) 游标卡尺　　　　　(D) 塑料塞尺

50. 发动机的缸体曲轴箱组包括气缸体、下曲轴箱、（　　）、气缸盖和气缸垫等。
    (A) 上曲轴箱　　　　　(B) 活塞
    (C) 连杆　　　　　　　(D) 曲轴

51. 发动机气缸体轴承座孔同轴度检验仪主要由定心轴套、定心轴、球形触头、百分表及（　　）组成。
    (A) 等臂杠杆　　　　　(B) 千分表
    (C) 游标卡尺　　　　　(D) 定心器

52. 检验发动机气缸盖和气缸体裂纹，可用压缩空气。空气压力为（　　）kPa，保持5min，并且无泄漏。
    (A) 294～392　　　　　(B) 192～294
    (C) 392～490　　　　　(D) 353～441

53. 气缸体翘曲变形多用（　　）进行检测。
    (A) 百分表和塞尺　　　(B) 塞尺和直尺
    (C) 游标卡尺和直尺　　(D) 千分尺和塞尺

54. 发动机气缸盖上的气门座裂纹最好的修理方法是（　　）。
    (A) 粘接法　　　　　　(B) 磨削法
    (C) 焊修法　　　　　　(D) 堵漏法

55. 凸轮轴是用来控制各气缸进、排气门（　　）时间的。
    (A) 开闭时刻和开启持续
    (B) 压缩
    (C) 点火
    (D) 做功

56. 若发动机气门响，响声会随发动机转速增高而增高，温度变化和单缸断火时响声（　　）。
    (A) 减弱　　　　　　　(B) 不减弱
    (C) 消失　　　　　　　(D) 变化不明显

57. 铝合金发动机气缸盖下平面的平面度误差每任意50mm×50mm范围内均应小于（　　）mm。
    (A) 0.015　　　　　　 (B) 0.025
    (C) 0.035　　　　　　 (D) 0.030

58. 使用发动机废气分析仪之前，应先接通电源预热（　　）min以上。
    (A) 20　　　　　　　　(B) 30
    (C) 40　　　　　　　　(D) 60

59. 使用国产EA-2000型发动机综合分析仪时，当系统对各适配器逐个自检，若连接正确显示为（　　）色。
    (A) 红　　　　　　　　(B) 绿
    (C) 黄　　　　　　　　(D) 蓝

60. 用气缸压力表测试气缸压力前，应使发动机运转至（　　）。
    (A) 怠速状态　　　　　(B) 正常工作温度
    (C) 正常工作状态　　　(D) 大负荷工作状态

61. 一般情况下，润滑油消耗与燃油消耗比值为0.5%～1%为正常，如果该比值大于（　　），则为润滑油消耗过多。
    (A) 1%　　　　　　　　(B) 0.5%
    (C) 0.25%　　　　　　 (D) 2%

62. 属于制动拖滞现象的是（　　）。
    (A) 汽车行驶时，有时出现两前轮各自围绕主销进行角振动的现象，即前轮摆振
    (B) 轮胎胎面磨损不均匀，胎冠两肩磨损，胎壁擦伤，胎冠中部磨损
    (C) 驾驶人必须紧握方向盘方能保证直线行驶，若稍微放松方向盘，汽车便自行跑向一边
    (D) 踏下制动踏板感到高而硬，踏不下去；汽车起步困难，行驶无力；当松抬加速踏板踏下离合器时，尚有制动感觉

63. 不属于轮胎异常磨损的是（　　）。
    (A) 胎冠中部磨损
    (B) 胎冠外侧或内侧单边磨损
    (C) 胎冠由外侧向里侧呈锯齿状磨损
    (D) 轮胎爆胎

64. 转向器中蜗杆轴承与蜗杆轴配合的最大间隙不得大于原计划规定的（　　）mm。
    (A) 0.002　　　　　　 (B) 0.006
    (C) 0.02　　　　　　　(D) 0.20

65. 轮胎螺母拆装机是专门用于拆装（　　）的工具。
    (A) 活塞环　　　　　　(B) 活塞销
    (C) 顶置式气门弹簧　　(D) 轮胎螺母

66. 安装3、4挡拨叉轴的小止动块，拧紧输出轴螺母，再将换挡叉轴置于（　　）位置。
    (A) 1挡　　　　　　　 (B) 2挡
    (C) 空挡　　　　　　　(D) 倒挡

67. 编制差速器壳的技术检验工艺卡，技术检验工艺卡首先进行（　　）。
    (A) 裂纹的检验，差速器壳应无裂损

(B) 差速器轴承与壳体及轴颈的配合的检验
(C) 差速器壳承孔与半轴齿轮轴颈的配合间隙的检验
(D) 差速器壳连接螺栓拧紧力矩的检验

68. 差速器壳承孔与半轴齿轮轴颈的配合间隙为（　　）mm。
(A) 0.05～0.15　　(B) 0.05～0.25
(C) 0.15～0.25　　(D) 0.25～0.35

69. 差速器壳体修复工艺程序的第二步应该（　　）。
(A) 彻底清理差速器壳体内外表面（包括水垢）
(B) 根据全面检验的结论，确定修理内容及修复工艺
(C) 差速器轴承与壳体及轴颈的配合应符合原设计规定
(D) 差速器壳连接螺栓拧紧力矩应符合原设计规定

70. 汽车车身一般包括车前、（　　）、侧围、顶盖和后围等部件。
(A) 车顶　　　　(B) 车后
(C) 车底　　　　(D) 前围

71. 属于驱动桥装配验收的项目有（　　）。
(A) 检查转向盘的自由行程
(B) 调整前轮前束
(C) 调整最大转向角
(D) 装复车轮制动器

72. 装配变速驱动桥时，回旋低挡和倒挡制动带调节螺钉，使制动带达到（　　）张开程度。
(A) 最小　　　　(B) 最大
(C) 中等　　　　(D) 不

73. 自动变速器中间轴端隙用（　　）测量，用（　　）调整。
(A) 游标卡尺　增垫　(B) 螺旋测微器　减垫
(C) 百分表　增减垫　(D) 上述3项均正确
(E) 无要求

74. （　　）制动踏板时，必须测量调整制动踏板的自由行程。
(A) 修理　　　　(B) 修复
(C) 更换　　　　(D) 上述3项均正确

75. 关于液压制动系的检修说法错误的是（　　）。
(A) 齿条表面涂转向器润滑脂，用相应的专用套管将各密封件装入转向器壳体中
(B) 拉出制动蹄的时候要注意哪一面朝外
(C) 若制动蹄变形、裂纹或不均匀磨损，则应更换新件
(D) 制动盘的最小允许厚度为5.0mm

76. 汽车行驶一定里程后，用手触摸制动鼓均感觉发热，表明故障在（　　）。
(A) 制动踏板不能迅速复位
(B) 制动主缸
(C) 车轮制动器
(D) 踏板轴及连杆机构的润滑情况不好

77. 汽车行驶一定里程后，用手触摸制动鼓感觉发热，这种现象属于（　　）。
(A) 制动跑偏　　(B) 制动抱死
(C) 制动拖滞　　(D) 制动失效

78. 钢板弹簧座定位孔磨损不大于（　　）mm。
(A) 1.50　　　　(B) 2.50
(C) 3.00　　　　(D) 3.50

79. 转弯半径是指由转向中心到（　　）。
(A) 内转向轮与地面接触点间的距离
(B) 外转向轮与地面接触点间的距离
(C) 内转向轮之间的距离
(D) 外转向轮之间的距离

80. 转向系统大修技术检验规范包括（　　）。
(A) 螺杆有损坏　　(B) 螺杆无损坏
(C) 螺母有损坏　　(D) 上述3项均正确

81. 双手抓住方向盘，沿转向轴轴线方向做上下拉压动作，如果感到有明显的松旷量，则故障在（　　）。
(A) 转向器内主从动部分啮合部位松旷或垂臂轴承松旷
(B) 方向盘与转向轴之间松旷
(C) 转向器主动部分轴承松旷
(D) 转向器在车架上的固定不好

82. 不会造成空调系统漏水的是（　　）。
(A) 加热器管损坏　(B) 热水开关关不死
(C) 冷凝器损坏　　(D) 软管老化

83. 冷却水管堵塞会造成（　　）。
(A) 不供暖　　　(B) 冷气不足
(C) 不制冷　　　(D) 系统太冷

84. 充电系统电压调整过高，对照明灯的影响有（　　）。
(A) 灯光暗淡　　(B) 灯泡烧毁
(C) 保险丝烧断　(D) 闪光频率增加

85. 电刷磨损后的高度一般要不小于（　　）mm。
(A) 10　　　　　(B) 15
(C) 20　　　　　(D) 25

86. 调节器的检测方法可分为静态检测和（　　）。
(A) 电阻检测　　(B) 搭铁形式检测
(C) 管压降检测　(D) 动态检测

87. 检测调节器所用的电源应为（　　）。
(A) 12V 直流电源　(B) 12V 交流电源
(C) 可调直流电源　(D) 可调交流电源

88. 检测起动机电枢轴轴颈外径与衬套内径的配合间隙，应使用（　）。
    (A) 万用电表　　　(B) 游标卡尺
    (C) 百分表　　　　(D) 塞尺
89. 启动系统线路检测程序可分为（　），依次选择各个节点进行。
    (A) 从后向前　　　(B) 从前向后
    (C) 从中间向前向后　(D) 上述3项都可以
90. 汽车专用示波器的波形显示的是（　）的关系曲线。
    (A) 电流与时间　　(B) 电压与时间
    (C) 电阻与时间　　(D) 电压与电阻
91. 前照灯搭铁不良，会造成前照灯（　）。
    (A) 不亮　　　　　(B) 灯光暗淡
    (C) 远近光不良　　(D) 一侧灯不亮
92. 若测得发电机"F"与"E"接柱间的阻值为无穷大，说明该绕组（　）。
    (A) 断路　　　　　(B) 短路
    (C) 良好　　　　　(D) 不能确定
93. 桑塔纳轿车起动机"50"柱引出的导线接向（　）。
    (A) 电池正极　　　(B) 电池负极
    (C) 点火开关　　　(D) 中央接线板
94. 使用FLUKE 98型汽车示波器测试有分电器点火系统次级电压波形时，信号拾取器则夹在（　）缸的火花塞引线上。
    (A) 1　　　　　　(B) 2
    (C) 3　　　　　　(D) 4
95. 造成前照灯光暗淡的主要原因是线路（　）。
    (A) 断路　　　　　(B) 短路
    (C) 接触不良　　　(D) 电压过高
96. 转子绕组好坏的判断，可以通过测量发电机（　）接柱间的电阻来确定。
    (A) "F"与"E"　　　(B) "B"与"E"
    (C) "B"与"F"　　　(D) "N"与"F"
97. 电控发动机故障征兆模拟试验法包括（　）。
    (A) 专用诊断仪器诊断
    (B) 随车故障自诊断
    (C) 简单仪表诊断
    (D) 加热法
98. 电控发动机加速无力，且无故障码，若检查进气管道真空正常则下一步检查（　）。
    (A) 喷油器　　　　(B) 点火正时
    (C) 燃油压力　　　(D) 可变电阻
99. 电控发动机消声器"放炮"故障现象是（　）。
    (A) 发动机怠速不平稳，且易熄火
    (B) 加速时发动机消声器有"放炮"声
    (C) 发动机工作时好时坏
    (D) 燃油消耗量大
100. 电控汽车驾行性能不良，可能是（　）。
    (A) 混合气过浓　　(B) 消声器失效
    (C) 爆震　　　　　(D) 上述3项均正确
101. 若电控发动机怠速不稳首先应检查（　）。
    (A) 故障诊断系统　(B) 燃油压力
    (C) 喷油器　　　　(D) 火花塞
102. 若电控发动机加速无力首先应检查（　）。
    (A) 加速器联动拉索
    (B) 故障诊断系统
    (C) 喷油器
    (D) 火花塞
103. 若电控发动机消声器"放炮"首先应检查（　）。
    (A) 加速器联动拉索
    (B) 燃油压力
    (C) 喷油器
    (D) 火花塞
104. 制冷系统高压侧压力过高，并且膨胀阀发出噪声，说明（　）。
    (A) 系统中有空气　(B) 系统中有水汽
    (C) 制冷剂不足　　(D) 干燥灌堵塞
105. 鼓风机不转会造成（　）。
    (A) 不制冷　　　　(B) 冷气量不足
    (C) 系统太冷　　　(D) 噪声大
106. 观察制冷系统玻璃处有气泡及雾状情况，低压表读数过低，膨胀阀发出噪声，说明（　）。
    (A) 制冷剂不足　　(B) 制冷剂过量
    (C) 压缩机损坏　　(D) 膨胀阀损坏
107. 加压检漏法是先向制冷剂装置内充入（　）的高压气体，然后再找出泄漏点。
    (A) 1～2kPa　　　(B) 1～2MPa
    (C) 3～4kPa　　　(D) 3～4MPa
108. 离合器线圈短路或烧毁，会造成（　）。
    (A) 冷气不足　　　(B) 间歇制冷
    (C) 过热　　　　　(D) 不制冷
109. 气暖式加热系统属于（　）。
    (A) 独立热源加热式
    (B) 冷却水加热式
    (C) 余热加热式
    (D) 火焰加热式
110. 汽车暖风装置除能完成其主要功能外，还能起到（　）的作用。
    (A) 除湿　　　　　(B) 除霜
    (C) 去除灰尘　　　(D) 降低噪声
111. 用厚薄规检查电磁离合器四周边的空气间隙，

应在（ ）mm 范围内。
(A) 0.1～0.5　　(B) 0.2～0.8
(C) 0.4～0.8　　(D) 0.6～1

112. （ ）常用人工经验诊断方法。
(A) EFI 发动机
(B) 化油器式发动机
(C) EFI、化油器式发动机均对
(D) EFI、化油器式发动机均错

113. QD124 型起动机，空转试验电压 12V 时，起动机转速不低于（ ）。
(A) 3 000r/min　　(B) 4 000r/min
(C) 5 000r/min　　(D) 6 000r/min

114. 打开灯控开关保险丝烧断，说明线路存在（ ）故障。
(A) 断路　　(B) 短路
(C) 接触不良　　(D) 击穿

115. 充足电的蓄电池，开路端电压是（ ）。
(A) 12.4V　　(B) ≥12.6V
(C) 12V　　(D) ≤11.7V

116. 打开右转向时，右转向灯闪光频率加快，原因是（ ）。
(A) 左侧转向灯个别损坏
(B) 右侧转向灯个别损坏
(C) 右侧转向灯功率较大
(D) 闪光器内部故障

二、判断题（将判断结果填入括号中。正确的填"√"，错误的填"×"。每题 0.5 分，满分 42 分。)

( ) 117. 温度、湿度、流速和清洁度是汽车空调的诊断参数。
( ) 118. 蓄电池全放电时电解液密度为 0。
( ) 119. 蒸发器被灰尘等异物堵住，不会影响制冷系统工作。
( ) 120. 制冷剂不足是由于泄漏所致，将制冷剂补足即可。
( ) 121. 制冷剂系统中有气泡产生，说明制冷剂不足。
( ) 122. 制冷系统有空气，高压侧压力要比正常值低。
( ) 123. 安装防抱死制动装置（ABS）的车辆制动，可用力踏制动踏板。
( ) 124. 采用加压检漏法时，严禁使用可燃气体。
( ) 125. 除湿加热装置，用以保持车内温度适宜。
( ) 126. 导致汽车灯光系统出现故障的主要原因有导线松动、接触不良、短路等。
( ) 127. 独立热源式加热系统可分为独立热源气暖式和独立热源水暖式。
( ) 128. 刮水器用作清除挡风窗玻璃上的雨水、雪或尘土，确保驾驶人能有良好的视线。
( ) 129. 加热器漏水，会导致加热器产生异味。
( ) 130. 加热器芯表面气流受阻，会导致供暖暖气不足。
( ) 131. 间歇制冷会导致输出冷气时有时无。
( ) 132. 检查起动机换向器表面若有轻微烧蚀，应用"00"号砂纸打磨，严重时应车削。
( ) 133. 接地耦合是指确认示波器显示的 0 电压位置。
( ) 134. 起动机做全制动试验时，若驱动齿轮不转而电枢轴有缓慢的转动，说明单向滑轮打滑。
( ) 135. 桑塔纳启动线路上，点火开关直接控制起动机无启动继电器。
( ) 136. 闪光继电器的种类有电热式、电容式、电子式 3 类。
( ) 137. 试验电路接通后，当电源电压调至调节器电压值时，小灯泡熄灭说明调节器良好。
( ) 138. 发电机 "B" 与 "E" 间的电阻值都应大于 10kΩ。
( ) 139. 维修空调系统应准备一台带有空调的汽车。
( ) 140. 无分电器点火系统发生故障，如果故障指示灯点亮，应用解码器等仪器进行故障自诊断。
( ) 141. 选择免维护蓄电池，出于安全的原则，选择有一定品牌知名度的蓄电池厂家和有技术力量以及服务好的经销代理商。
( ) 142. 压缩机皮带轮转动，而压缩机轴不转，说明电磁离合器损坏。
( ) 143. 用负荷试验法检测电池性能时，可用启动作负载。
( ) 144. 用试灯法检测照明灯搭铁点，拆解导线时灯灭，说明搭铁点发生在拆开接点之间的导线上。
( ) 145. 制冷剂管道破裂，系统将失去制冷作用。
( ) 146. 制冷系统有水汽，高压侧压力会过高。
( ) 147. 车辆突然熄火时，尝试再次启动若不成功，应检查电路系统。
( ) 148. 电控系统接触不良，不能导致发动机工作不稳。
( ) 149. 电控系统接触不良，可以导致发动机工作不稳。
( ) 150. 读解故障代码，既可以用解码器直接读取，也可以通过警告灯读取。

( ) 151. 读取数据流是发动机电子控制系统利用仪器诊断最准确的方法。

( ) 152. 进气管真空渗漏和点火正时失准能引起电控发动机怠速不平稳。

( ) 153. 不分光红外线气体分析仪既能检测汽油机废气，也能检测柴油机废气。

( ) 154. 燃油质量不好，不会造成发动机怠速运转不好。

( ) 155. 辛烷值过高易使发动机产生爆震。

( ) 156. 使用柴油车烟度计先接通电源，预热30min以上。

( ) 157. 发动机怠速过高的原因是喷油器渗漏。

( ) 158. 汽油机排放的三大有害气体是 CO、HC、NO_X。

( ) 159. 燃油系统压力不稳定，可能造成发动机工作不稳。

( ) 160. 热车汽油机启动困难主要是混合气过浓造成的。

( ) 161. 如果冷车时尾气不合格，而热车时合格了，说明三元催化转换器没障碍。

( ) 162. 用底盘测功机检测汽车等速百公里燃料消耗量时，环境温度应为 0～40℃。

( ) 163. 在对喷油器调试之前，应首先对试验台的密封性进行检查。

( ) 164. 凸轮轴轴颈磨损的圆柱度误差大于 0.025mm 时，应更换凸轮轴。

( ) 165. 用百分表检测凸轮轴的弯曲度，检查前应校表。

( ) 166. 桑塔纳 2000GLI 型轿车 AFE 型发动机的润滑油泵主从动齿轮与油泵盖接合面正常间隙为 0.20mm。

( ) 167. 一般情况下，润滑油消耗与燃油消耗比值为 0.5%～1% 为正常，如果该比值大于 2%，则为润滑油消耗过多。

( ) 168. 弹簧管式润滑油压力表安装时必须保证管口的密封，以防漏油。

( ) 169. 柴油机不能启动首应从空气供给方面查找原因。

( ) 170. QFC-4 型微电脑发动机综合分析仪可判断柴油机喷油提前角。

( ) 171. 柴油机启动困难，应从喷油时刻、燃油雾化、压缩行程终了时的气缸压力温度等方面找原因。

( ) 172. 柴油机运转均匀，无高速且排烟过少，其故障原因是油路中有空气。

( ) 173. 安装防抱死制动装置（ABS）的车辆制动时，制动距离没有变化。

( ) 174. 排除自动防抱死系统失效故障后警告灯仍然持续亮着，说明系统故障代码未被清除。

( ) 175. 汽车行驶一定里程后，用手触摸制动鼓感觉发热，这种现象属于制动跑偏。

( ) 176. 汽车行驶一定里程后，用手触摸制动鼓均感觉发热，表明故障在车轮制动器。

( ) 177. 用手触摸制动鼓和轮毂轴承若发现过热，肯定是制动跑偏故障。

( ) 178. 制动鼓内径随着使用时间的增加逐渐减小。

( ) 179. 制动蹄摩擦片与制动鼓间隙过小，制动蹄复位弹簧过软、折断可导致制动跑偏。

( ) 180. 前轮左、右轮轮胎气压不一致，前钢板弹簧左、右弹力不一致可能导致制动跑偏。

( ) 181. 踏下制动踏板感到高而硬，踏不下去；汽车起步困难，行驶无力；当松抬加速踏板踏下离合器时，尚有制动感觉，这些现象属于制动拖滞。

( ) 182. 左右轴距不相等，转向桥或车架变形可能导致制动跑偏。

( ) 183. 有制动跑偏故障的汽车即使驾驶人紧握方向盘方能保证直线行驶，制动也可能会跑偏。

( ) 184. 轮胎胎面磨损不均匀，胎冠两肩磨损，胎壁擦伤，胎冠中部磨损，胎冠外侧或内侧单边磨损都属于轮胎正常磨损。

( ) 185. 提高转向系统刚度不可能提高抵抗前轮摆头的能力。

( ) 186. 在做车轮动平衡检测时，其主轴的振幅的大小，在一定转速下，只与车轮不平衡质量大小成反比。

( ) 187. 转向开关损坏后，转向灯必然全都不会亮。

( ) 188. 高速摆振指汽车在高速行驶时或在某一较高车速时，出现行驶不稳摆头。

( ) 189. 汽车进行滑行性能检测时，使车辆以 3～5km/h 的车速沿台板上的指示线平稳前行，在行进过程中不得转动转向盘。

( ) 190. 汽车在不平的道路上行驶时发生前轮摆头，这是不平道路对前梁产生冲击进而使前轮绕主销角振动造成的。

( ) 191. 如果胎面呈现羽片状磨损，则为前束过大所致。

( ) 192. 严格遵守充气标准是防止轮胎早期磨损、达到最高使用寿命的基本条件。

（　）193. 安装完毕的转向桥的转向节一般用弹簧拉动检查，看其是否转动灵活。
（　）194. 转向器装合后，应该进行检查。
（　）195. 用检视法检查，转向节轴端螺纹损伤超过 2 牙时，应堆焊修复，并重新车削螺纹。
（　）196. 诊断与排除底盘异响一般用故障诊断仪进行诊断。
（　）197. 轿车车身的修复一般采用的是整形法，通过收缩整形、撑拉、垫撬复位、焊、铆、挖补、黏结、涂装等方法，从而达到恢复原有形状、尺寸、结构强度及外观质量的目的。
（　）198. 在诊断与排除汽车制动故障的操作准备前应准备一辆待排除的有制动系统故障的汽车。
（　）199. 诊断与排除底盘异响所用的汽车一般是有故障的汽车。
（　）200. 轴承的钢球（柱）和滚道上不得有伤痕、剥落、破裂、严重黑斑或烧损变色等缺陷。

汽车修理工基础理论知识试题（四）——周班考核练习题参考答案

一、判断题参考答案

1～5	6～10	11～15	16～20	21～25	26～30
BCDAD	BCDCB	CADCA	ABSCA	CBDDB	CBBAB
31～35	36～40	41～45	46～50	51～55	56～60
CDDBC	ABAB	ABAB	CDACB	DDBDA	BBBBB
61～65	66～70	71～75	76～80	81～85	86～90
ADDBD	ADDBD	BABBC	DBCCD	CCABB	DCBDB
91～95	96～100	101～105	106～110	111～115	116
BADAC	BADDC	ABABA	ABDCB	CACBC	B

二、判断题参考答案

117～120	121～125	126～130	131～135	136～140	141～145
√√×√	√×××√	√×√√√	√√√×√	√√√××	√√√√√
146～150	151～155	156～160	161～165	166～170	171～175
×√×××	×√√××	×√×√√	√××√×	√×√×√	×××√√
176～180	181～185	186～190	191～195	196～200	
×××√√	×××√√	××√√√	√√√√×	√√√√√	

第四部分 操作技能模拟试题

卷一 汽车修理工（高级）操作技能考核准备通知单

一、考场准备

（1）操作场地应光线充足，整洁无干扰，具有安全防火措施。
（2）操作场地应具有地沟和车辆举升机。
（3）考评员与考生比例为1∶5。

二、车辆、设备、工量具和辅助准确

试题1. 活塞连杆的检验

序号	名　　称	规　　格	单位	数量	备　注
1	汽车（发动机）		辆	1	
2	发动机检测维修工具		套	1	
3	检测平台		个	1	
4	连杆校验仪		套	1	
5	塞尺		把	1	
6	直尺		把	1	

试题2. 膜片弹簧式离合器的检测

序号	名　　称	规　　格	单位	数量	备　注
1	离合器	膜片弹簧式	个	1	
2	常用工具		套	1	
3	百分表		个	1	
4	磁力表座		个	1	
5	气泵		台	1	
6	游标卡尺		个	1	
7	清洗液、块布、砂纸			若干	

试题3. 诊断与排除电喷发动机怠速不良故障

（1）设备及设施准备

序号	名　　称	规　　格	单位	数量	备　注
1	汽油汽车		辆	1	
2	常用工具		套	1	

（2）故障设置及选取原则

序号	故 障 设 置	选 取 原 则
1	空气滤清器堵塞	在所列故障中任意选取一项
2	怠速旁通阀有故障	
3	节气门位置传感器或其电路故障	
4	个别缸火花塞故障	
5	个别喷油器或线路故障	

卷二　汽车修理工（高级）操作技能试卷

考生姓名＿＿＿＿＿＿＿＿　　准考证号＿＿＿＿＿＿＿＿＿　　工作单位＿＿＿＿＿＿＿＿

一、说明

（1）本试卷的编制命题是从实际出发，以可行性、技术性和通用性为原则。
（2）本试卷依据 2005 年颁布的《汽车修理工国家职业标准》命制。
（3）本试卷适用于考核高级汽车修理工。
（4）请根据试题考核要求，完成考试内容。
（5）请服从考评人员指挥，保证考核安全顺利进行。

二、试题

1. **活塞连杆的检验**
   （1）本题分值：30 分。
   （2）考核时间：30min。
   （3）考核形式：实操。
   （4）具体考核要求：
   ①能够检验活塞。
   ②能够检验连杆。
   ③判断活塞和连杆是否符合技术标准。
   （5）否定项说明：出现重大事故不得分。

2. **膜片弹簧式离合器的检测**
   （1）本题分值：30 分。
   （2）考核时间：30min。
   （3）考核形式：实操。
   （4）具体考核要求：
   ①能拆解膜片弹簧式离合器。
   ②能检验膜片弹簧式离合器。
   ③判断膜片弹簧式离合器是否符合技术标准。
   （5）否定项说明：出现重大事故不得分。

3. **丰田皇冠 3.0 型轿车电喷发动机怠速不良的故障诊断与排除**
   （1）本题分值：40 分。
   （2）考核时间：40min。
   （3）考核形式：实操。
   （4）具体考核要求：
   ①根据电喷发动机怠速不良的故障现象，找出故障原因。
   ②排除电喷发动机怠速不良的故障。

卷三 汽车修理工（高级）操作技能考核评分记录表

考件编号_____ 姓名_____ 准考证号_____ 单位_____

总成绩表

序号	试题名称	配分	得分	权重	最后得分	备注
1	活塞连杆的检验	30				
2	膜片弹簧式离合器的检测	30				
3	诊断与排除电喷发动机怠速不良故障	40				

试题1. 活塞连杆的检验

序号	作业项目	考核要求	配分	评分标准	考核记录	扣分	得分
1	劳保用品穿戴	劳保用品穿戴齐全	5	穿戴不全不得分			
2	正确选用工具、量具和材料	选用工具、量具和材料齐全准确	5	缺一件扣1分，选错一件扣1分，扣完为止			
3	活塞的检验	对活塞表面、磨损和活塞环的检验方法和结果	10	检验方法一处错误扣2.5分，共5分；检验结果一处错误扣2.5分，共5分			
4	活塞环三隙的检验	对活塞环端隙、侧隙、背隙等检验方法和结果	15	检验方法一处错误扣2.5分，共5分；检验结果一处错误扣2.5分，共10分			
5	连杆的检验	对连杆变形的检验的方法与结果	15	检验方法一处错误扣2.5分，共5分；检验结果一处错误扣2.5分，共10分			
6	活塞与连杆装合后的检验	对活塞裙部变形量、活塞偏缸、缸壁间隙检验的方法与结果	15	检验方法一处错误扣2.5分，共5分；检验结果一处错误扣2.5分，共10分			
7	分析	根据检验结果进行分析，判断是否符合技术标准	10	分析方法错误扣5分，判断错误扣5分			
8	正确使用工具和用具	工具和用具使用正确	10	一种工具或用具使用不正确扣1分，扣完为止。损坏丢失一件工具或用具不得分			
9	操作规程	操作规程执行情况	10	违反操作规程不得分			
10	清理现场	清理、擦洗并回收工具和用具	5	少收一件工具或用具扣1分，扣完为止，未回收不得分			
11		分数总计		100			

否定项说明：出现重大事故不得分

评分人：　　　　　年　月　日　　　　　核分人：　　　　　年　月　日

试题2. 膜片弹簧式离合器的检测

序号	作业项目	考核要求	配分	评分标准	考核记录	扣分	得分
1	劳保用品穿戴	劳保用品穿戴齐全	5	穿戴不全不得分			
2	正确选用工具、量具和材料	选用工具、量具和材料齐全准确	5	缺一件扣1分，选错一件扣1分，扣完为止			
3	清洁离合器各部件	采取正确的清洁方法措施，且清洗彻底、吹干	5	方法不正确扣2分，清洗不彻底扣2分，扣完为止			
4	从动盘的检查	用正确方法检查从动盘	20	检查方法错误一处扣5分，漏检一项扣5分，检查结果错误一处扣5分，扣完为止			
5	膜片弹簧的检查	用正确方法检查膜片弹簧	20	检查方法错误一处扣5分，漏检一项扣5分，检查结果错误一处扣5分，扣完为止			
6	压盘的检查	用正确方法检查压盘	20	检查方法错误一处扣5分，漏检一项扣5分，检查结果错误一处扣5分，扣完为止			
7	分离轴承的检查	用正确方法检查分离轴承	10	检查方法错误一处扣5分，漏检一项扣5分，检查结果错误一处扣5分，扣完为止			
8	正确使用工具和用具	工具和用具使用正确	5	一种工具或用具使用不正确扣1分，扣完为止；损坏丢失一件工具或用具不得分			
9	操作规程	操作规程执行情况	5	违反操作规程不得分			
10	清理现场	清理、擦洗并回收工具和用具	5	少收一件工具或用具扣1分，扣完为止，未回收不得分			
11		分数总计		100			

否定项说明：出现重大事故不得分

评分人： 年 月 日 核分人： 年 月 日

试题3. 诊断与排除电喷发动机怠速不良故障

序号	考 核 要 求	配分	评 分 标 准	考核记录	扣分	得分
1	劳保用品穿戴	5	劳保用品穿戴齐全			
2	正确使用工具、量具或仪表	10	使用工具、量具或仪器错误扣4分,个别使用不当酌情扣分			
3	根据故障现象分析故障原因	20	检查方法错误扣5分,检查程序错误扣5分,检查结果错误扣4分			
4	故障部位诊断	20	不能明确的扣4分			
5	用正确方法排除故障	20	不能排除故障的扣10分,自制一处故障扣5分			
6	验证排除效果	10	不能排除扣10分,自制一处故障扣5分,扣完为止			
7	遵守安全操作规程,正确使用工具和量具,操作现场整洁	10	每项扣1分,扣完为止			
	安全用电,防火,无人身和设备事故	5	因违反操作发生重大人身或设备事故,此题按0分计			
8	分数总计	100	一件工具或用具使用不正确扣1分,扣完为止;损坏一件工具或用具不得分			

评分人:　　　　　　年　月　日　　　　　　核分人:　　　　　　年　月　日

附录：汽车修理工（高级）考核要求

《汽车修理工国家职业标准》（2005 版）高级部分摘录

一、理论知识基本要求

1 职业道德（5%）
1.1 职业道德基本知识（3%）
　　知识点：
　　职业道德的基本内涵
　　职业道德的特点
　　遵守职业道德的意义
　　职业道德的评价方式
　　职业道德基本规范
　　职业素质的内容
　　职业规范意识
　　职业意识
　　责任意识含义
　　培养职业意识要求
　　诚信意识基本要求
1.2 职业守则（2%）
　　知识点：
　　遵守法律、法规的基本要求
　　爱岗就业的基本要求
　　严于律己的具体体现
　　坚持文明生产的基本要求
　　团队意识含义
　　质量意识的要求
　　劳动权的体现
　　平等就业含义
　　劳动纠纷解释
2 基础知识（10%）
2.1 钳工基础知识（1%）
2.2 汽车机械基础知识（1%）
2.3 电工、电子基础知识（1%）
2.4 液压传动（1%）
2.5 汽车维修机具的性能和使用（1%）
2.6 汽车构造（1%）
2.7 汽车电子设备与电子控制装置（1%）
2.8 安全生产与环境保护知识（1%）
2.9 质量管理知识（1%）
2.10 相关法律、法规知识（1%）
3 诊断与排除汽车发动机故障（16%）
3.1 诊断与排除发动机异响（4%）

知识点：
发动机异响故障的现象及原因
电控发动机加速时怠速不稳的故障诊断与排除
诊断与排除发动机曲轴轴承异响
诊断与排除发动机连杆轴承异响
诊断与排除发动机活塞敲缸异响
诊断与排除发动机凸轮轴异响
诊断与排除发动机气门脚异响和气门座圈异响
诊断与排除发动机正时齿轮异响和点火过早异响

3.2 诊断与排除发动机油路、电路故障（4%）
知识点：
发动机油路、电路故障产生的现象
发动机油路、电路故障产生的原因
诊断发动机起动困难的方法
排除发动机起动困难的步骤
诊断发动机不能起动的方法
排除发动机不能起动的步骤
诊断发动机动力不足的方法
排除发动机动力不足的步骤

3.3 诊断与排除发动机疑难故障（4%）
知识点：
发动机燃油油耗超标的部位和原因
发动机润滑油油耗超标的现象和原因
诊断与排除发动机燃油油耗超标
诊断与排除发动机润滑油油耗超标
发动机排放超标的现象
诊断与排除发动机排放超标
诊断与排除发动机过热故障
诊断与排除发动机爆震故障

3.4 诊断与排除电控发动机故障（4%）
知识点：
电控发动机典型故障
电控发动机典型故障现象
电控发动机典型故障发生原因
诊断与排除电控发动机怠速不稳故障
诊断与排除电控发动机运转不稳故障
诊断与排除电控发动机回火故障
诊断与排除电控发动机"放炮"故障
多气门发动机工作不稳诊断与排除
废气涡轮增压发动机工作不良诊断与排除
电控汽油机爆燃诊断与排除
无"故障码"电控系统诊断与排除
L型燃油系统诊断与排除
发动机失速诊断与排除
D型燃油系统诊断与排除
电控汽车驾驶性能不良诊断与排除
电控发动机常用诊断方法

电控发动机故障征兆模拟实验
电控发动机故障诊断原则

4 诊断与排除汽车底盘故障（14%）

4.1 诊断与排除底盘异响（4%）
知识点：
万向传动装置异响故障产生的现象和原因
离合器异响的现象和原因
手动变速器异响的现象和原因
诊断与排除底盘异响操作准确
诊断与排除万向传动装置异响
诊断与排除离合器异响
诊断与排除变速器异响
诊断与排除自动变速器故障灯报警故障

4.2 诊断与排除轮胎故障（4%）
知识点：
前轮异常磨损故障产生的现象
前轮异常磨损故障产生的原因
前轮摆振故障产生的现象
前轮摆振故障产生的原因
前轮异常磨损故障的诊断程序
前轮异常磨损故障的排除方法
前轮摆振故障的诊断程序
前轮摆振故障的排除方法

4.3 诊断与排除汽车制动故障（6%）
知识点：
制动跑偏故障现象
制动跑偏故障发生原因
制动拖滞故障现象
制动拖滞故障发生原因
制动防抱死装置失效故障现象
制动防抱死装置失效故障发生原因
制动防抱死装置失效故障处理方法
诊断与排除汽车制动故障的操作准确
诊断与排除制动跑偏故障
诊断与排除制动拖滞故障
诊断与排除制动防抱死装置失效故障
诊断与排除制动防抱死故障灯报警故障

5 诊断与排除汽车电器设备故障（10%）

5.1 诊断与排除汽车灯光系统故障（4%）
知识点：
汽车灯光系统故障现象
汽车灯光系统故障发生原因
汽车灯光系统故障处理方法
照明系统常见故障诊断与排除
诊断与排除汽车灯光系统故障操作准确
转向灯全不亮故障的诊断与排除
转向灯单边闪光亮度失常故障的诊断与排除

转向灯闪光频率不正常故障的诊断与排除

5.2 诊断与排除汽车手动空调系统故障（6%）
知识点：
空调系统漏水故障产生原因及排除方法
空调系统除霜热力不足故障产生原因及排除方法
手动空调系统故障现象
手动空调系统故障发生原因
手动空调系统故障处理方法
诊断与排除汽车手动空调系统故障操作准确
空调系统失去制冷作用故障产生原因及排除方法
空调系统冷空气不足故障产生原因及排除方法
空调系统间断制冷故障产生原因及排除方法
空调系统噪声大故障产生原因及排除方法
空调系统供暖异常故障产生原因及排除方法
空调系统鼓风机不转故障产生原因及排除方法

6 汽车发动机大修（15%）

6.1 编制发动机典型零部件修理工艺卡（3%）
知识点：
曲轴的热处理工艺
曲轴修理工艺程序
凸轮轴修理工艺程序
气缸盖修理方法
气缸盖修复工艺程序
气缸体修复工艺程序

6.2 发动机总成大修（9%）
知识点：
用气缸压力表测试气缸压力的步骤
发动机综合分析仪主要功能
使用发动机综合分析仪操作步骤
废气分析仪主要功能、特点
汽车专用示波器的操作
润滑油压力表使用注意事项
发动机电子控制系统诊断的一般程序
供油提前角的检查与调整
喷油器的调校
检测、调整发动机燃油、点火和排放系统
气缸盖和配气机构的修理工艺
气缸体和曲柄连杆机构的修理工艺
润滑系统的修理工艺
冷却系统的修理工艺
气缸体组件的装配与调整
气缸盖组件的装配与调整
发动机总成的装配
发动机总成的调整

6.3 过程检验与竣工验收（3%）
知识点：
气缸体与气缸盖修理的技术要求

活塞连杆组的检验
曲轴和轴承的检验
凸轮轴的检验
发动机的种类
发动机排放检测程序

7 汽车底盘大修（15%）

7.1 编制汽车底盘典型零部件修理工艺卡（3%）
知识点：
汽车变速器修理技术条件
编制变速器壳体修理工艺卡具体内容
编制变速器输出轴修理工艺卡具体内容
汽车驱动桥修理技术条件
编制差速器壳体技术检验工艺卡具体内容
差速器壳体修复工艺程序

7.2 底盘总成大修（6%）
知识点：
变速器壳体修理技术要求
转向系统大修技术检验规范知识
手动变速器的装配与调整
自动变速器驱动桥中各总成的装合与调整
变速驱动桥总装配
变速驱动桥装车
转向器的装配与调整技术要求
盘式制动器的装配与调整技术要求
车轮动平衡的检测原理
转向器的装配与调整
液压制动系统的检修
气压制动系统的检修
变速器装配与调整技术条件
转向系统修理内容
悬架系统修理内容
自动变速器装配
自动变速器中间轴端隙检查
自动变速器离合器检验
鼓式制动器的装配与调整
制动鼓和制动片拆装与检修
制动踏板自由行程调整
空气压缩机检修
制动气室与制动臂检修

7.3 过程检验及竣工验收（3%）
知识点：
离合器修理工艺过程检验
前桥及转向系统修理工艺过程的检验
变速器修理工艺过程检验
分动器修理工艺过程检验
驱动桥修理工艺过程检验
传动轴及万向节修理工艺过程检验

7.4 汽车底盘总成竣工验收（3%）
  知识点：
  手动变速器总成竣工验收
  车身总成竣工验收
  制动性能检测项目、检测方法及有关标准
  转向桥及转向传动机构的调整验收
  驱动桥的装配验收
  汽车滑行性能检测

8 汽车电器设备修理（15%）
8.1 充电系统的修理（6%）
  知识点：
  蓄电池技术标准和要求
  免费维护蓄电池的原则
  蓄电池的检测
  蓄电池的充电
  常见交流发电机各接线柱之间的阻值
  硅整流交流发电机的不解体检测
  硅整流交流发电机的检修
  硅整流交流发电机的试验
  发电机调节器的检测与实验操作准确
  充电系统静态检测方法
  充电系统动态检测方法
  万能实验台检测方法

8.2 启动系统的修理（4%）
  知识点：
  起动机技术标准和要求
  启动系统修理的操作准确
  检修起动机
  使用电器万能试验台检验起动机的工作性能
  启动系统线路检测技术标准和要求
  启动系统线路检测注意事项
  启动系统线路的组成
  启动系统线路检测

8.3 空调系统的修理（5%）
  知识点：
  功能系统的功能
  功能系统的组成
  暖风装置的分类
  空调装置的维修工具
  空调系统的性能和诊断参数
  空调系统的修理操作准确
  压缩机的检修
  制冷装置的检漏
  空调装置维修时的注意事项
  空调系统维修注意事项

二、技能操作基本要求

项目	内容	技 能 要 求	相 关 知 识
发动机大修	编制零部件修理工艺卡	（1）能够检测曲轴磨损、变形程度，确定修理项目，编制曲轴修理工艺卡 （2）能够检测凸轮轴磨损与变形程度，确定修理项目，编制凸轮轴修理工艺卡 （3）能够检测气缸体的磨损、变形和损伤程度，确定修理项目，编制气缸体修理工艺卡 （4）能够检测气缸盖的蚀损、变形和损伤程度，确定修理项目，编制气缸盖修理工艺卡	（1）淬火、正火、回火时效处理 （2）金属的表面处理 （3）齿轮、曲轴、凸轮轴的热处理工艺规范 （4）表面粗糙度的概念 （5）曲轴磨损、变形规律、修理方法 （6）气缸体的磨损、变形规律、修理方法 （7）气缸盖的蚀损、变形规律、修理方法 （8）典型零件的修理方法 （9）工艺、工序和工艺卡编写方法
	发动机总成大修	（1）能够检测、评定发动机技术状况，确定发动机修理内容 （2）能够进行缸盖和配气机构的大修 （3）能够进行曲柄连杆机构的大修 （4）能够进行润滑和冷却系的大修 （5）能够进行发动机燃油、点火、电气和排放系统的大修 （6）能够检测、拆装、维修柴油机燃料供给系统 （7）能够用喷油泵试验台对柴油发动机喷油泵进行检测，调整喷油提前角 （8）能够进行发动机总成的装配与调整	（1）真空表、气缸压力表、发动机综合分析仪、示波器、废气分析仪、润滑油压力表等仪器的操作要点及注意事项 （2）发动机电子控制系统的诊断程序与注意事项 （3）缸盖和配气机构的修理工艺 （4）气缸体与曲柄连杆机构的修理工艺 （5）润滑和冷却系的修理工艺 （6）发动机燃油、点火、电气和排放系统的修理工艺 （7）柴油机燃料供给系统的维修工艺 （8）发动机总成的装配、调整与磨合工艺 （9）发动机主要零部件修理技术要求 （10）喷油泵试验台的功能与使用方法
	过程与竣工验收	（1）发动机修理工艺过程检验 （2）发动机排放测试与调整 （3）发动机总成竣工验收	（1）汽车修理过程检验的一般技术要求 （2）气缸体修理技术要求 （3）曲轴修理技术要求 （4）凸轮轴修理技术要求
诊断与排除发动机故障	诊断与排除发动机故障	（1）能够诊断与排除发动机不能启动或启动困难故障 （2）能够诊断与排除发动机排放超标故障 （3）能够诊断与排除发动机油耗超标故障 （4）能够诊断与排除发动机爆震故障 （5）能够诊断与排除发动机动力不足故障 （6）能够诊断与排除发动机异响 （7）能够诊断与排除发动机过热故障 （8）能够诊断与排除电控发动机怠速不稳故障 （9）能够诊断与排除电控发动机加速不良故障	（1）电控发动机检测诊断的程序与注意事项 （2）发动机润滑油消耗超标故障现象、原因与处理方法 （3）发动机异响故障现象、原因与处理方法

续上表

项目	内容	技　能　要　求	相　关　知　识
汽车底盘大修	编制零部件修理工艺卡	（1）能够检测变速器壳体的磨损、变形和损伤程度，确定修理项目，编制变速器壳体修理工艺卡 （2）能够检测变速器输出轴的磨损与变形程度，确定修理项目，编制变速器输出轴修理工艺卡 （3）能够检测差速器壳的磨损、变形和损伤程度，确定修理项目，编制差速器壳修理工艺卡	（1）变速器壳体的磨损、变形规律及修理工艺 （2）变速器输出轴的磨损与变形规律及修理工艺 （3）差速器壳的磨损、变形和损伤及修理工艺 （4）GB 5372《汽车变速器修理技术条件》 （5）GB 8825《汽车驱动桥修理技术条件》
	汽车底盘总成的大修	（1）能够进行手动变速器总成的大修 （2）能够进行驱动桥的大修 （3）能够进行转向系统的大修 （4）能够进行悬架系统的大修 （5）能够进行液压制动系统的大修 （6）能够进行气压制动系统的大修	（1）手动变速器总成的大修工艺技术标准 （2）驱动桥的大修工艺与技术标准 （3）转向系统的大修工艺与技术标准 （4）悬架系统的大修工艺与技术标准 （5）液压制动系统的大修工艺与技术标准 （6）气压制动系统的大修工艺与技术标准 （7）镗鼓机的性能与使用方法 （8）车轮动平衡的检测原理
	过程检验	（1）离合器修理工艺过程检验 （2）前桥及转向系统修理工艺过程检验 （3）变速器与分动器修理工艺过程检验 （4）驱动桥修理工艺过程检验 （5）传动轴及万向节修理工艺过程检验 （6）悬架及车轮修理工艺过程检验 （7）汽车制动系统修理工艺过程检验	（1）汽车修理过程检验的一般技术要求 （2）气缸体修理技术要求 （3）曲轴修理技术要求 （4）凸轮轴修理技术要求 （5）变速器壳体修理技术要求 （6）后桥壳体修理技术要求 （7）汽车主要总成装配质量检查评定办法 （8）发动机与离合器修理技术要求 （9）前桥及转向系统修理技术要求 （10）变速器与分动器修理技术要求 （11）驱动桥修理技术要求 （12）传动轴与万向节修理技术要求 （13）悬架与车轮修理技术要求 （14）汽车电器、仪表和线路修理技术要求 （15）汽车制动系统修理技术要求

续上表

项目	内容	技能要求	相关知识
汽车底盘大修	竣工验收	(1) 手动变速器总成竣工验收 (2) 转向桥总成竣工验收 (3) 驱动桥总成竣工验收 (4) 车身竣工验收 (5) 汽车制动性能检测 (6) 汽车滑行性能检测	(1) GB/T15746.1《汽车修理质量检查评定标准 整车大修》 (2) GB/T15746.2《汽车修理质量检查评定标准 发动机大修》 (3) GB/T15746.3《汽车修理质量检查评定标准 车身大修》 (4) GB 3798《汽车大修竣工出厂技术条件》 (5) GB 3799《汽车发动机大修竣工出厂技术条件》 (6) GB 14762《点燃式发动机汽车排气污染物排放限值及测量方法》
诊断与排除汽车底盘故障	诊断与排除汽车底盘故障	(1) 能够诊断与排除自动变速器故障灯报警故障 (2) 能够诊断与排除传动装置异响故障 (3) 能够诊断与排除轮胎异常磨损故障 (4) 能够诊断与排除前轮摆振故障 (5) 能够诊断与排除汽车制动跑偏故障 (6) 能够诊断与排除汽车制动拖滞故障 (7) 能够诊断与排除制动防抱死装置失效故障 (8) 能够诊断与排除制动防抱死故障灯报警故障	(1) 自动变速器故障诊断程序 (2) 传动装置异响故障现象、原因与处理方法 (3) 轮胎异常磨损故障现象、原因与处理方法 (4) 前轮摆振故障现象、原因与处理方法 (5) 汽车制动跑偏故障现象、原因与处理方法 (6) 汽车制动拖滞故障现象、原因与处理方法 (7) 制动防抱死装置失效故障现象、原因与处理方法
汽车电器设备修理	充电系统的修理	(1) 能够测试蓄电池的技术状况,确定是否更换 (2) 能够进行发电机的性能测试与修理 (3) 能够测试、调整、维修发电机调节器	(1) 发电机调节器控制电路知识 (2) 电器设备综合试验台的功能
汽车电器设备修理	启动系统的修理	(1) 能够对起动机进行性能试验与修理 (2) 能够检修起动机的控制电路	起动机的控制电路知识
汽车电器设备修理	空调系统的修理	(1) 能够测试空调系统的性能 (2) 能够检测手动空调系统	(1) 汽车空调系统的分类、组成与工作原理 (2) 空调系统的性能与诊断参数 (3) 暖风系统的检测方法
排除汽车电器设备故障	诊断与排除汽车电器设备故障	(1) 能够诊断与排除灯光系统故障 (2) 能够诊断与排除手动空调系统故障	(1) 汽车灯光系统故障现象、原因与处理方法 (2) 手动空调系统故障现象、原因与处理方法

三、配分比重表

1 理论知识

	项　　目	初级/%	中级/%	高级/%
基本要求	职业道德	5	5	5
	基础知识	35	15	10
相关知识	发动机维护	15	5	—
	诊断与排除发动机故障	10	10	16
	汽车底盘维护	15	5	—
	诊断与排除汽车底盘故障	10	10	14
	汽车电器设备维护	5	4	—
	诊断与排除电器设备故障	5	10	10
	发动机修理	—	15	—
	汽车底盘修理	—	15	—
	汽车电器设备检修	—	6	—
	发动机大修	—	—	15
	汽车底盘大修	—	—	15
	汽车电器设备修理	—	—	15
	合　　计	100	100	100

2 技能操作

	项　　目	初级/%	中级/%	高级/%
技能要求	发动机维护	25	10	—
	诊断与排除发动机故障	15	10	15
	汽车底盘维护	25	10	—
	诊断与排除汽车底盘故障	15	10	15
	汽车电器设备维护	10	10	—
	诊断与排除电器设备故障	10	10	15
	发动机修理	—	15	—
	汽车底盘修理	—	15	—
	汽车电器设备检修	—	10	—
	发动机大修	—	—	20
	汽车底盘大修	—	—	20
	汽车电器设备修理	—	—	15
	合　　计	100	100	100